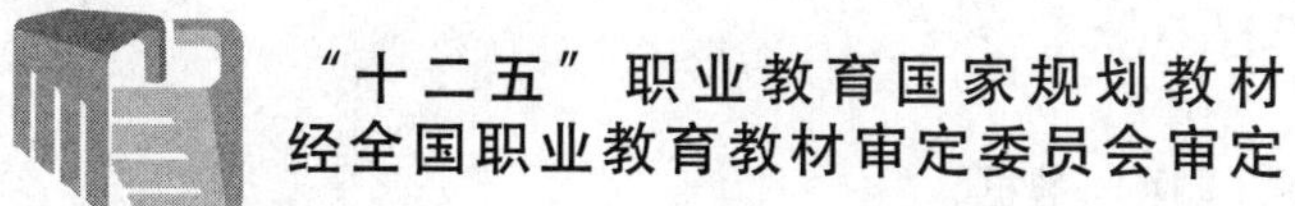

“十二五”职业教育国家规划教材
经全国职业教育教材审定委员会审定

# PLC与变频器应用技术

主编 赵雄

北 京 出 版 社
山东科学技术出版社

图书在版编目（CIP）数据

PLC 与变频器应用技术 / 赵雄主编. — 北京:北京出版社,2015
“十二五”职业教育国家规划教材
ISBN 978 - 7 - 200 - 11390 - 7

Ⅰ. ①P… Ⅱ. ①赵… Ⅲ. ①PLC 技术—职业教育—教材 ②变频器—职业教育—教材 Ⅳ. ①TM571.6 ②TN773

中国版本图书馆 CIP 数据核字(2015)第 117837 号

# PLC 与变频器应用技术

主　编　赵　雄

**主管单位:北京出版集团有限公司**
**山东出版传媒股份有限公司**
**出 版 者:北京出版社**
**山东科学技术出版社**
地址:济南市玉函路 16 号
邮编:250002　电话:(0531)82098088
网址:www.lkj.com.cn
电子邮件:sdkj@sdpress.com.cn
**发 行 者:山东科学技术出版社**
地址:济南市玉函路 16 号
邮编:250002　电话:(0531)82098071
**印 刷 者:山东金坐标印务有限公司**
地址:莱芜市嬴牟西大街 28 号
邮编:271100　电话:(0634)6276023

**开本:** 787mm × 1092mm　1/16
**印张:** 16.5
**版次:** 2015 年 7 月第 1 版　2015 年 7 月第 1 次印刷

**ISBN 978 - 7 - 200 - 11390 - 7**
**定价:33.80 元**

# 编审委员会

# 编写说明

加强职业教育教材建设是提高人才培养质量的关键环节，是推进教育教学改革，提高教育教学质量，促进中职教育发展的基础性工程。如何培养满足企业需求的人才，是职业教育面临的一个突出而又紧迫的问题。目前中职教材普遍存在理论偏重、偏难、操作与实际脱节等弊端，突出的是以“知识为本位”而不是以“能力为本位”的理念，与就业市场对中职毕业生的要求相左。

为进一步贯彻落实全国教育工作会议精神、《国务院关于加快发展现代职业教育的决定》（国发[2014]19 号）、《现代职业教育体系建设规划（2014－2020 年）》（教发[2014]6 号），北京出版社联合山东科学技术出版社结合机电设备安装与维修专业各中职学校发展现状及企业对人才的需求，在市场调研和专家论证的基础上，打造了反映产业和科技发展水平、符合职业教育规律和技能人才培养的专业教材。

本套专业教材以教育部最新公布的《中等职业学校机电设备安装与维修专业教学标准（试行）》为指导思想，以中职学生实际情况为根据，以中职学校办学特色为导向，与具体的专业紧密结合，按照“基于工作流程构建课程体系”的建设思路（单元任务教学）编写，根据机电设备安装与维修行业的总体发展趋势和企业对高素质技能型人才的要求，构建与机电设备安装与维修专业相配套的内容体系，涵盖了专业核心课和部分专业（技能）方向课程。

本套教材在编写过程中着力体现了模块教学理念和特色，即以素质为核心、以能力为本位，重在知识和技能的实际灵活应用；彻底改变传统教材的以知识为中心、重在传授知识的教育观念。为了完成这一宏伟而又艰巨的任务，我们成立了教材编写委员会，委员会的成员由具有多年职业教育理论研究和实践经验的高校教师、中职教师和行业企业一线专业人士担任。从选题到选材，从内容到体例，都从职业化人才培养目标出发，制定了统一的规范和要求，为本套教材的编写奠定了坚实的基础。

本套教材的特点具体如下。

**一、教学目标**

在教材编写过程中明确提出以“工学结合，理实一体”为编写宗旨，以培养知识与技能目标，避免就理论谈理论、就技能教技能，要做到有的放矢。打破传统的知识体系，将理论知识和实际操作合二为一，理论与实践一体化，体现“学中做”和“做中学”。让学生在做中学习，在做中发现规律，获取知识。

**二、教学内容**

一方面，采用最新颁布的规范、标准，合理选取内容，在突出主流标准、规范和技术的同时兼顾普适性；另一方面，结合新知识、新工艺、新材料、新设备的现实发展要求增删、更新教学内容，重视基础内容与专业知识的衔接。通过学习，学生能更有效地建构自己的知识体系，更有利于知识的正迁移。让学生知道"做什么""怎么做""为什么"，使学生明白教学的目的，并为之而努力，这才能切实提高学生的思维能力、学习能力、创造能力。

**三、教学方法**

教材教法是一个整体，在教材中设计以"单元—任务"的方式，通过案例载体来展开，以任务的形式进行项目落实等教学内容，每个任务以"完整"的形式体现，即完成一个任务后，学生可以完全掌握相关技能，以提升学生的成就感和兴趣。体现以学生为主体的教学方法，做到形式新颖。通过"教、学、做"一体化，按教学模块的教学过程，由简单到复杂开展教学，实现课程的教学创新。

**四、编排形式**

教材配图详细、图解丰富、图文并茂，引入的实际案例和设计的教学活动具有代表性，既便于教学又便于学生学习；同时，教材配套有相关案例、素材、配套练习答案光盘以及先进的多媒体课件，强化感性认识，强调直观教学，做到生动活泼。

**五、编写体例**

每个单元都是以任务驱动、项目引领的模块为基本结构。注重实操的教材栏目包括任务描述、任务目标、任务实施、任务检测、任务评价、相关知识、任务拓展、综合检测、单元小结等。其中，任务实施是教材中每一个单元教学任务的主体，充分体现"做中学"的重要性，以具有代表性、普适性的案例为载体进行展开；理论性偏强的教材设置了单元概述、单元目标、任务概述、任务目标、学习内容、案例分析、特别提示、拓展提高、思考练习等栏目，紧密结合岗位实际，突出了对学生职业素质和能力的培养。

**六、专家引领，双师型作者队伍**

本系列教材由北京出版社和山东科学技术出版社共同组织具有教学经验及教材编写经验的"双师型"教师编写，参加编写的学校有山东劳动职业技术学院、济南职业学院、威海职业学院、潍坊市科技中等专业学校、江西工业工程职业学院、武汉工业学校、武汉职业技术学院、江苏泰州职业技术学院，并聘请山东省教研室主任助理杜德昌及山东大学教授冯显英、岳明君担任教材主审，感谢上海航欧机电设备有限公司、山东常林机械集团股份有限公司给予技术上的大力支持。

本系列教材，各书既可独立成册，又相互关联，具有很强的专业性。它既是机电设备安装与维修专业组织教学的强有力工具，也是引导机电设备安装与维修专业的学习者走向成功的良师益友。

# 前 言

为了贯彻落实全国教育工作会议精神和《国家中长期教育改革和发展规划纲要（2010—2020 年）》，按照“五个对接”的教学改革要求，规范中等职业教育专业建设，深化课程改革，创新教材建设机制，全面提升中等职业教育专业技能课程教材质量，充分发挥教材在提高人才培养质量中的基础性作用，加快建立具有中国特色的现代职业教育教材体系，全面推进职业教育事业科学发展。

根据 2013 年颁布的中等职业学校“机电设备安装与维修”专业教学标准要求，整合专业技能课程，实现“工学结合，理实一体”的技能型人才培养的宗旨，同时结合多年的教学经验和同行积累的优秀教学案例，通过深度挖掘、优化和设计，开发出本教材。体现了理实一体、以工作过程为导向的现代职业教育思想理念。

本书在结构形式上采用任务驱动式的教学法，每个任务的内容基本由“任务描述”“任务目标”“任务实施”“任务评价”“相关知识点”“任务拓展”“知识测评”和“任务要点归纳”等模块组成，既保证了理论知识的层次性、系统性，又具有很好的实践培训特点，突出培养训练者的学习能力、操作能力、应用拓展能力和岗位工作能力，体现了“做中学”和“学中做”的特点。

全书共分为四个单元：

单元一　PLC 基础。通过四个学习任务分别介绍了 PLC 的定义、分类和特点等基础知识，以及 PLC 的硬件结构、工作原理和 FX 系列的软元件，同时介绍了三菱 PLC 编程软件 GX Developer 的安装及基本使用方法。

单元二　FX 系列指令应用。该部分内容涵盖了九个工作任务，作者精选了生产、生活中常见的案例，由浅入深地讲述了三菱 FX2N 系列 PLC 的基本指令、功能指令的使用。

单元三　变频器的基本控制。通过三个工作任务，讲述了如何对通用变频器进行面板操作、变频器对电动机的正反方向控制以及外部模式控制的使用。

单元四　PLC 与变频器综合应用。该部分内容是 PLC 和变频器在现代过程控制中的有机结合，通过两个案例介绍了 A/D、D/A 和 PID 调节器的使用、设置以及 PLC 与变频器之间的通信及控制技术。

同时，本书设计了相应的基础知识测评和拓展能力探究内容，附录中列出了部分相关 PLC、变频器和继电器技术的技术参数表及选型参数表（节选）。

当今，在过程控制中，PLC 和变频器种类繁多，本书以主流产品三菱 FX 系列 PLC 和变频器 A700 为主设计和编制程序，目的是让学生在掌握其基本功能和操作后进一步融会贯通、举一反三，从而为其他类型和厂家的产品使用打下坚实的基础。

本书由赵雄主编，黄丽、彭先丽、宋云波、王伟、谢丽、张明瑞、赵永洁、杨云霞、杨彪共同完成编写工作。在编写过程中，主编和编者走访了较多的企业技术人员、工程设计人员以及业内专业人员，他们对任务中程序的合理性、可操作性以及实用性进行了审阅并提出了宝贵意见；此外，本书中也借鉴了同行成熟的优秀案例，在此一并表示感谢！

由于编者水平有限，书中难免存在错误和疏漏，恳请广大读者批评指正！

编　者

# 目 录

# 单元一

# PLC 基础

可编程控制器（简称 PLC）是以微处理器为基础，综合了计算机技术、电气控制技术、自动控制技术和通信技术而发展起来的一种新型、通用的自动控制装置。本单元主要介绍 PLC 的基本知识、工作原理、硬件结构、软元件以及编程和仿真软件的使用。具体如下：

学习任务 1：介绍了 PLC 的定义、发展过程以及 PLC 的分类，同时详细说明了 PLC 的主要技术指标，另外以三菱 PLC 为例简单介绍了 FX 系列的规格和特点。

学习任务 2：主要介绍通用 PLC 的硬件结构和组成及其工作原理。

学习任务 3：主要学习 PLC 的编程方法，即梯形图编程、指令表编程和状态转移编程（SFC），以 FX2N 系列为例介绍了常用的软元件类型的功能和主要特点。

学习任务 4：介绍三菱 PLC 编程软件 GX Developer 安装、编辑和仿真过程及其使用。

学习任务1

# PLC概述

**任务描述 > >**

本学习任务介绍什么是可编程控制器（简称PLC），它是如何发展而来的，PLC控制技术和传统继电器控制技术之间的区别与联系，PLC控制技术的特点及主要应用领域，了解PLC按照结构、输入/输出点数和功能的三种分类方式，同时以通用型PLC为例，简单介绍其常用的技术指标，为后续内容的学习打下一定的理论基础。

**任务目标 > >**

- 掌握PLC的定义。
- 了解PLC的产生及其发展。
- 了解PLC的主要特点、应用场合、分类和技术指标。

**知识链接 > >**

## 一、PLC的概念及发展

### （一）什么是PLC

下面两个图分别用继电—接触器控制元件和PLC系统实现电动机的单方向运转。通过对控制原理的分析，认识什么是PLC。

图1-1-1是继电—接触器控制原理图，图1-1-2是PLC的控制系统图。两个图均能实现电动机的单方向运转的控制。但用继电—接触器控制电路是通过按钮、接触器的触点和它们之间的连线实现的，控制功能包含在固定的线路之中，功能专一，不能改变接线方式和控制功能。而在PLC控制系统中，我们仍采用图1-1-1中的元件，但元件之间的串、并联逻辑关系交给一个专用的装置来完成，同样可以实现对电动机相同的控制功能，这个装置就是PLC。在PLC控制系统中所有按钮和触点输入以及接触器线圈均接到了PLC上，从接线方面来看要简单得多，其控制功能由PLC内部程序决定，通过更换程序可以更改相应的控制功能。

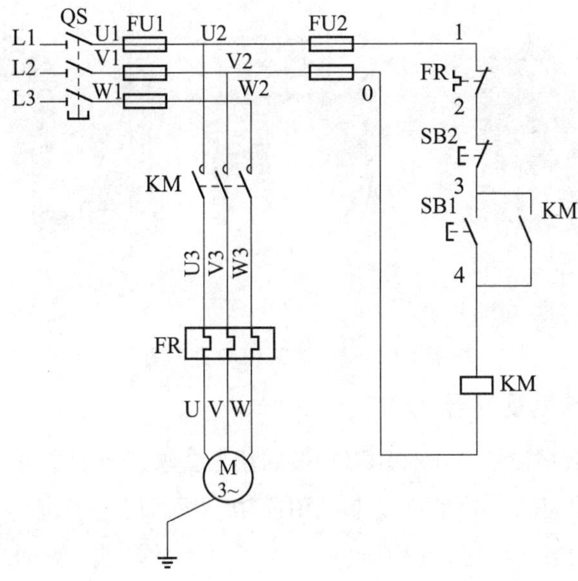


**图 1－1－1 继电—接触器控制原理图**

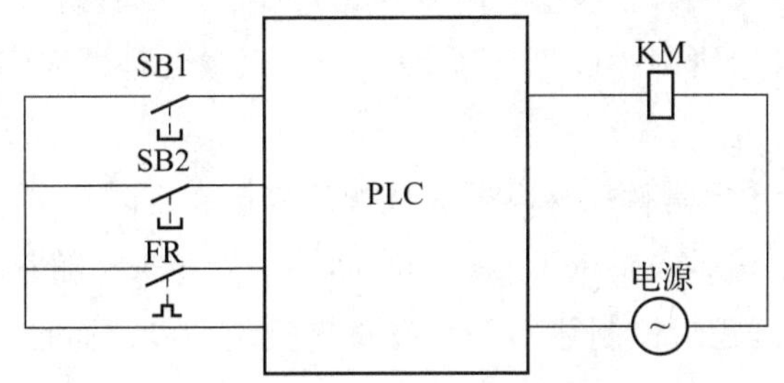


**图 1－1－2 PLC 的控制系统图**

总之，从上面两种控制过程可以看到，用 PLC 控制系统可以完全取代继电—接触器控制电路，并且了解到 PLC 控制系统可以通过修改内部程序来实现新的逻辑控制关系。

PLC 是可编程逻辑控制器（Programmable Logic Controller）的缩写，是作为传统继电—接触器控制系统的替代产品出现的。国际电工委员会（IEC）给 PLC 作了如下定义："可编程控制器是一种数字运算操作的电子系统，专为工业环境下应用而设计。它采用了可编程的存储器，用来在其内部存储执行逻辑运算、顺序控制、定时、计数和算术运算等操作指令，并通过数字式、模拟式的输入和输出，控制各种机械或生产过程。可编程控制器及其相关外部设备，都应按易于与工业控制系统连成一个整体、易于扩充其功能的原则设计。"由此可见，可编程控制器是一种专为工业环境应用而设计制造的计算机，它将传统的继电器控制技术和现代的计算机信息处理技术的优点有机地结合起来，成为工业自动化领域中最重要、应用最广泛的控制设备，成为现代工业生产自动化三大支柱（PLC、CAD/CAM、机器人）之一，并且具有较强的负载驱动能力。图 1－1－3 为常见 PLC 外形图。

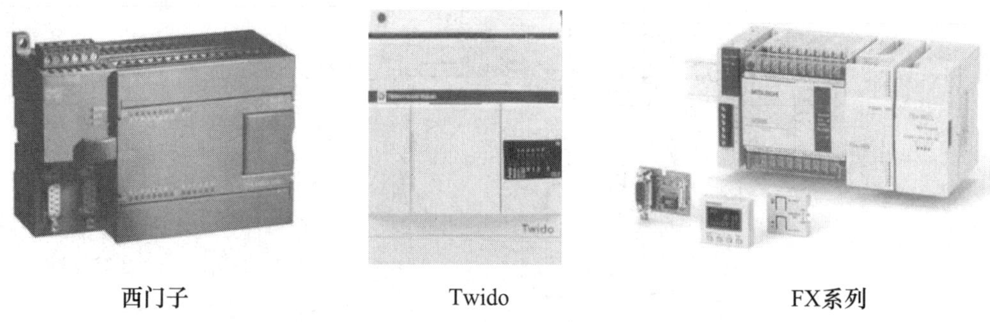


西门子　　Twido　　FX系列

**图1-1-3　常见PLC外形图**

## （二）PLC的产生及发展

1969年，美国数字设备公司（DEC）按照招标要求，研制出第一台可编程控制器，并在美国通用汽车公司的自动生产线上试用成功，从而诞生了世界上第一台可编程控制器。这一新技术的成功使用，在工业界产生了巨大的影响。从此，可编程控制器在世界各地迅速发展起来。1971年，日本从美国引进这项技术，并很快研制成功了日本第一台可编程控制器DCS-8。1973~1974年德国和法国也研制出了他们的可编程控制器。我国从1974年开始研制，1977年研制成功了以微处理器MC14500为核心的可编程控制器，并开始工业应用。

早期的PLC设计主要是替代继电器完成顺序控制、定时等逻辑控制功能，故称为可编程逻辑控制器（Programmable Logic Controller）。近年来，随着电子技术和计算机技术的迅速发展，可编程逻辑控制器不仅具有逻辑控制功能，而且还具有数据处理和通信等模拟量处理功能。因此，美国电气制造协会NEMA（National Electrical Manufacturers Association）于1980年开始将它正式命名为PC（Programmable Controller），即可编程控制器。但由于“PC”容易和个人计算机（Personal Computer）相混淆，因此现在仍沿用PLC来表示可编程控制器。

虽然PLC问世时间不长，但是随着微处理器的出现，大规模、超大规模集成电路技术的迅速发展和数据通信技术的不断进步，PLC也迅速发展，其发展过程大致可分为三个阶段：

### 1. 早期的PLC（20世纪60年代末~70年代中期）

早期的PLC一般称为可编程逻辑控制器。这时的PLC多少有点继电器控制装置的替代物的含义，其主要功能只是执行原先由继电器完成的顺序控制、定时等。它在硬件上以准计算机的形式出现，在I/O接口电路上作了改进以适应工业控制现场的要求。装置中的器件主要采用分立元件和中、小规模集成电路，存储器采用磁芯存储器。另外还采取了一些措施，以提高其抗干扰的能力。在软件编程上，采用广大电气工程技术人员所熟悉的继电器控制线路的方式——梯形图。因此，早期的PLC的性能要优于继电器控制装置，其优点包括简单易懂、便于安装、体积小、能耗低、有故障指示、能重复使用等。其中PLC特有的编程语言（梯形图）一直沿用至今。

### 2. 中期的 PLC（20 世纪 70 年代中期~80 年代中后期）

20 世纪 70 年代微处理器的出现使 PLC 发生了巨大的变化。美国、日本、德国等一些厂家先后开始采用微处理器作为 PLC 的中央处理单元（CPU），这样就使 PLC 的功能大大增强。在软件方面，除了保持其原有的逻辑运算、计时、计数等功能以外，还增加了算术运算、数据处理和传送、通信、自诊断等功能。在硬件方面，除了保持其原有的开关模块以外，还增加了模拟量模块、远程 I/O 模块、各种特殊功能模块，并扩大了存储器的容量，增加了各种逻辑线圈的数量，还提供了一定数量的数据寄存器，使 PLC 的应用范围更加广泛。

### 3. 近期的 PLC（20 世纪 80 年代中后期~至今）

进入 20 世纪 80 年代中后期，由于超大规模集成电路技术的迅速发展，微处理器的市场价格大幅度下降，使得各种类型的 PLC 所采用的微处理器的档次普遍提高。而且，为了进一步提高 PLC 的处理速度，各制造厂商还纷纷研制并开发了专用逻辑处理芯片，这样使得 PLC 软、硬件功能发生了巨大变化。

随着可编程控制器的推广、应用，PLC 在现代工业中的地位已十分重要。为了占领市场，赢得尽可能大的市场份额，各大公司都在原有 PLC 产品的基础上，努力地开发新产品，推进了 PLC 的发展。这些发展主要侧重于两个方面：一个是向着网络化、高可靠性、多功能方向发展；另一个则是向着小型化、低成本、简单易用、控制与管理一体化及编程语言向高层次方向发展。

## 二、PLC 的主要特点

由 PLC 的产生和发展过程可知，PLC 的设计是站在用户立场上的，以用户需要为出发点，以直接应用于各种工业环境为目标，不断采用先进技术以求发展。可编程控制器经过几十年的发展，已日臻完善。其主要特点如下：

### 1. 可靠性高、抗干扰能力强

一方面，PLC 控制系统用软件代替传统的继电—接触器控制系统中复杂的硬件线路，使得用 PLC 的控制系统故障明显低于继电—接触器控制系统。另一方面，PLC 本身采用了抗干扰能力强的微处理器作为 CPU，电源采用多级滤波并采用集成稳压块电源。此外，PLC 还采用了屏蔽、光电隔离、故障诊断和自动恢复等措施，使可编程控制器具有很强的抗干扰能力，从而提高了整个系统的可靠性。

### 2. 配套齐全、功能完善、适用性强

PLC 发展到今天，已经形成了大、中、小各种规模的系列化产品，可以用于各种规模的工业控制场合。除了逻辑处理功能以外，现代 PLC 大多具有完善的数据运算能力，可用于各种数字控制领域。近年来 PLC 的功能单元大量涌现，使 PLC 渗透到了位置控制、温度控制、CNC 等各种工业控制中。加上 PLC 通信能力的增强及人机界面技术的发展，使用 PLC 组成各种控制系统变得非常容易。

### 3. 编程简单易学

梯形图是使用得最多的可编程控制器的编程语言，其电路符号和表达方式与继电器电路原理图相似，梯形图语言形象直观、易学易懂，熟悉继电器电路图的电气技术人员只要花几天时间就可以熟悉梯形图语言，并用来编制用户程序。对使用者来说不需要具备计算机的专门知识，因此很容易被一般工程技术人员所理解和掌握。

### 4. 使用维护方便

可编程控制器产品已经标准化、系列化、模块化，配备有品种齐全的各种硬件装置供用户选用。用户能灵活方便地进行系统配置，组成不同功能、不同规模的系统，而且 PLC 不需要专门的机房就可以在各种工业环境下直接运行，使用时只需将现场的各种设备与 PLC 相应的 I/O 端相连接即可投入运行，各种模块上均有运行和故障指示装置，便于用户了解运行情况和查找故障。由于采用模块化结构，因此一旦某模块发生故障，用户可以通过更换模块的方法使系统迅速恢复运行。更重要的是使同一设备经过改变程序来改变生产过程成为可能。

### 5. 体积小、质量轻、功耗低

由于 PLC 是专门为工业控制而设计的，其结构紧凑、坚固，体积小，易于装入机械设备内部，是实现机电一体化的理想控制设备。

## 三、PLC 的应用领域

目前，PLC 在国内外已广泛应用于钢铁、石油、化工、电力、建材、机械制造、汽车、轻纺、交通运输、环保及文化娱乐等行业，使用情况大致可归纳为如下几类：

### 1. 开关量的逻辑控制

这是 PLC 最基本、最广泛的应用领域，它取代传统的继电器电路，实现逻辑控制、顺序控制，既可用于单台设备的控制，也可用于多机群控及自动化流水线，如注塑机、印刷机、订书机械、组合机床、磨床、包装生产线等。

### 2. 模拟量控制

在工业生产过程中，有许多连续变化的量，如温度、压力、流量和速度等都是模拟量（Analog）。为了使可编程控制器处理模拟量，必须实现模拟量（Analog）和数字量（Digital）之间的 A/D 转换及 D/A 转换。PLC 厂家都生产配套的 A/D 和 D/A 转换模块，使可编程控制器用于模拟量控制。

### 3. 运动控制

PLC 可以用于圆周运动或直线运动的控制。从控制机构配置来说，早期直接用于开关量 I/O 模块连接位置的传感器和执行机构，现在一般使用专用的运动控制模块，如可驱动步进电动机或伺服电动机的单轴或多轴位置控制模块。世界上各主要 PLC 厂家的产品几乎都有运动控制功能，广泛用于各种机械、机床、机器人、电梯等设备。

### 4. 过程控制

过程控制是指对温度、压力、流量等模拟量的闭环控制。作为工业控制计算机，PLC 能编制各种各样的控制程序，完成闭环控制。PID 调节是一般闭环控制系统中用得较多的调节方法。大、中型 PLC 都有 PID 模块，目前许多小型 PLC 也具有此功能模块。PID 处理一般是运行专用的 PID 子程序。过程控制在冶金、化工、热处理、锅炉控制等领域有非常广泛的应用。

### 5. 数据处理

现代 PLC 具有数学运算（含矩阵运算、函数运算、逻辑运算）、数据传送、数据转换、排序、查表、位操作等功能，可以完成数据的采集、分析及处理。这些数据可以与存储在存储器中的参考值比较，完成一定的控制操作，也可以利用通信功能传送到其他智能装置，或将它们打印出来制成表。数据处理一般用于大型控制系统，如无人控制的柔性制造系统，也可用于过程控制系统，如造纸、冶金、食品工业中的一些大型控制系统。

### 6. 通信及联网

PLC 通信包含 PLC 间的通信及 PLC 与其他智能设备间的通信。随着计算机控制系统的发展，工厂自动化网络发展得很快，各 PLC 厂商都十分重视 PLC 的通信功能，纷纷推出各自的网络系统。新近生产的 PLC 都具有通信接口，通信非常方便。

## 四、PLC 的分类

PLC 发展到今天，已经有了多种形式，而且功能也不尽相同。分类时，一般按以下原则来考虑。

### 1. 按结构形式分类

根据 PLC 结构形式的不同，PLC 主要可分为整体式（一体式）和模块式两类。

整体式结构的特点是将 PLC 的基本部件，如 CPU 板、输入板、输出板、电源板等紧凑地安装在一个标准的机壳内，构成一个整体，组成 PLC 的一个基本单元（主机）或扩展单元。整体式结构的 PLC 结构紧凑、体积小、重量轻、价格低、安装方便。微型和小型 PLC 一般为整体式结构。

**图 1-1-4 Twido 一体式 PLC 外观图**

模块式结构的 PLC 是由一些模块单元构成，这些标准模块如 CPU 模块、输入模块、输出模块、电源模块和各种功能模块等，将这些模块插在框架上和基板上即可。

各个模块功能是独立的，外形尺寸是统一的，可根据需要灵活配置。模块式结构的PLC 的特点是组装灵活，便于拓展，维修方便，可根据要求配置不同模块以构成不同的控制系统。一般大、中型 PLC 采用模块式结构，有的小型 PLC 也采用这种结构。

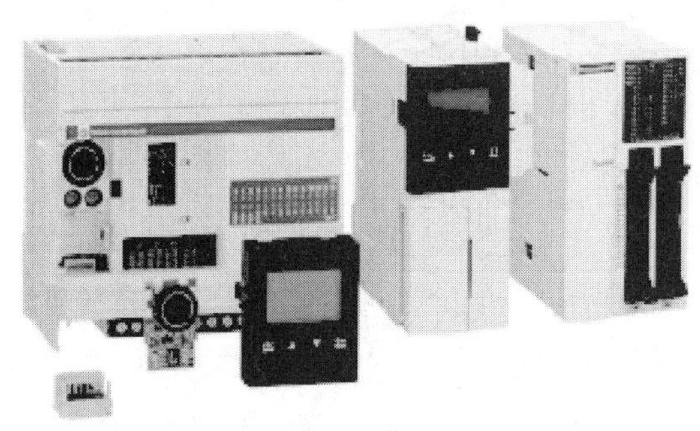

**图 1-1-5　Twido 模块式 PLC 外观图**

### 2. 按输入/输出（I/O）点数和内存容量分类

一般而言，处理输入/输出点数越多，控制关系就越复杂，用户要求的程序存储器容量就越大，要求 PLC 指令及其他功能比较多，指令执行的过程也比较快。按 PLC 的输入、输出点数和内存容量的大小，可将 PLC 分为小型机、中型机、大型机等类型。

I/O 点数在 256 点以下为小型 PLC。

I/O 点数在 256 ~ 2048 点之间为中型 PLC。

I/O 点数大于 2048 为大型 PLC。

需要注意的是，划分 PLC 分界不是固定不变的，不同的厂家也有自己的分类方法。

### 3. 按实现的功能分类

按照 PLC 所能实现的功能不同，可以把 PLC 大致地分为低档 PLC、中档 PLC 和高档 PLC 三类。

低档 PLC 具有逻辑运算、计时、计数、移位、自诊断、监控等基本功能，还可有少量模拟量输入/输出、算术运算、数据传送和比较、通信等功能，主要用于逻辑控制、顺序控制或少量模拟量控制的单机控制系统。中档 PLC 除了具有低档 PLC 的功能外，还具有较强的模拟量输入/输出、算术运算、数据传送和比较、数制转换、远程 I/O、子程序、通信联网等功能，有些还可增设中断控制、PID 控制等功能，适用于复杂控制系统。高档 PLC 除具有中档机的功能外，还增加了带符号算术运算、矩阵运算、位逻辑运算、平方根运算及其他特殊功能函数的运算、制表及表格传送功能等。高档 PLC 机具有更强的通信联网功能，可用于大规模过程控制或构成分布式网络控制系统，实现工厂自动化。

## 五、PLC 的主要技术指标

尽管各 PLC 生产厂家生产产品的型号、规格和性能各不相同，但通常可以按照以下七种性能指标来进行综合描述。

### 1. 存储容量

存储容量是指 PLC 中用户程序存储器的容量。一般以 PLC 所能存放用户程序的多少来衡量内存容量。在 PLC 中程序指令是按“步”存放的。1“步”占一个地址单元，一个地址单元一般占两个字节，所以 1“步”就是一个字。例如，一个内存容量为 1000 步的 PLC，其内存容量为 2K 字节。

### 2. 输入/输出点数

输入/输出点数（I/O 点数）是指 PLC 输入信号和输出信号的数量，也就是输入、输出端子数的总和。这是一项很重要的技术指标，因为在选用 PLC 时，要根据控制对象的 I/O 点数来确定机型。I/O 点数越多，说明需要控制的器件和设备就越多。

### 3. 扫描时间

扫描时间是指 CPU 内部根据用户程序，按照逻辑顺序，从开始到结束一次扫描所需时间。PLC 用户手册一般给出执行指令所用的时间，所以可以通过比较各种 PLC 执行相同的操作所用的时间，来衡量扫描速度的快慢。

### 4. 编程语言与指令系统

PLC 的编程语言一般有梯形图、语句表以及高级语言等。PLC 的编程语言越多，用户的选择性就越大。PLC 中指令功能的强弱、数量的多少是衡量 PLC 软件性能强弱的重要指标。编程指令的功能越强、数量越多，PLC 的处理能力和控制能力也就越强，用户编程也就越简单，越容易完成复杂的控制任务。

### 5. 内部寄存器的种类和数量

内部寄存器主要包括定时器、计时器、中间继电器、数据寄存器和特殊寄存器等。它们主要用来完成计时、计数、中间数据存储和其他一些功能。内部寄存器的种类和数量越多，PLC 的功能就越强大。

### 6. 扩展能力

PLC 的可扩展能力主要包括 I/O 点数的扩展、存储容量的扩展、联网功能的扩展和各种功能模块的扩展等。在选择 PLC 时，要经常考虑到 PLC 的可扩展性。

### 7. 功能模块

PLC 除了主控模块外，还可以配接各种功能模块。主控模块可以实现基本控制功能，功能模块的配置则可实现一些特殊的专门功能。功能模块的配置反映了 PLC 的功能强弱，是衡量 PLC 产品档次高低的一个重要标志。常用的功能模块主要有：A/D 和 D/A 转换模块、高速计数模块、位置控制模块、速度控制模块和远程通信模块等。

## 六、三菱 FX 系列 PLC 简介

目前 PLC 的品牌较多，主要有三菱、西门子、ABB、GE、欧姆龙、施耐德、霍尼韦尔、罗克韦尔等。大型 PLC 属西门子和 ABB 整体性能全面、优越些；中、小型的三菱、欧姆龙、西门子的市场占有率高些，其中 ABB、西门子、霍尼韦尔、罗克韦尔价

格高些，基本每个品牌都有其大、中、小型的 PLC。本书主要介绍三菱 FX 系列 PLC，其他品牌用户可根据实际需要了解和选用。

FX 系列 PLC 包括 FX1S、FX1N、FX2N、FX2NC、FX3U、FX3UC 等。各型号的 PLC 在特点及功能上都有所区别，了解各型号 PLC 的特点和性能是正确选择 PLC 的前提。

1. FX1S 系列 PLC

图 1-1-6　FX1S 系列 PLC 外形图

●控制规模：10～30 点（基本单元：10/14/20/30 点）。

●适用于极小规模控制的基本机型。

●虽然小型，但具有高性能及通信等的 +a 扩展性。

2. FX1N 系列 PLC

图 1-1-7　FX1N 系列 PLC 外形图

●控制规模：24～128 点（基本单元：24/40/60 点）。

●可以扩展输入、输出的端子排型标准机型。

●可以提升系统的模拟量、通信等性能。

3. FX2N 系列 PLC

图 1-1-8　FX2N 系列 PLC 外形图

●控制规模：16～256 点（基本单元：16/32/48/64/80/128 点）。

●端子排型高性能标准规格机型。

●因其高速、高功能等基本性能，适用于从普通顺控开始的广泛领域。

●具有适用于各种领域的充实的扩展设备。

4. FX3U 系列 PLC

图 1-1-9　FX3U 系列 PLC 外形图

●控制规模：16～384 点（基本单元：16/32/48/64/80/128 点）。

●第三代微型可编程控制器。具有速度、容量、功能优势的新型高性能机。

●业界的最高水平的高速处理及定位等内置功能得到了大幅强化。

●包括远程 I/O 在内，可控制的最大输入、输出点数为 384，可以连接 FX2N 用的、丰富的特殊扩展设备。

5. FX3UC 系列 PLC

图 1-1-10　FX3UC 系列 PLC 外形图

●控制规模：32～384 点（基本单元：32 点）。

●连接器的输入、输出形式的紧凑型第三代微型可编程控制器。

●业界的最高水平的高速处理及定位等内置功能得到了大幅强化。

●紧凑型且输入、输出最大可扩展到 256 点。包括远程 I/O 在内，可控制的最大输入、输出点数为 384。

**任务拓展 > >**

通过查阅相关资料，了解国外的 PLC 品牌有哪些，国产 PLC 品牌有哪些，其功能和特点如何。

## 知识测评

1. **填空题**

（1）世界上第一台 PLC 产生的国家是________。

（2）PLC 是________________的缩写。

（3）PLC 的编程语言一般有________、________、________等。

（4）PLC 按结构形式划分主要有________和________两种。

（5）PLC 中输入信号和输出信号的数量，也就是输入、输出端子数总和称为________。

2. **选择题**

（1）第一台 PLC 产生的时间是（　　）。

A. 1967 年　　B. 1968 年　　C. 1969 年　　D. 1970 年

（2）PLC 控制系统能取代继电—接触器控制系统的部分是（　　）。

A. 完全取代　　B. 主电路　　C. 接触器　　D. 控制电路

（3）在 PLC 中程序指令是按“步”存放的，一个内存容量为 8000 步的 PLC，则其内存为（　　）K 字节。

A. 8　　B. 16　　C. 4　　D. 2

（4）在对 PLC 进行分类时，I/O 点数为（　　）时，可以看作是大型 PLC。

A. 256　　B. 512　　C. 1024　　D. 2048

（5）（　　）是使用得最多的可编程控制器的编程语言。

A. 语句表　　B. 梯形图　　C. 高级语言　　D. 汇编语言

3. **简答题**

（1）可编程控制器是如何定义的？

（2）PLC 是如何分类的？

（3）PLC 的主要特点有哪些？

（4）PLC 的主要性能指标有哪些？

（5）PLC 主要用于哪些方面？

## 任务要点归纳

本学习任务完成以下知识内容的学习：

1. PLC 的定义；

2. PLC 的起源和发展历程；

3. PLC 控制技术的特点和主要应用领域；

4. 通用型 PLC 的主要技术指标。

## 学习任务 2

# PLC 的硬件

**任务描述 > >**

本学习任务以三菱 FX2N 系列为例，重点介绍 PLC 硬件结构中 CPU、存储器、通信接口、输入/输出接口、电源、编程器等的功能和特点。在此基础上，学习 PLC 循环扫描的工作方式和 PLC 执行程序输入采样阶段、程序处理阶段、输出刷新阶段的工作过程。

**任务目标 > >**

- 掌握 PLC 的基本结构。
- 掌握 PLC 的基本工作原理。
- 了解三菱 FX 系列 PLC 的硬件配置。

**知识链接 > >**

### 一、PLC 的基本结构

PLC 是一种适用于工业控制的专用电子计算机，均采用典型的计算机结构，其硬件系统结构如图 1－2－1 所示。

无论是哪种结构类型的 PLC，都可以根据用户需要进行配置与组合。尽管整体式与模块式 PLC 的结构不太一样，但各部分的功能作用基本上是相同的。下面对 PLC 主要组成部分进行简单介绍。

PLC 的硬件主要由中央处理器（CPU）、存储器、输入/输出接口、通信接口、扩展接口、电源等部分组成。其中，CPU 是 PLC 的核心，输入接口与输出接口是连接现场输入/输出设备与 CPU 之间的接口电路，通信接口用于与编程器、上位计算机等外部设备连接。

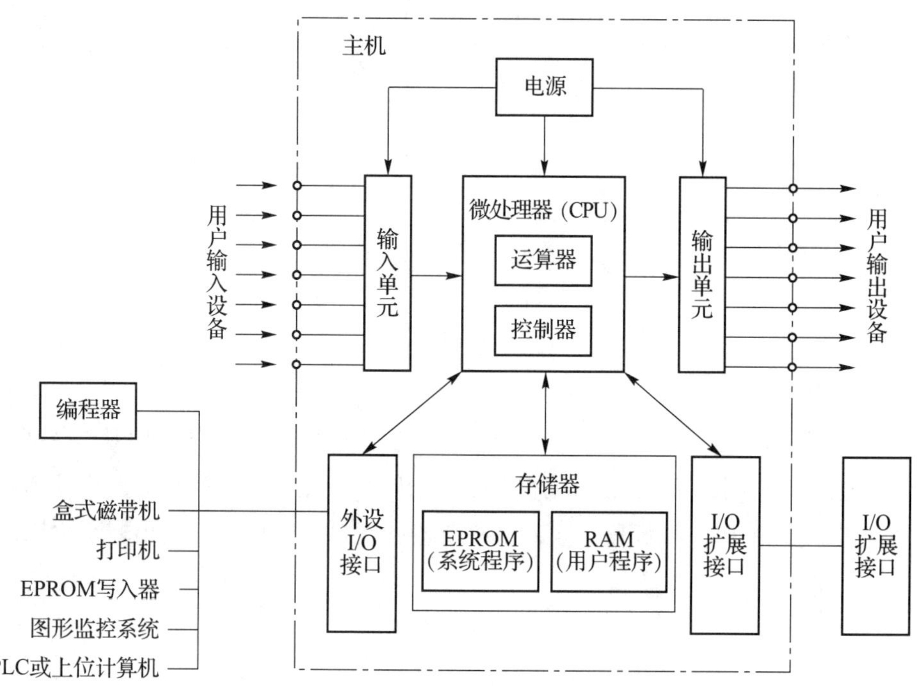


**图 1-2-1　PLC 硬件系统结构图**

### 1. 中央处理器 CPU (Central Processing Unit)

同一般的微机一样，CPU 是 PLC 的核心。PLC 中所配置的 CPU 随机型不同而不同，常用的有三类：通用微处理器（如 Z80、8086、80286 等）、单片微处理器（如 8031、8096 等）和位片式微处理器（如 AMD2900 等）。小型 PLC 大多采用 8 位通用微处理器和单片微处理器；中型 PLC 大多采用 16 位通用微处理器或单片微处理器；大型 PLC 大多采用高速位片式微处理器。

目前，小型 PLC 为单 CPU 系统，而中、大型 PLC 则大多为双 CPU 系统，甚至有些 PLC 中多达 8 个 CPU。对于双 CPU 系统，一般一个为字处理器，一般采用 8 位或 16 位处理器；另一个为位处理器，采用由各厂家设计制造的专用芯片。字处理器为主处理器，用于执行编程器接口功能，监视内部定时器，监视扫描时间，处理字节指令以及对系统总线和位处理器进行控制等。位处理器为从处理器，主要用于处理位操作指令和实现 PLC 编程语言向机器语言的转换。位处理器的采用，提高了 PLC 的速度，使 PLC 更好地满足实时控制要求。

在 PLC 中 CPU 按系统程序赋予的功能，指挥 PLC 有条不紊地进行工作，归纳起来主要有以下几个方面：

（1）接收从编程器输入的用户程序和数据。

（2）诊断电源、PLC 内部电路的工作故障和编程中的语法错误等。

（3）通过输入接口接收现场的状态或数据，并存入输入映象存储器或数据寄存器中。

（4）从存储器逐条读取用户程序，经过解释后执行。

（5）根据执行的结果，更新有关标志位的状态和输出映象寄存器的内容，通过输出单元实现输出控制。有些 PLC 还具有制表打印或数据通信等功能。

**2. 存储器（Memory）**

PLC 的存储器用于存储程序和数据，可分为系统程序存储器和用户程序存储器。系统程序存储器用于存储系统程序，一般采用只读存储器（ROM）或可擦除可编程只读存储器（EPROM）。PLC 出厂时，系统程序已经固化在存储器中，用户不能修改；用户程序存储器用于存储用户的应用程序，用户根据实际控制的需要，用 PLC 的编程语言编制应用程序，通过编程器输入到 PLC 的用户程序存储器。中小型 PLC 的用户程序存储器一般采用 EPROM、可擦除可编程只读存储器（EEPROM）或加后备电池的随机存储器（RAM），其容量一般不超过 8KB 。用户程序是随 PLC 的控制对象而定的，由用户根据对象生产工艺的控制要求而编制的应用程序。为了便于读出、检查和修改，用户程序一般存于 CMOS 静态 RAM 中，用锂电池作为后备电源，以保证掉电时不会丢失信息。为了防止干扰对 RAM 中程序的破坏，当用户程序经过运行正常，不需要改变时，可将其固化在只读存储器 EPROM 中。现在有许多 PLC 直接采用 EPROM 作为用户存储器。

由于系统程序及工作数据与用户无直接联系，因此在 PLC 产品样本或使用手册中所列存储器的形式及容量是指用户程序存储器。当 PLC 提供的用户存储器容量不够用时，可以利用 PLC 提供的存储器扩展功能。

**3. 输入/输出接口（I/O）**

输入/输出接口通常也称 I/O 接口或 I/O 模块，是 PLC 与工业生产现场之间的连接部件。PLC 通过输入接口把外部设备（如开关、按钮、传感器）的状态或信息读入 CPU，用户程序运算与操作后，把结果经输出接口传送给执行机构（如电磁阀、继电器、接触器等）。输入接口对输入信号进行滤波、隔离、电平转换等，把输入信号的逻辑安全可靠地输入到 PLC 的内部。输出接口把程序执行的结果输出到 PLC 的外部，输出接口具有隔离 PLC 内部电路和外部执行元件的作用，还具有功率放大的作用，以驱动各种负载。因此，PLC 采用专门设计的输入、输出电路。图 1－2－2 和图 1－2－3 为常用的输入、输出接口电路。

**（1）输入接口电路**

输入接口电路一般由光电耦合电路和微电脑输入接口电路组成。采用光电耦合电路实现了现场输入信号与 CPU 电路的电气隔离，增强了 PLC 内部电路与外部不同电压之间的电气安全，同时通过电阻分压及 RC 滤波电路，可滤掉输入信号的抖动和降低干扰噪声，提高了 PLC 输入信号的抗干扰能力。

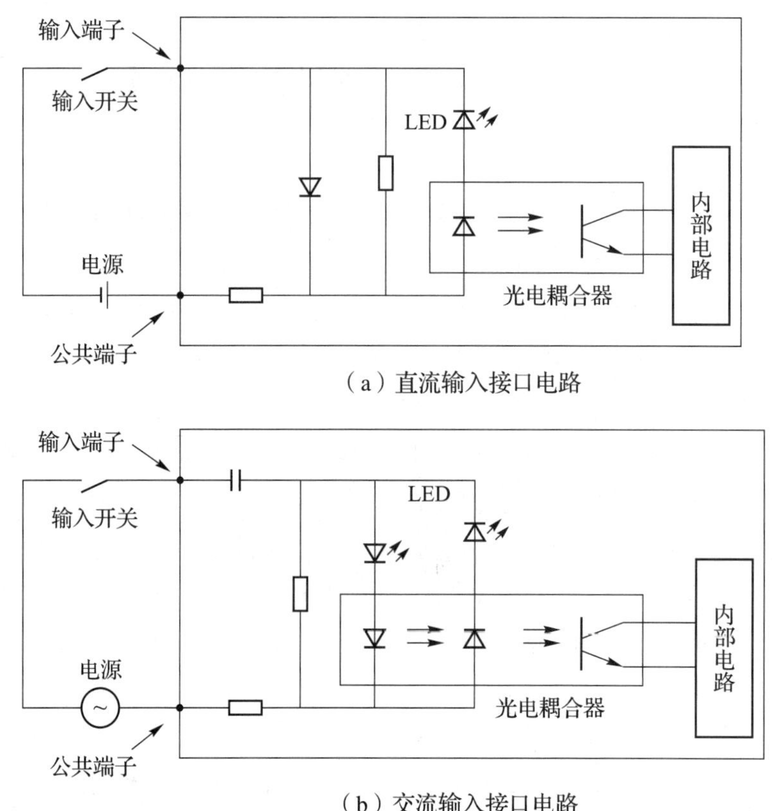


（a）直流输入接口电路



（b）交流输入接口电路

**图 1－2－2**

常用输入接口按其使用的电源不同有三种类型：直流（12～24V）输入接口、交流（100～120V、200～240V）输入接口和交/直流（12～24V）输入接口。直流输入电路的延迟时间比较短，可以直接与接近开关、光电开关等电子输入装置连接；交流输入电路适用于在有油雾、粉尘的恶劣环境下使用。

**（2）输出接口电路**

输出接口电路一般由 CPU 输出电路和功率放大器组成。CPU 输出接口电路同样采用了光电耦合电路，使 PLC 内部电路在电气上完全与外部控制设备隔离，有效地防止了现场的强电干扰，以保证 PLC 能在恶劣的环境下可靠地工作。PLC 的输出电路一般有 3 种类型：继电器输出型、晶体管输出型和晶闸管输出型，如图 1－2－3 所示。继电器输出型为有触点输出方式，可用于接通和断开频率较低的大功率直流负载或交流负载回路，负载电流可达 2A。在继电器输出接口电路中，对继电器触点的使用寿命也有限制，而且继电器输出的响应时间也比较慢（10ms 左右），因此，在要求快速响应的场合不适合使用此种类型的电路输出形式。晶体管输出型和晶闸管输出型为无触点输出方式，开关动作快，寿命长，可用于接通和断开频率较高的负载回路。其中晶闸管输出接口电路常用于带交流电源的大功率负载，晶体管输出型则用于带直流电源的小功率负载。

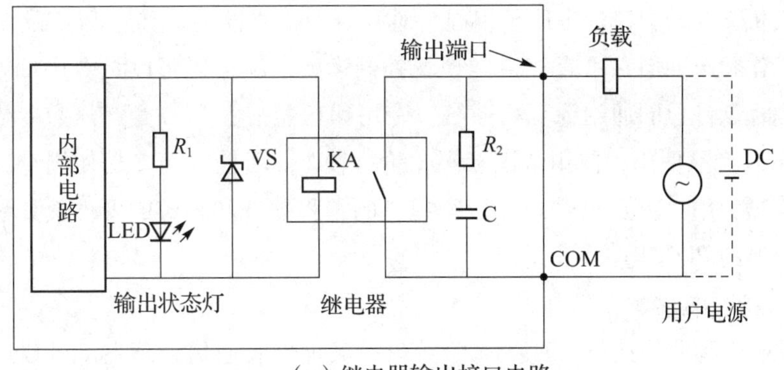


（a）继电器输出接口电路

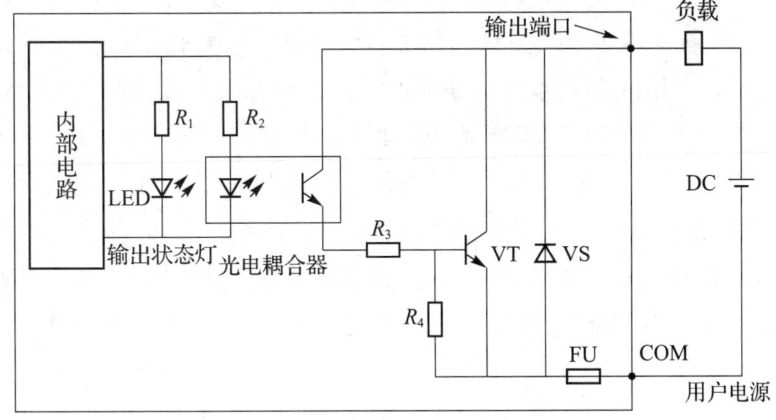


（b）晶体管输出接口电路

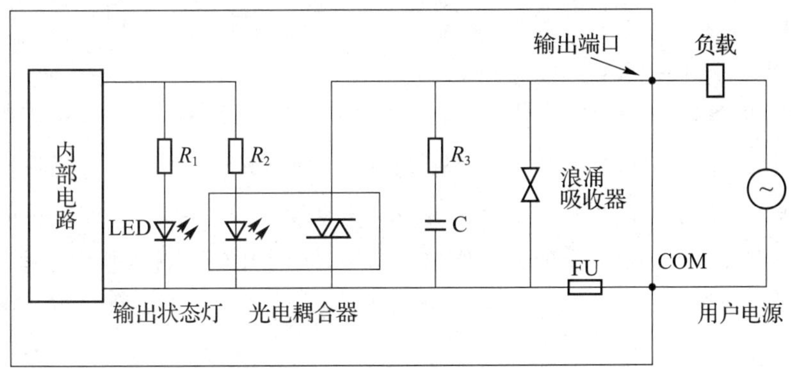


（c）晶闸管输出接口电路

**图 1－2－3**

### 4. 电源

PLC 配有开关电源，以供内部电路使用。与普通电源相比，PLC 电源的稳定性好、抗干扰能力强，对电网提供的电源稳定度要求不高，一般允许电源电压在其额定值 ±15% 的范围内波动。许多 PLC 还向外提供直流 24V 稳压电源，用于对外部传感器供电。

### 5. 编程器

编程器是 PLC 开发应用、检测运行、检查维护不可缺少的器件。它是 PLC 的外部设备，是人机交互的窗口。可用于编程、对系统做一些设定、监控 PLC 及 PLC 所控制的系统的工作状况，但它不直接参与现场控制运行。编程器可以是专用编程器，也可以是配有编程软件包的通用计算机系统。专用编程器是由 PLC 生产厂家专供该厂家生产的某些 PLC 产品使用，使用范围有限，价格较高。目前，大多是使用个人计算机为基础的编程器，用户只要购买 PLC 厂家提供的编程软件和相应的硬件接口装置，就可以得到高性能的 PLC 程序开发系统。

**6. 其他接口电路**

PLC 配有各种通信接口，这些通信接口一般都带有通信处理器。PLC 通过这些通信接口可与监视器、打印机、其他 PLC、计算机等设备实现通信。PLC 与打印机连接，可将过程信息、系统参数等输出打印；与监视器连接，可将控制过程图像显示出来；与其他 PLC 连接，可组成多机系统或联成网络，实现更大规模控制；与计算机连接，可组成多级分布式控制系统，实现控制与管理相结合。

智能接口模块是一个独立的计算机系统，它有自己的 CPU、系统程序、存储器以及与 PLC 系统总线相连的接口。它作为 PLC 系统的一个模块，通过总线与 PLC 相连，进行数据交换，并在 PLC 的协调管理下独立地进行工作。PLC 的智能接口模块种类很多，如高速计数模块、闭环控制模块、运动控制模块、中断控制模块等。

## 二、PLC 的基本工作原理

### （一）PLC 的工作方式

在分析 PLC 的工作方式与扫描周期之前，有必要了解 PLC 与计算机工作方式的相同点与不同点。两者之间的相同点：都是在硬件的支持下，通过执行反映控制要求的用户程序来实现的。不同点：计算机一般采用等待命令工作方式，如常见的键盘扫描或 I/O 扫描方式，当键盘按下时或 I/O 口有信号时产生中断，转入相应子程序。而 PLC 采用“循环扫描”的工作方式，系统工作任务管理及用户程序的执行都通过循环扫描的方式来完成；PLC 加电后，在系统程序的监控下，一直在周而复始地进行巡回扫描，执行由系统软件规定的任务，即用户程序的执行不是从头到尾只执行一次，而是执行一次以后，又返回去执行第二次、第三次……一直到停机。因此，PLC 可以简单地看成一种在系统程序监控下的扫描设备。其扫描工作过程除了执行用户程序外，在每次扫描工作过程中还要完成内部处理、通信服务工作。

整个扫描工作过程包括内部处理、通信服务、输入采样、程序执行、输出刷新五个阶段，如图1－2－4所示。整个过程扫描执行一遍所需的时间称为扫描周期。扫描周期的长短主要取决于以下几个因素：一是 CPU 执行指令的速度；二是执行每条指令占用的时间；三是程序中指令条数的多少。

在内部处理阶段，进行 PLC 自检，检查内部硬件是否正常，对监视定时器

（WDT）复位以及完成其他一些内部处理工作。在通信服务阶段，PLC 与其他的带微处理器的智能装置通信，响应编程器键入的命令，更新编程器的显示内容等。

PLC 基本工作模式有运行模式和停止模式。当 PLC 处于停止（STOP）模式时，只完成内部处理和通信服务工作；当 PLC 处于运行（RUN）模式时，除完成内部处理和通信服务工作外，还要完成输入采样、程序执行、输出刷新工作。PLC 的扫描工作方式简单直观，便于程序的设计，并为可靠运行提供了保障。当 PLC 扫描到的指令被执行后，其结果马上就被后面将要扫描到的指令所利用，而且还可以通过 CPU 内部设置的监视定时器来监视每次扫描是否超过规定时间，避免由于 CPU 内部故障使程序执行进入死循环。

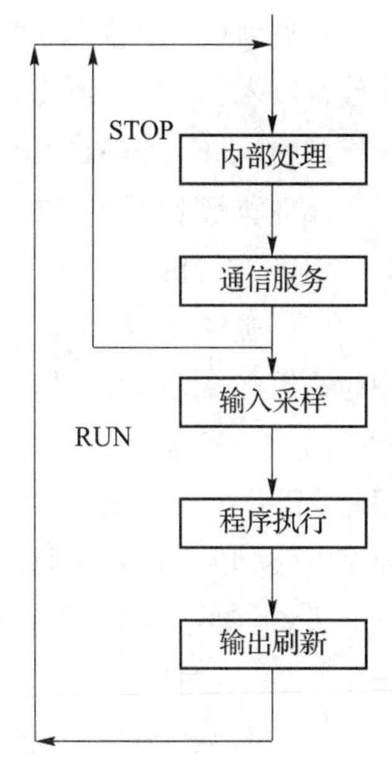


**图 1-2-4　PLC 循环扫描过程示意图**

### （二）PLC 的程序执行过程

PLC 执行程序的过程分为三个阶段，即输入采样阶段、程序执行阶段、输出刷新阶段，如图 1-2-5 所示。

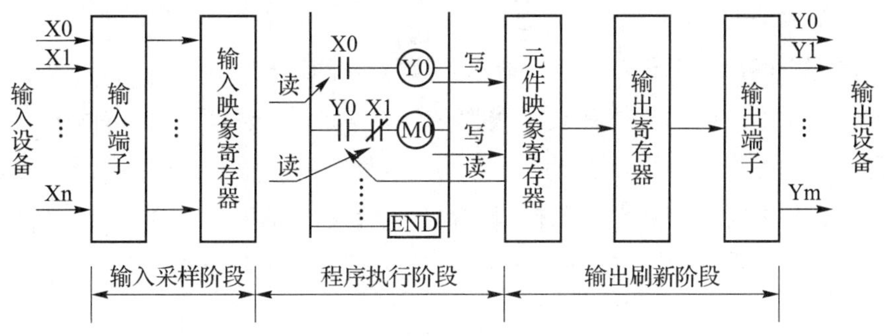


**图 1-2-5　PLC 执行程序过程示意图**

#### 1. 输入采样阶段

输入采样也叫输入处理，在输入采样阶段，PLC 以扫描工作方式按顺序对所有输入端的输入状态进行采样，并存入输入映象寄存器中，此时输入映象寄存器被刷新。接着进入程序执行阶段。在程序执行阶段或其他阶段，即使输入状态发生变化，输入映象寄存器的内容也不会改变，输入状态的变化只有在下一个扫描周期的输入处理阶段才能被采样到。

#### 2. 程序执行阶段

在程序执行阶段，PLC 程序按先上后下、先左后右的顺序，对梯形图程序进行逐句扫描。当遇到程序跳转指令时，则根据跳转条件是否满足来决定程序是否跳转。当指令中涉及输入、输出状态时，PLC 从输入映象寄存器和元件映象寄存器中读出，并根据采样到输入映象寄存器中的结果进行逻辑运算，运算结果再存入有关映象寄存器中。对于元件映象寄存器来说，其内容会随程序执行的过程而变化。

3. 输出刷新阶段

当所有程序执行完毕后，进入输出处理阶段。在这一阶段里，PLC 将输出映象寄存器中与输出有关的状态（输出继电器状态）转存到输出锁存器中，并通过一定方式输出，驱动外部负载。

因此，PLC 在一个扫描周期内，对输入状态的采样只在输入采样阶段进行。当 PLC 进入程序执行阶段后输入端将被封锁，直到下一个扫描周期的输入采样阶段才对输入状态进行重新采样。这种方式称为集中采样，即在一个扫描周期内，集中一段时间对输入状态进行采样。在用户程序中如果对输出结果多次赋值，则最后一次有效。在一个扫描周期内，只在输出刷新阶段才将输出状态从输出映象寄存器中输出，对输出接口进行刷新，在其他阶段里输出状态一直保存在输出映象寄存器中，这种方式称为集中输出。

对于小型 PLC，其 I/O 点数较少，用户程序较短，一般采用集中采样、集中输出的工作方式。虽然在一定程度上降低了系统的响应速度，但使 PLC 工作时大多数时间与外部输入/输出设备隔离，从根本上提高了系统的抗干扰能力，增强了系统的可靠性。而对于大、中型 PLC，其 I/O 点数较多，控制功能强，用户程序较长，为提高系统响应速度，可以采用定期采样、定期输出方式，或中断输入、输出方式以及采用智能 I/O 接口等多种方式。

从上述分析可知，从 PLC 的输入端输入信号发生变化到 PLC 输出端对该输入变化作出反应，需要一段时间，这种现象称为 PLC 输入/输出响应滞后。对一般的工业控制，这种滞后是完全允许的。应该注意的是，这种响应滞后不仅是由于 PLC 扫描工作方式造成的，更主要的是 PLC 输入接口的滤波环节带来的输入延迟以及输出接口中驱动器件的动作时间带来的输出延迟，同时还与程序设计有关。滞后时间是设计 PLC 应用系统时应注意把握的一个参数。

**任务拓展 > >**

在认识 PLC 的组成结构和工作原理的基础上，为了使读者对 PLC 有一个更深入的了解，请同学们查阅资料详细了解三菱 FX2N 的性能和产品规格。

## 知识测评

1. 填空题

（1）PLC 的基本结构由________、________、________、________、________等组成。

（2）PLC 的存储器包括____________和____________。

（3）PLC 采用________工作方式是 PLC 区别于微型计算机的最大特点。一个扫描周期可分为________、________、________、________和________五个阶段。

（4）PLC 是专为工业控制设计的，为了提高其抗干扰能力，输入、输出接口电路均采用________电路。输出接口电路有________、________、________三种输出方式，以适用于不同负载的控制要求。其中高速、大功率的交流负载，应选用________输出接口电路。

（5）在 PLC 控制中，完成一次扫描所需时间称为________。

**2. 选择题**

（1）PLC 的核心是（　　）。

A. CPU　　B. 存储器

C. 输入/输出接口　　D. 通信接口电路

（2）用户设备需输入 PLC 的各种控制信号，通过（　　）将这些信号转换成中央处理器能够接收和处理的信号。

A. CPU　　B. 输出接口电路

C. 输入接口电路　　D. 存储器

（3）PLC 每次扫描用户程序之前都可执行（　　）。

A. 自诊断　　B. 与编程器等通信

C. 输入取样　　D. 输出刷新

（4）（　　）是将 PLC 与现场输入、输出设备连接起来的部件。

A. CPU　　B. 输入/输出接口电路

C. 编程器　　D. 存储器

（5）在 PLC 中，可以通过编程器修改或增删的是（　　）。

A. 用户程序　　B. 系统程序　　C. 工作程序　　D. 任何程序

**3. 简答题**

（1）PLC 由哪几部分组成？各部分的作用是什么？

（2）PLC 的输入方式有哪几种？各种输入方式的作用和特点是什么？

（3）PLC 有几种输出类型？各有什么特点？各适用于什么场合？

（4）在 I/O 电路中，光电耦合器的主要功能是什么？

（5）查阅资料，试说明 FX2N－128MT－001 型号表示的含义。

## 任务要点归纳

本学习任务完成以下知识内容的学习：

1. 三菱 FX2N 系列 PLC 的硬件组成及其功能特点；

2. PLC 循环扫描的工作方式；

3. PLC 程序执行过程。

学习任务 3

# PLC 的软元件

**任务描述 > >**

本学习任务介绍 PLC 的软件系统，将重点学习软件系统中的用户程序，详细介绍梯形图编程、指令表编程和顺序功能图编程的方法和要求，在此基础上，学习什么是软元件以及各种软元件组成的继电器的功能和用途。

**任务目标 > >**

●掌握三菱系列 PLC 的编程语言。

●学会使用三菱系列 PLC 内部各种软元件资源。

**知识链接 > >**

## 一、PLC 的编程语言

PLC 是一种工业控制计算机，不仅有硬件，软件也是必不可少的。在 PLC 中软件分为两大部分，即系统程序和用户程序。

系统程序是由 PLC 制造厂商设计编写，并存入 PLC 的系统存储器中，用户不能直接读写与更改。系统程序一般包括系统诊断程序、输入处理程序、编译程序、信息传送程序、监控程序等。用户程序是用户利用 PLC 的编程语言，根据控制要求编制的程序。在 PLC 的应用中，最重要的是用 PLC 的编程语言来编写用户程序，以实现控制目的。由于 PLC 是专门为工业控制而开发的装置，其主要使用者是广大电气技术人员，为了满足他们的传统习惯和掌握能力，PLC 的主要编程语言采用比计算机语言相对简单、易懂、形象的专用语言。PLC 编程语言是多种多样的，对于不同生产厂家、不同系列的 PLC 产品采用的编程语言的表达方式也不相同。目前，PLC 为用户提供了多种编程语言，以适应编制用户程序的需要。PLC 提供的编程语言通常有：梯形图、指令表、顺序功能图和功能块图。

FX2N 系列 PLC 的编程方式主要有三种：梯形图编程、指令表编程和顺序功能图编程。以下简要介绍几种常见的 PLC 编程语言。

### 1. 梯形图编程

梯形图语言是在传统电气控制系统中常用的接触器、继电器等图形表达符号的基础上演变而来的。它与电气控制线路图相似，继承了传统电气控制逻辑中使用的框架结构、逻辑运算方式和输入、输出形式，具有形象、直观、简单明了、易于理解的特点，特别适合开关量逻辑控制，是 PLC 最基本、最普遍的编程语言。因此，这种编程语言为广大电气技术人员所熟知，是应用最广泛的 PLC 编程语言，是 PLC 的第一编程语言。如图 1－3－1 所示是传统的电气控制线路图和 PLC 梯形图。

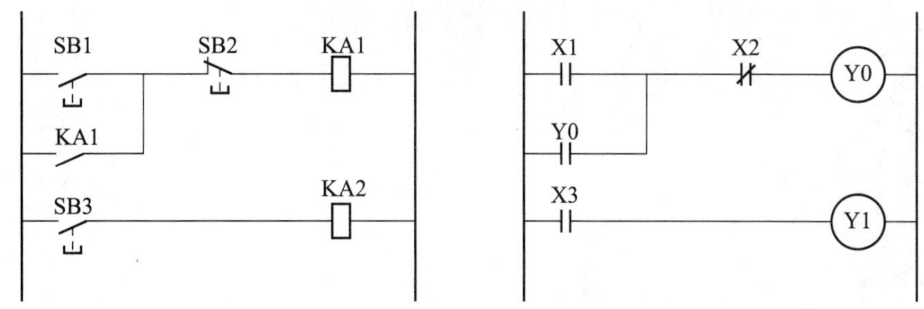


**图 1－3－1　传统的电气控制线图和 PLC 梯形图**

从图中可以看出，两种图基本表示思路是一致的，具体表达方式有一定的区别。PLC 的梯形图由触点符号、继电器线圈符号组成，在这些符号上标注操作数。每条梯形图以母线开始，以继电器线圈作为一条的结尾，右边以地线终止。采用梯形图编程时，在编程软件的界面上有常开、常闭触点和继电器线圈符号，用鼠标直接单击这些符号，然后填写操作数就能进行编程。PLC 对梯形图语言的用户程序进行循环扫描，从第一条至最后一条，周而复始。

### 2. 语句表（指令表）编程

语句表是用助记符来表达 PLC 的各种功能。它类似于计算机的汇编语言，但比汇编语言通俗易懂，也是较为广泛应用的一种编程语言。使用语句表编程时，编程设备简单，逻辑紧凑、系统化，连接范围不受限制，但比较抽象。一般可以与梯形图互相转化，互为补充。目前，大多数 PLC 都有语句表编程功能。虽然各个 PLC 生产厂家的语句表形式不尽相同，但基本功能相差无几。下面是与图 1－3－1 中梯形图对应的语句表编写的程序。

| 步号 | 指令 | 数据 |
|---|---|---|
| 0 | LD | X1 |
| 1 | OR | Y0 |
| 2 | ANI | X2 |
| 3 | OUT | Y0 |
| 4 | LD | X3 |
| 5 | OUT | Y1 |

可以看出，语句是语句表程序的基本单元，每个语句由步号、操作码（指令）和操作数（数据）三部分组成。步号是用户程序中的序号，一般由编程器自动依次给出。操作码就是 PLC 指令系统中的指令代码、指令助记符，它表示需要进行的工作。操作数则是操作对象，主要是继电器的类型和编号，每一个继电器都用一个字母开头，后

缀数字，表示属于哪类继电器的第几号继电器。一个语句就是给 CPU 的一条指令，规定其对谁（操作数）做什么工作（操作码）。一个控制动作由一个或多个语句组成的应用程序来实现。PLC 对语句表编写的用户程序同样进行循环扫描，从第一条至最后一条，周而复始。

### 3. 顺序功能图编程

顺序功能图编程（SFC 编程）是一种较新的编程方法，又称状态转移图编程。它的编程方式是采用画工艺流程图的方法编程，如图 1－3－2 所示。只要在每个工艺方框的输入和输出端，标上特定的符号即可。它将一个完整的控制过程分为若干阶段，各阶段具有不同的动作，阶段间有一定的转换条件，转换条件满足就实现阶段转移，上一阶段动作结束，下一阶段动作开始，是用功能图的方式来表达一个控制过程，对于顺序控制系统特别适用。许多 PLC 都提供了用于 SFC 编程的指令，它是一种效果显著、深受欢迎的编程语言。目前国际电工委员会（IEC）也正在实施并发展这种语言的编程标准。

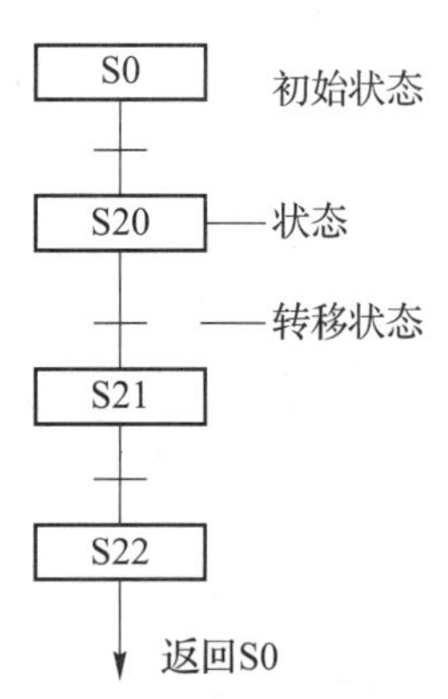


**图 1－3－2　SFC 编程示意图**

从上面的介绍中可以看出，用梯形图或语句表编写的程序可进行转换，用 SFC 编写的顺序控制程序也能转换成梯形图或语句表，十分方便，用户可根据实际情况合理选用相应的编程方式。

## 二、PLC 的软元件

在常用的电气控制电路中，采用电气开关、继电器、接触器等组成电路。PLC 内部有许多具有不同功能的器件，实际上这些器件是由电子电路和存储器组成的。为了把它们与通常的硬器件区分开，通常把这些器件称为软元件，是等效概念抽象模拟的器件，并非实际的物理器件。在 PLC 控制系统中，采用内部存储单元（软元件）模拟各种常规电气控制元件。PLC 内部有大量由软元件组成的内部继电器，这些软元件要按一定的规则进行编号。三菱 FX2N 系列的 PLC 软元件的名称由字母和数字组成，它们分别表示软元件的类型和软元件号，如 X0、Y1、S0、D100 等。其中 X、Y、S、D 表示软元件的类型，0、1、0、100 表示软元件号。但是根据使用 PLC 的 CPU 不同，所使用的软元件也不同。下面以 FX2N 为代表，介绍 PLC 内部的软元件。在 FX2N 系列中用 X 表示输入继电器、Y 表示输出继电器、M 表示辅助继电器、S 表示状态继电器、T 表示定时器、C 表示计数器、D 表示数据寄存器。

### 1. 输入继电器 X

输入继电器是 PLC 用来接收用户输入设备发出的输入信号。输入继电器只能由外部信号所驱动，不能用程序内部的指令来驱动。因此，在程序中输入继电器只有触点

（常开、常闭触点可以重复多次使用）。由前文所述，输入模块可等效输入继电器的输入线圈，其等效电路如图 1－3－3 所示。

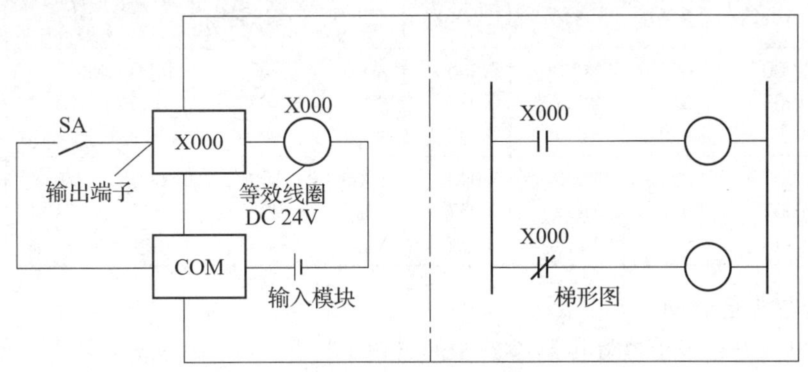


图 1－3－3　输入继电器等效电路图

## 2. 输出继电器 Y

输出继电器是 PLC 用来将输出信号传送给负载的元件。输出继电器由内部程序驱动，其触点有两类：一类是由软件构成的内部触点（软触点，程序里可以多次重复使用）；另一类则是由输出模块构成的外部触点（硬触点），它具有一定的带负载能力，其等效电路如图 1－3－4 所示。

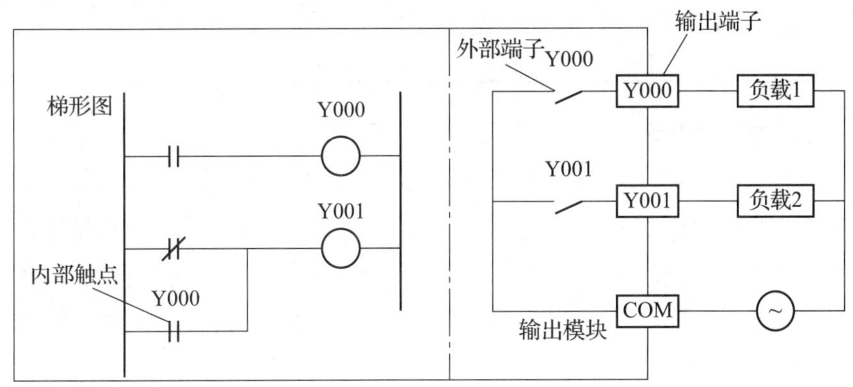


图 1－3－4　输出继电器等效电路图

从图 1－3－3 和图 1－3－4 中可以看出，输入继电器或输出继电器都是由硬件（I/O 单元）和软件构成的。因此，由软件构成的内部触点可任意取用，不限数量，而由硬件构成的外部触点只能单一使用。硬件输入/输出继电器的地址编号采用八进制，地址分配表见表1－3－1。

**表 1-3-1　输入/输出继电器的地址分配表**

| 型号 | FX2N - 16M | FX2N - 32M | FX2N - 48M | FX2N - 64M | FX2N - 80M | FX2N - 128M | 带扩展 | |
|---|---|---|---|---|---|---|---|---|
| 输入继电器 X | X000 ~ X007 8 点 | X000 ~ X017 16 点 | X000 ~ X027 24 点 | X000 ~ X037 32 点 | X000 ~ X047 40 点 | X000 ~ X077 64 点 | X000 ~ X267 (X177) 184 点 (128 点) | 输入、输出合计 256 点 |
| 输出继电器 Y | Y000 ~ Y007 8 点 | Y000 ~ Y017 16 点 | Y000 ~ Y027 24 点 | Y000 ~ Y037 32 点 | Y000 ~ Y047 40 点 | Y000 ~ Y077 64 点 | Y000 ~ Y267 (Y177) 184 点 (128 点) | |

### 3. 辅助继电器 M

辅助继电器相当于电气控制中的中间继电器，是 PLC 中数量最多的一种继电器，它存储中间状态或其他信息。辅助继电器不能直接驱动外部负载，只能在程序中驱动输出继电器的线圈，负载只能由输出继电器的外部触点驱动。辅助继电器的常开与常闭触点在 PLC 内部编程时可无限次使用。辅助继电器的地址编号是采用十进制的，共分为三类：通用辅助继电器、断电保持辅助继电器和特殊用途辅助继电器。辅助继电器的地址编号和功能见表 1-3-2。

**表 1-3-2　辅助继电器地址分配表**

| 辅助继电器 M | M0 ~ M499　500 点 | M500 ~ M3071　2048 点 | M8000 ~ M8255　256 点 |
|---|---|---|---|
| | 通用 | 保存用 | 特殊用 |

#### (1) 通用辅助继电器

通用辅助继电器 M0 ~ M499，共有 500 点。通用辅助继电器在 PLC 运行时，如果电源突然断电，则全部线圈均 OFF。当电源再次接通时，除了因外部输入信号而变为 ON 的以外，其余的仍将保持 OFF 状态，它们没有断电保护功能。通用辅助继电器常在逻辑运算中作为辅助运算、状态暂存、移位等。根据需要可通过程序设定，将 M0 ~ M499 变为断电保持辅助继电器。

#### (2) 断电保持辅助继电器

断电保持辅助继电器 M500 ~ M3071，共 2572 点。它与普通辅助继电器不同的是具有断电保护功能，即能记忆电源中断瞬时的状态，并在重新通电后再现其状态。它之所以能在电源断电时保持其原有的状态，是因为电源中断时用 PLC 中的锂电池保持它们在映象寄存器中的内容。其中 M500 ~ M1023 可由软件将其设定为通用辅助继电器。

#### (3) 特殊辅助继电器

PLC 内有大量的特殊辅助继电器，它们都有各自的特殊功能。FX2N 系列中 M8000 ~ M8255，有 256 个特殊辅助继电器，可分成触点型和线圈型两大类。

①触点型。

其线圈由 PLC 自动驱动，用户只可使用其触点。例如：

M8000：运行监视器（在 PLC 运行中接通），M8001 与 M8000 为相反逻辑。

M8002：初始脉冲（仅在运行开始时瞬间接通），M8003 与 M8002 为相反逻辑。

M8011、M8012、M8013 和 M8014 分别是产生 10ms、100ms 、1s 和 1min 时钟脉冲的特殊辅助继电器。

②线圈型。

由用户程序驱动线圈后 PLC 执行特定的动作。例如：

M8033：若使其线圈得电，则 PLC 停止时保持输出映象存储器和数据寄存器内容。

M8034：若使其线圈得电，则将 PLC 的输出全部禁止。

M8039：若使其线圈得电，则 PLC 按 D8039 中指定的扫描时间工作。

### 4. 状态继电器 S

状态继电器用来记录系统运行中的状态，是编制顺序控制程序的重要编程元件，它与后述的步进指令 STL 配合使用，也可作为通用继电器使用。状态继电器有五种类型：初始状态器 S0 ~ S9 共 10 点；回零状态器 S10 ~ S19 共 10 点；通用状态器 S20 ~ S499 共 480 点；具有断电保持的状态器 S500 ~ S899 共 400 点；供报警用的状态器（可用作外部故障诊断输出）S900 ~ S999 共 100 点。状态继电器的地址分配见表1 －3 －3。

**表 1 －3 －3　状态继电器地址分配表**

<table>
<tr><td rowspan="3">状态继电器 S</td><td>S0 ~ S9　10 点　初始用</td><td>S500 ~ S899　400 点</td><td>S900 ~ S999　100 点</td></tr>
<tr><td>S10 ~ S19　10 点　返回原点用</td><td rowspan="2">断电保持用</td><td rowspan="2">报警用</td></tr>
<tr><td>S20 ~ S499　480 点　通用</td></tr>
</table>

在使用状态器时应注意：

（1）状态器与辅助继电器一样有无数的常开和常闭触点；

（2）状态器不与步进顺控指令 STL 配合使用时，可作为辅助继电器 M 使用；

（3）FX2N 系列 PLC 可通过程序设定将 S0 ~ S499 设置为具有断电保持功能的状态器。

### 5. 定时器 T

PLC 中的定时器 T 相当于继电器控制系统中的通电延时型时间继电器，它可以提供无限对常开、常闭延时触点。FX2N 系列中定时器可分为通用定时器、积算定时器两种。它们是通过对一定周期的时钟脉冲进行累计而实现定时的，时钟脉冲的周期为 1ms、10ms、100ms 三种，当所计数达到设定值时触点动作。设定值可用常数 K 或数据寄存器 D 中的内容来设置。定时器的地址分配见表 1 －3 －4。

**表 1 －3 －4　定时器地址分配表**

<table>
<tr><td rowspan="3">定时器 T</td><td>T0 ~ T199　200 点</td><td>T200 ~ T245　46 点</td><td>T246 ~ T249　4 点</td><td>T250 ~ T255　6 点</td></tr>
<tr><td>100ms</td><td rowspan="2">10ms</td><td rowspan="2">1ms 积算<br>执行中断用<br>断电保持型</td><td rowspan="2">100ms 积算<br>断电保持型</td></tr>
<tr><td>T192 ~ T199 子程序用</td></tr>
</table>

### 6. 计数器 C

计数器是靠输入脉冲由低电平到高电平变化累计进行计数的，结构类似于定时器。FX2N 型计数器根据其目的和用途可以分为以下两种。

#### （1）内部计数器

内部计数器对内部信号计数，有 16 位和 32 位计数器，该计数器的应答速度通常在 10Hz 以下。

#### （2）高速计数器

高速计数器响应频率较高，最高响应频率为 60kHz，因此在频率较高时要采用高速计数器。FX2N 编程控制器的内置高速计数器编号分配在输入 X000 ~ X007，X000 ~ X007 不可重复使用。而不作为高速计数器使用的输入编号可在顺控程序中作为普通的输入继电器使用。此外，不作为高速计数器使用的高速计数器编号也可以作为数值存储器中的 32 位数据寄存器使用。计数器的地址分配见表 1 − 3 − 5。

**表 1 − 3 − 5　计数器地址分配表**

| 计数器 C | 16 位加法计数器 | | 32 位可逆计数器 | | 32 位高速可逆计数器　最大 6 点 | | |
|---|---|---|---|---|---|---|---|
| | C0 ~ C99 | C100 ~ C199 | C200 ~ C219 | C220 ~ C234 | C235 ~ C245 | C246 ~ C250 | C251 ~ C255 |
| | 100 点 | 100 点 | 20 点 | 15 点 | 1 相单向计数输入 | 1 相双向计数输入 | 2 相计数输入 |
| | 通用 | 保持用 | 通用 | 断电保持用 | | | |

### 7. 数据寄存器 D

数据寄存器是专门用来存放数据的软元件，供数据传送、数据运算等操作。可编程控制器中的寄存器用于存储模拟量控制、位置量控制、数据 I/O 所需的数据及工作参数。每一个数据寄存器都是 16 位，可以用两个数据寄存器合并起来存放 32 位数据。数据寄存器通常有以下几种，其地址分配见表 1 − 3 − 6。

**表 1 − 3 − 6　数据寄存器地址分配表**

| 数据寄存器 | D0 ~ D199 | D200 ~ D511 | D512 ~ D7999 | D8000 ~ D8195 | V0 ~ V7，Z0 ~ Z7 |
|---|---|---|---|---|---|
| D、V、Z | 200 点 | 312 点 | 7488 点 | 196 点 | 16 点 |
| | 通用 | 保持用 | 保持用 | 特殊用 | 变址用 |
| 嵌套指针 | Z0 ~ Z7 | P0 ~ P63 64 点 | I00 * ~ I50 * 6 点 | I6 * ~ I8 * 3 点 | I010 ~ I060 6 点 |
| | 8 点 | 跳转子程序用 | 输入中断指针 | 定时中断指针 | 计数中断指针 |
| | 主控用 | 分支指针 | | | |
| 常数 K | 16 位　−32768 ~ 32767 | | 32 位　−2147483648 ~ 2147483647 | | |
| 常数 H | 16 位　0 ~ FFFH | | 32 位　0 ~ FFFFFFFFH | | |

（1）通用数据寄存器

通用数据寄存器 D0 ~ D199，200 点，数据掉电消失，通过参数设定可以变更为停电保持型。

（2）停电保持数据寄存器

停电保持数据寄存器 D200 ~ D511，312 点，除非改写，否则原有数据不会丢失。无论电源接通与否，PLC 运行与否，其内容也不会变化，但通过参数设定可以变为非停电保持型。

（3）特殊数据寄存器

特殊数据寄存器 D8000 ~ D8195，196 点，这些数据寄存器供监控 PLC 中各种元件运行方式之用，其内容在电源接通（ON）时，写入初始化值（全部先清零，然后由系统 ROM 安排写入初始值）。

（4）文件寄存器

文件寄存器 D512 ~ D7999，7488 点，用于存储大量的数据，例如采集数据、统计计算数据、多组控制参数等。其数量由 CPU 的监控软件决定，但可以通过扩充存储卡的方法加以扩充。

（5）变址寄存器

FX2N 系列 PLC 的变址寄存器 V0 ~ V7，Z0 ~ Z7，16 点，与普通的数据寄存器一样，是进行数值数据读、写的 16 位数据寄存器。

### 8. 指针 P、I

分支用指针 P，中断用指针 I。其中分支指针的编号为 P0 ~ P63 ，64 点，用作跳转子程序用；输入中断指针用 100 * ~150 * ，6 点；定时中断指针用 16 * ~18 *，3 点；计数中断指针用 I010 ~ I060 ，6 点。

### 9. 嵌套层数 N

嵌套层数是专门指定嵌套的层数的编程软件，和 MC、MCR 一起使用。在 PLC 中有 N0 ~ N7，8 点。

### 10. 常数 K、H、E

常数是程序中必不可少的编程元件，分别用字母 K、H、E 来表示。十进制数 K 主要用于：（1）定时器和计数器的设定值。（2）辅助继电器、定时器、计数器、状态器等的软元件编号。（3）指定应用指令操作数中的数值与指令动作；十六进制数 H 同十进制数一样，用于指定应用指令操作数中的数值与指令动作；浮点数 E 主要用于指定操作数的数值。

应该说明的是，以上所讲的内容都是以 FX2N 系列为例，不同类型的 PLC，其元件地址编号分配都不相同，其功能也各有特点，读者在使用时应仔细阅读相应的用户手册。

**任务拓展 > >**

在认识 FX 系列 PLC 内部资源分配的基础上，请读者查阅相关资料了解施耐德 Twido系列 PLC 内部资源的分配情况。

## 知识测评

1. **填空题**

（1）FX2N 系列 PLC 的编程方式主要有三种：________、________和__________。

（2）指令表编写的用户程序中，语句是最小的程序组成部分，它由语句________、________、________组成。

（3）在 PLC 控制系统中，采用内部________模拟各种常规电气控制元件。

（4）FX2N 中辅助继电器很多，但是根据其功能的不同，可以分为____________、__________________和__________________三类。

（5）PLC 中的定时器相当于继电器控制系统中的________________________。

2. **选择题**

（1）PLC 中梯形图与语句表的关系是（　　）。

A. 梯形图可以转成语句表，但是语句表不能转成梯形图

B. 一一对应

C. 语句表可以转成梯形图，但是梯形图不能转成语句表

D. 相互独立

（2）在 FX2N 系列 PLC 内部的软元件中，用 M 表示（　　）。

A. 辅助继电器　　B. 数据寄存器

C. 计数器　　D. 状态继电器

（3）FX2N 系列辅助继电器中，（　　）具有断电保护功能，即能记忆电源中断瞬时的状态，并在重新通电后再现其状态。

A. 通用辅助继电器　　B. 状态继电器

C. 断电保持辅助继电器　　D. 特殊用途辅助继电器

（4）（　　）是专门用来存放数据的软元件，供数据传送、数据运算等操作。

A. 输入继电器　　B. 辅助继电器

C. 数据寄存器　　D. 输出继电器

（5）（　　）相当于电气控制中的中间继电器，是 PLC 中数量最多的一种继电器，它存储中间状态或其他信息。

A. 输入继电器　　B. 辅助继电器

C. 数据寄存器　　D. 输出继电器

**3. 简答题**

（1）FX2N 系列 PLC 常用的编程语言有哪几种？各有什么特点？

（2）说明输入继电器和输出继电器的特点及应用。

（3）简述辅助继电器三种类型的特点及应用。

（4）状态继电器有哪几种？其地址如何分配？

（5）简述数据寄存器的种类及特点。

## 任务要点归纳

本学习任务完成以下知识内容的学习：

1. PLC 用户程序的三种编程方式：梯形图编程、指令表编程和顺序功能图编程；
2. 三菱 FX2N 内部继电器 X、Y、M、D、T、C、S 等的功能和用途。

学习任务 4

# FX 系列编程软件

**任务描述 > >**

本学习任务将练习三菱编程软件 GX Developer 的安装和配置以及如何新建一个工程项目进行练习软件的使用、编辑和仿真等功能，通过练习，为后续实训任务的操作奠定基础。

**任务目标 > >**

- 学会 GX Developer 软件的安装及相关使用。
- 能利用 GX Developer 软件针对具体任务进行仿真。

**知识链接 > >**

### 一、软件的安装

1. 打开三菱 PLC 编程软件 GX Developer 文件夹。

2. 先安装“通用环境”。单击文件夹“EnvMEL”，再单击“SETUP”进行安装。

3. 再安装“编程软件”。单击“后退”按钮，返回到原来的文件夹“GX Developer”，单击“SETUP”进行安装。

4. 单击“开始”，在“程序”里可以找到安装好的文件。

## 二、软件使用及仿真

1. 双击 GX Developer 图标，进入如图 1－4－1 所示界面。

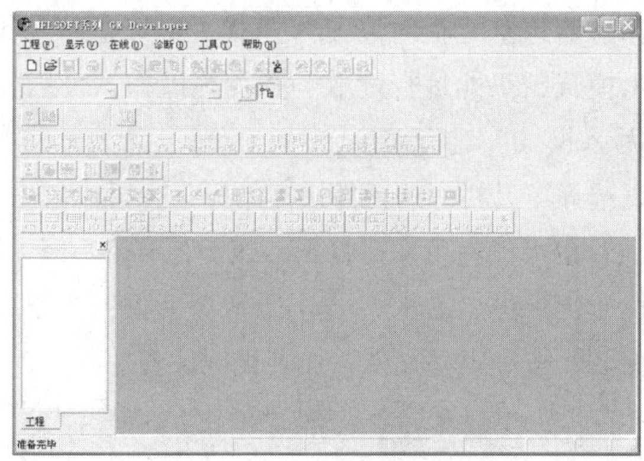


图 1－4－1　应用软件界面

2. 单击“工程”，选择“创建新工程”，弹出如图 1－4－2 所示对话框，在“PLC 系列”下拉选项中选择“FXCPU”，“PLC 类型”选择“FXIS”，“程序类型”选择“梯形图逻辑”。在“设置工程名”一项前打勾，可以输入工程要保存到的路径和名称。

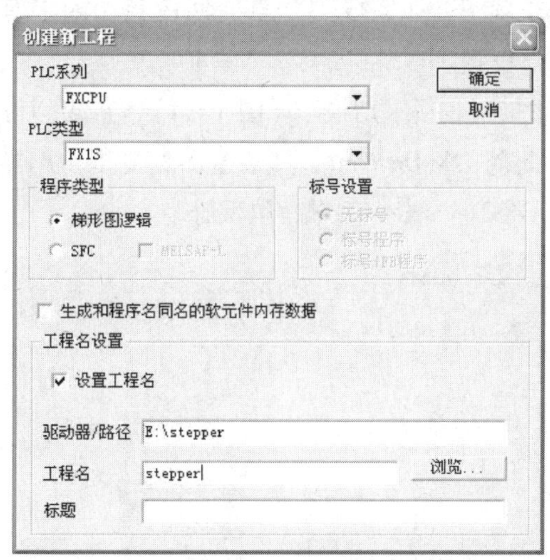


图 1－4－2　创建新工程对话框

3. 单击“确定”后，进入梯形图编辑界面，如图 1－4－3 所示。

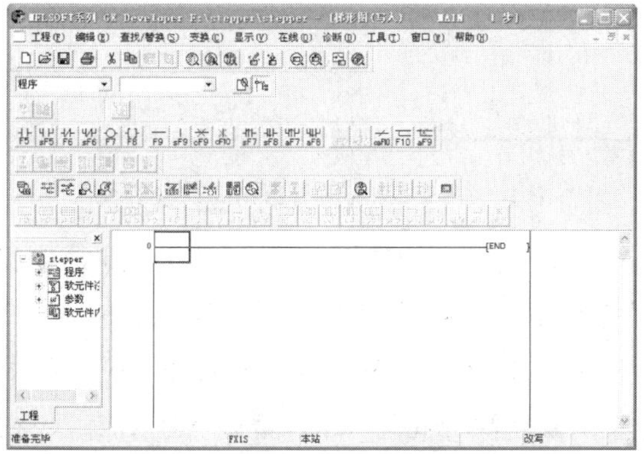


图 1－4－3　梯形图编辑界面

当梯形图内的光标为蓝边空心框时为写入模式，可以进行梯形图的编辑；当光标为蓝边实心框时为读出模式，只能进行读取、查找等操作，可以通过选择“编辑”中的“读出模式”或“写入模式”进行切换。

梯形图的编辑可以选择工具栏中的元件快捷图标，也可以单击“编辑”，选择“梯形图标记”中的元件项，也可以使用快捷键 F5 ~ F10，Shift + F5 ~ F10，或者在想要输入元件的位置双击鼠标左键，弹出图 1 - 4 - 4 所示对话框，在下拉列表中选择元件符号，编辑栏中输入元件名，按确定将元件添加到光标位置。

**图 1 - 4 - 4　元件添加编辑栏**

编辑过的梯形图背景为灰色，如图 1 - 4 - 5 所示，在调试用下载程序之前，需要对程序进行变换，单击“变换”，选择“变换”，或者直接按 F4，对已编辑的梯形图进行变换，如果梯形图语法正确，变换完成后背景变回白色；如果有语法错误，则不能完成变换，系统会弹出消息框提示。

单击快捷键“梯形图/列表显示切换”（图 1 - 4 - 5）可以在梯形图程序与相应的语句表之前进行切换。此外 GX Developer 具备返回、复制、粘贴、行插入、行删除等常用操作，具体可参考 GX Developer 用户操作手册。

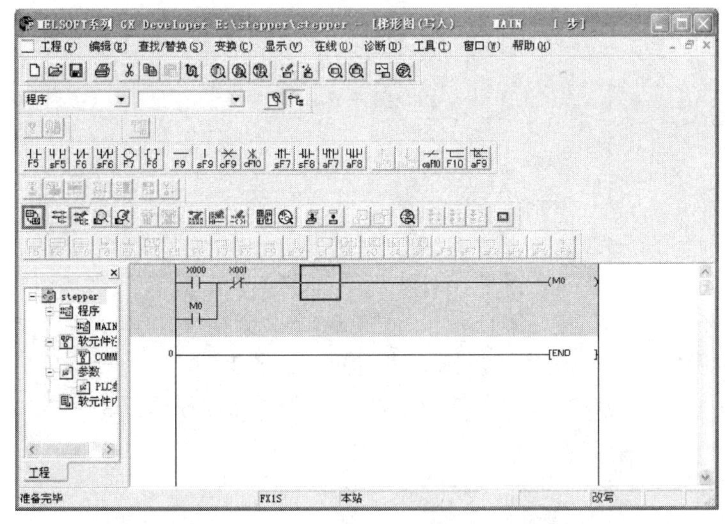


**图 1 - 4 - 5　梯形图与语句表切换界面**

4. 按照图 1 - 4 - 6 进行编辑，输入梯形图，按 F4 进行变换。图 1 - 4 - 6 中为单 3 拍步进电动机的模拟程序，X0 与 X1 分别为开、关输入，Y0、Y1、Y2 为三相输出，连接步进电动机的三对绕组。第 0 行，当按下 X0 后，中间继电器 M0 接通，从而常开触点 M0 闭合，此后除非按下 X1，否则 M0 一直保持接通状态。第 4 行，M0 接通后，定时器 T0 开始计时，与常闭触点相连的 Y0 接通为 ON，T0 的设定时间为0.5s，当T0计时满0.5s时，常闭触点T0断开，因此，Y0变为OFF，至此Y0导通了0.5s。同时，第11行，常开触点T0接通，T1开始计时，Y1接通为ON，与上面一样，在导通0.5s后，Y1变为OFF。第17行常开触点T1接通，从而Y2接通为ON，0.5s后，Y2又变为OFF，此时第4行常闭触点T2断开，线圈T0失电使触点T0、线圈T1、触点T1、线圈T2依次断开，最后常闭触点T2恢复到闭合状态，T0开始导通计时，从而整个线路开始进行下一周期的动作，这样从Y0、Y1、Y2三点上不断循环输出如图1-4-7所示的脉冲波，驱动步进电动机以2/3Hz的频率转动。当按下X1时，M0失电断开，使T0、T1、T2失电，从而停止动作，步进电动机停转。

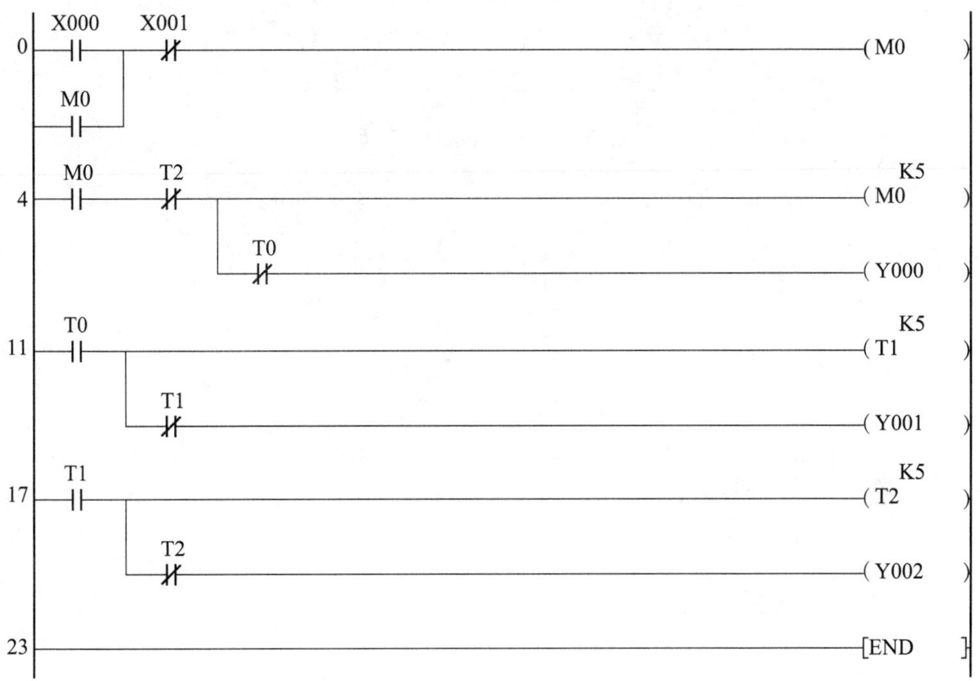


**图1-4-6　梯形图实例**

5. 编辑完成后，单击“工具”，选择“梯形图逻辑测试启动”，等待模拟写入PLC完成后，弹出一个标题为“LADDER LOGIC TEST TOOL”的对话框，如图1-4-8所示，该对话框用来模拟PLC实物的运行界面。此外在GX Developer（图1-4-9）的右上角还会弹出一个标题为“监视状态”的消息框，如图1-4-10所示，它显示的是仿真的时间单位和模拟PLC的运行状态。

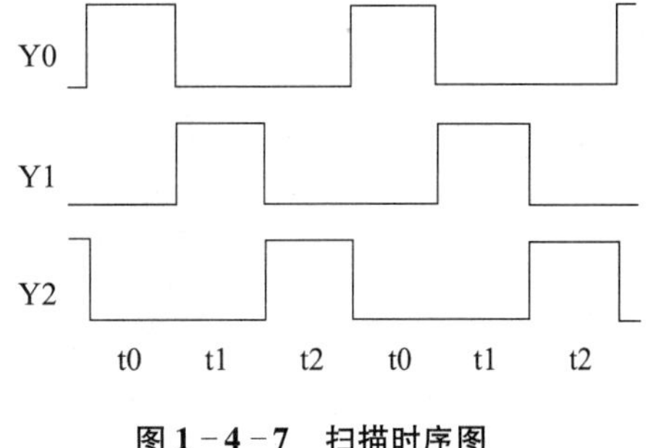


**图1-4-7　扫描时序图**

图1-4-8 模拟运行界面

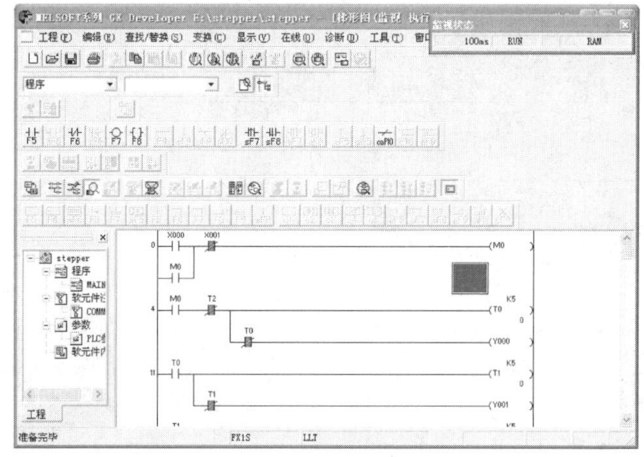

图1-4-9 仿真界面

图1-4-10 仿真监视界面

在原来的梯形图程序中，常闭触点都变成了蓝色，这是因为梯形图逻辑测试启动后，系统默认状态是RUN，因此开始扫描和执行程序，同时输出程序运行的结果，在仿真中，导通的元件都会变成蓝色。这里由于X0处于断开状态，所有线圈都没有通电，因此只有常闭触点为蓝色。如果选择X0并右击，在弹出选项中选择“软元件测试”，弹出对话框如图1-4-11所示，单击“强制ON”，并将模拟PLC界面上的状态设置为RUN，则程序开始运行，M0变为ON，定时器开始计时，在定时器的下方还有已计的时间显示，如图1-4-12所示，观察仿真的整个运行过程，可以大致判断程序运行的流程。如果仿真中元件状态变化太快，可以通过选择模拟PLC界面上的STEP RUN，并依次单击主窗口中的“在线”“调试”下的“步执行”来仿真。

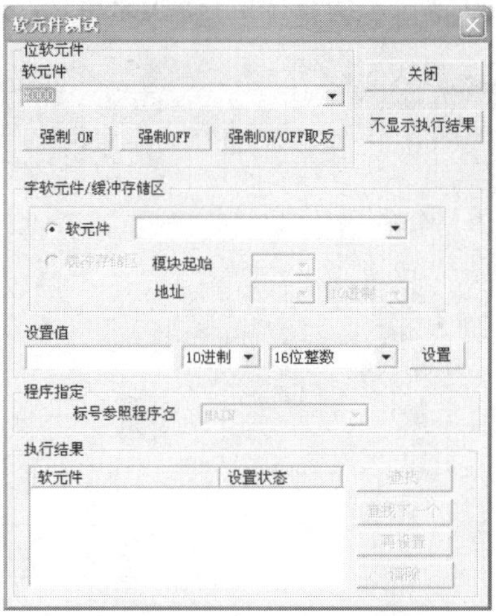

图 1－4－11 软元件测试框

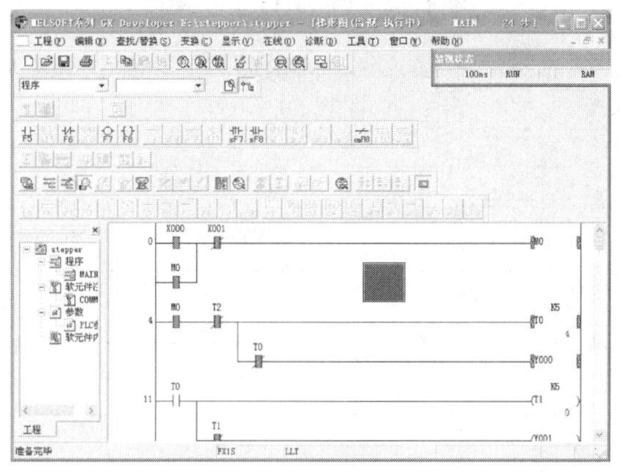

图 1－4－12 软元件测试

6. 对于较复杂的程序，如果需要对时序进行分析，可以先将模拟 PLC 界面的状态设为 STOP，单击"LADDER LOGIC TEST TOOL"对话框上的"菜单启动"（图 1－4－8），选择"I/O 系统设定"，弹出图 1－4－13 所示窗口，在左边输入方式一列中双击"时序图输入"下方展开的"No. 1－No. 10"，单击编辑窗口中的 No. 1 一栏"条件"列下方的下拉箭头（图 1－4－14），弹出图 1－4－15 所示的对话框，选择"通常 ON"，按"OK"键确定。同样方法将右方与其串联的下拉框设为"通常 ON"，再单击"时序图形式"一列下的"以时序图形式进行编辑"按钮，弹出图 1－4－16 所示的时序图编辑窗口。单击"软元件"，选择"软元件登录"，弹出图 1－4－17 所示窗口，这里需要设置的输入是 X0 和 X1，因此软元件名选择"X"，软件号输入 0，初值设为 OFF，单击登录，用同样方法登录 X1，初值也设为 OFF，单击关闭。回到时序图输入编辑窗口中，可以看到窗口中增加了 X0 和 X1 两条波形，通过工具栏中的快捷图标可以对波形进行编辑，或者直接双击波形进行编辑，双击的作用是使红色光标位置以后的波形取反。波形编辑的时间轴上有刻度标志，从 0～99，其单位是 100ms，也就是进入仿真时"监视状态"框（图

1-4-9）所显示的时间值，其含义是仿真所能达到的时间最小精度。

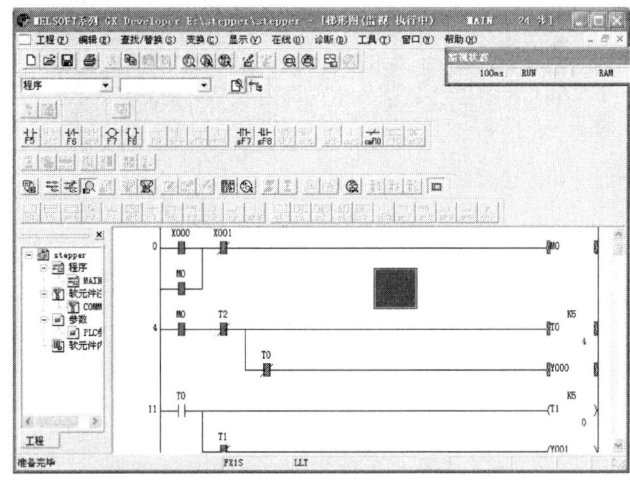

图 1-4-13　I/O 系统设定

图 1-4-14　条件编辑

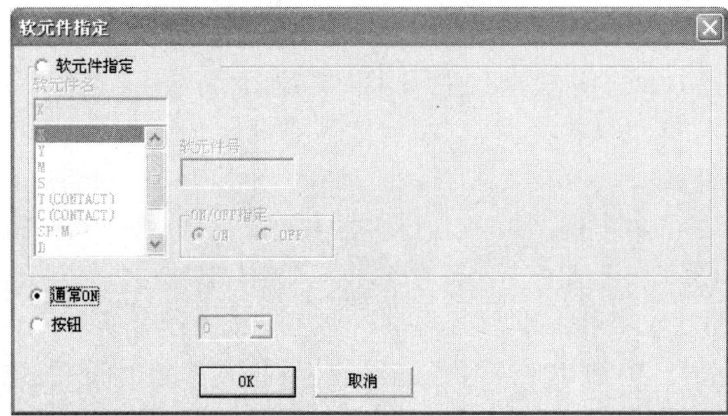


图 1-4-15　软元件制定框

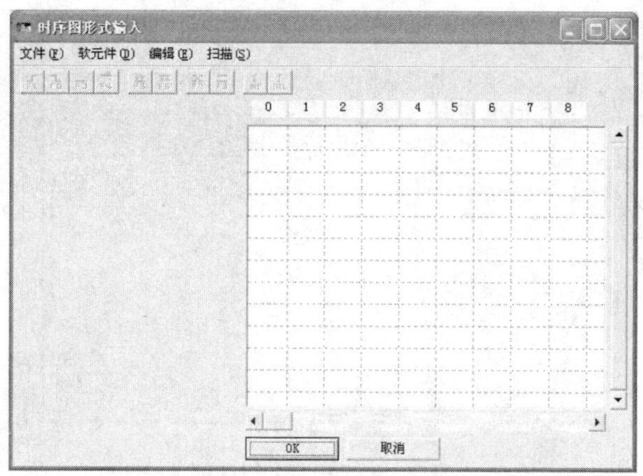


图 1-4-16 时序图编辑界面

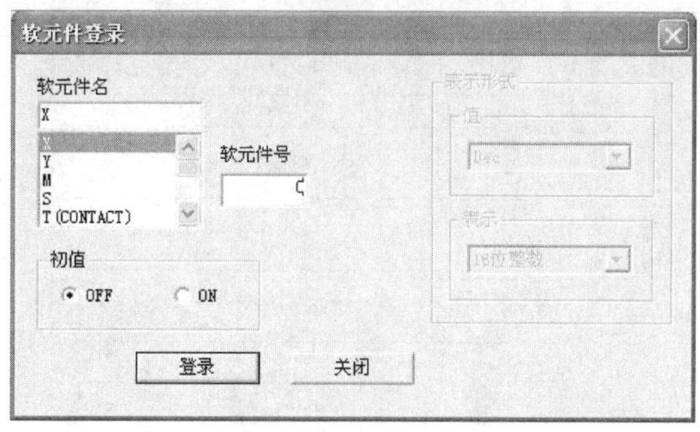


图 1-4-17 软元件登录

这里需要设置的是步进电动机的一开、一关两个输入状态，即在开始时接通 X0，过一段时间后接通 X1，因此将波形编辑成如图 1-4-18 与图 1-4-19 所示。X0 在 0.1s 左右时接通一小段时间，X1 在 4.0s 左右时接通一小段时间。单击“OK”键，I/O输入波形编辑完成，回到 I/O 系统设定窗口，将 No.1 一行中的“继续”和“有效”两项打勾，如图 1-4-20 所示。

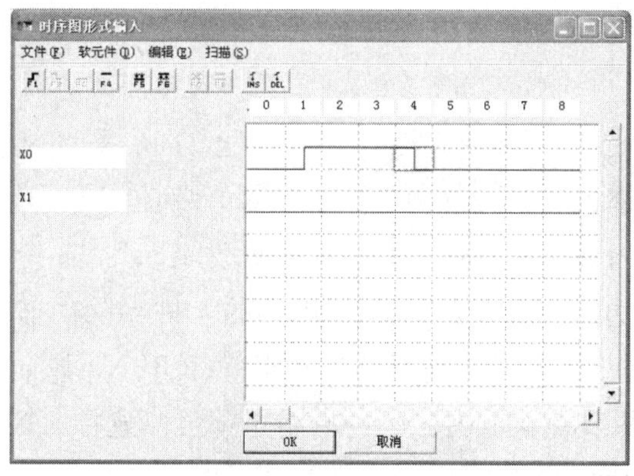


图 1-4-18 X0 时序图

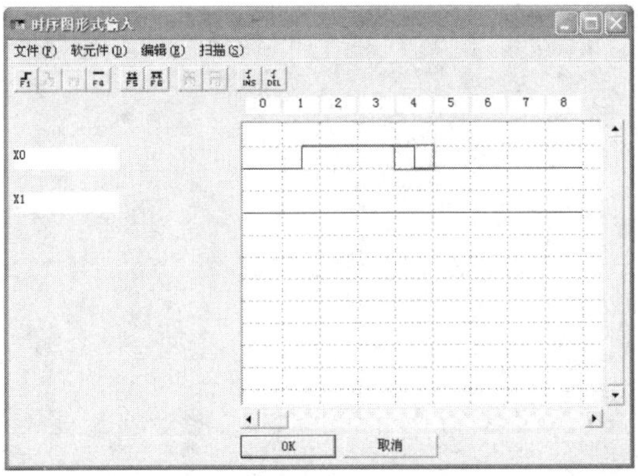

图 1-4-19　X1 时序图

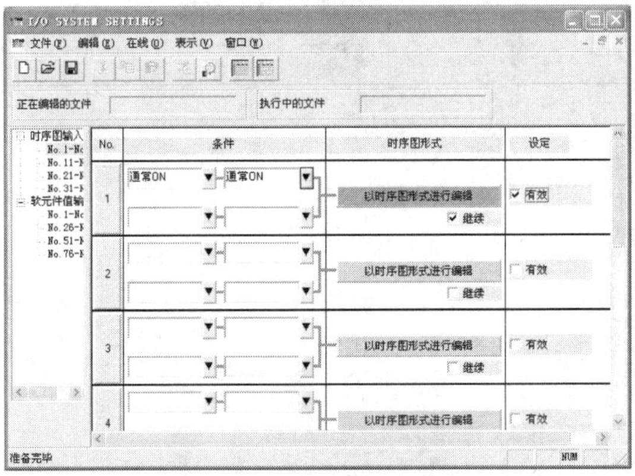

图 1-4-20　设定后的界面

单击"文件"，选择"I/O 系统设定执行"，此时要求保存 I/O 系统设定文件，输入路径与文件名，保存完毕后，I/O 系统设定开始执行，X0 与 X1 按照先前编辑的波形动作。此时模拟 PLC 界面状态自动转为 RUN，如果单击进入梯形图程序编辑界面，会发现元件已经开始动作，此时通过反复切换模拟 PLC 界面的 STOP/RUN 状态可以观察程序的运行效果。如果要对元件动作的时序图进行分析，可以先将模拟 PLC 界面状态设定为 STOP，此时 I/O 系统设定窗口也可关闭，再单击"LADDER LOGIC TEST TOOL"对话框（图 1-4-8）上的"菜单启动"，选择"继电器内存监视"，在弹出窗口中单击"时序图"，选择"启动"，弹出图 1-4-21 所示的时序图窗口，此时单击一下"监控状态"下的红色按钮，左边空白处就展开要监视的元件，将"软元件登录"设为"手动"，单击"软元件"，通过选择"软元件登录"与"软元件删除"，将需要观察的元件添加到左边一栏中，将不需要观察的元件删除。这里主要观察 X0、X1、Y0、Y1、Y2 五个元件，将模拟 PLC 界面的状态设为 RUN，则时序图监视窗口开始采样波形，通过选择"图表表示范围"下的五个选项可以选择时序图时间轴的刻度。再次单击监控状态下的按钮，监控停止，得到需要的时序图如图 1-4-22 所示。

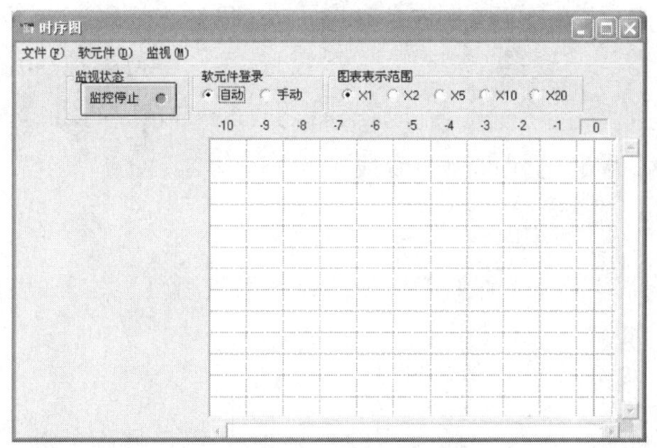


图 1-4-21 时序图

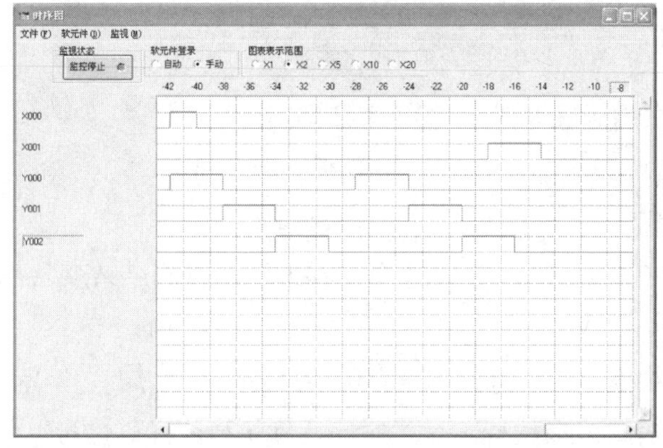


图 1-4-22 监控停止后的时序图

在监控时，最好将时间轴选为 X1，否则仿真出来的时序图会有一些偏差。由于仿真的最小时间单位是 100ms，因此时序图上也出现了一些偏差，例如从 Y2 输出 ON 到下一周期 Y0 输出 ON 之间，间隔的时间应该是 PLC 完全扫描一次程序的时间，应为微秒量级，而由于仿真时采样周期为 100ms，因此这中间就间隔了 100ms。从整体上看，时序图表明该梯形图程序达到了预期的效果。

单击主菜单中的“工具”，选择“梯形图逻辑测试结束”，退出仿真。

**任务拓展 > >**

按下按钮 SB1，3s 后小灯亮，按下按钮 SB2 三次，过 2s 后小灯灭。利用 GX Developer 软件，完成此任务程序的输入、调试，并进行仿真。

## 知识测评

**1. 填空题**

（1）当梯形图内的光标为蓝边空心框时为________。

(2) 在调试用下载程序之前，需要对程序进行________。

(3) 点击“工具”，选择____________________，等待模拟写入 PLC 进行仿真。

(4) 点击快捷键____________可以在梯形图程序与相应的语句表之前进行切换。

(5) 在仿真中，导通的元件都会变成________。

**2. 选择题**

(1) 当光标为蓝边实心框时为读出模式，只能进行（　　）等操作。

A. 读取、查找　　B. 替换

C. 编辑　　D. 运行

(2) 如果需要对时序进行分析，可以先将模拟 PLC 界面的状态设为 STOP，单击“LADDER LOGIC TEST TOOL”对话框上的（　　），选择“I/O 系统设定”。

A. 编辑　　B. 在线

C. 菜单启动　　D. 表示

(3)“变换”的快捷键为（　　）。

A. F3　　B. F4

C. Shift + F1　　D. Shift + F3

(4) 单击主菜单中的（　　），选择“梯形图逻辑测试结束”，退出仿真。

A. 变换　　B. 编辑

C. 查找/替换　　D. 工具

(5) 梯形图的编辑可以选择工具栏中的元件快捷图标，也可以单击“编辑”，选择“梯形图标记”中的元件项，也可以使用快捷键（　　）。

A. F1 ~ F4　　B. F5 ~ F10

C. Ctrl1 ~ Ctrl4　　D. Ctrl5 ~ Ctrl10

**3. 简答题**

(1) 简述 GX Developer 软件的使用步骤。

(2) 如何用 GX Developer 软件进行仿真?

## 任务要点归纳

通过本任务实际操作和练习，我们学会以下内容：

1. 三菱 GX Developer 编程软件的安装；
2. 在软件中如何建立一个新的工程项目，完成程序的编辑与调试；
3. 练习简单 PLC 程序仿真功能。

# 单元二

# FX 系列指令应用

可编程控制器是一个应用性非常强的控制设备，本单元将对三菱 PLC 中 FX2N 系列过程控制中交流电动机启动/停止、正反转、顺序控制等案例进行设计和控制，重点说明 PLC 的基本指令和部分常用功能指令的使用方法和特点。

工作任务 1：以对三相异步电动机的启动/停止控制为例，详细介绍了软元件 X、Y 的应用以及常用基本指令的名称、符号、功能和应用，另外讲解了 PLC 的应用设计步骤。

工作任务 2：主要解决三相异步电动机连续正、反转的控制方法以及脉冲指令的使用方法。

工作任务 3：介绍三相交流异步电动机的星/三角降压启动控制，重点说明堆栈指令和时间继电器的使用方法和指令特点。

工作任务 4：以状态转移图（SFC）设计法，通过用步进指令完成对运料小车两地（或者多地）的控制。

工作任务 5：是对步进指令的深度应用以及 SFC 设计方法的进一步巩固。

工作任务 6：通过对 PLC 内部继电器的自保持控制完成对七段数码管（LED）的控制。

工作任务 7：通过对城市交通信号灯的控制，学习如何采用计数器指令、SET 和 RST 指令及其功能特点。

工作任务 8：通过传送指令、循环指令来完成对彩灯的循环闪烁控制。

工作任务 9：以比较指令和区间比较指令对自动生产流水线中供料小车进行控制，介绍这两种指令的功能和特点。

工作任务 1

# 三相异步电动机启动、停止控制

## 任务描述 > >

如图 2-1-1 所示为 CA6140 型车床，操作人员在合上电源之后，需要对零件进行加工。只需按下启动按钮，主轴电机就能带动工件和刀架运动进行加工。待加工结束之后，只需按下停止按钮，主轴电机停止工作，零件加工结束。能有多少种方法可以实现直接启动运行控制？能用 PLC 进行控制吗？电动机为三相异步电动机（额定电压 380V、额定功率 7.5kW、额定转速为 1450r/min、额定频率为 50Hz）。

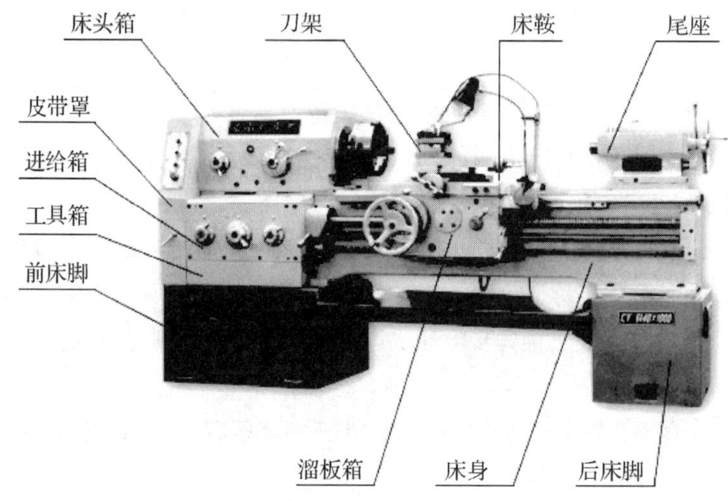


**图 2-1-1　CA6140 型车床**

## 任务目标 > >

- 能灵活应用软元件 X、Y 进行程序的编制与调试。
- 能灵活应用 PLC 的基本常用逻辑指令。
- 掌握 PLC 应用设计的步骤。

## 任务实施 > >

### 一、工作任务

本任务中要求三相异步电动机做单向旋转，控制要求如下。

（1）按下启动按钮 SB1，三相异步电动机启动，带动工件和刀架运动进行零件加工。

（2）按下停止按钮 SB2，三相异步电动机停止，零件加工结束。

（3）电路具有短路和过载保护。

## 二、任务分析

对于小功率电动机控制的方法有很多种。最简单的是手动控制，即在电动机与供电电源之间有低压开关直接连接与控制。手动正转控制虽然线路简单、成本低，但此方法仅适应于小功率电动机的近距离的控制，安全性差，且不适合远距离控制和制动控制。在工业控制场合一般采用由低压断路器、熔断器、交流接触器、热继电器、按钮构成的电气控制线路，如图 2－1－2 所示。工作原理为：合上电源开关 QF1，按下启动按钮 SB1，KM 得电，电动机得电运行，带动工件和刀架运动。加工结束，按下停止按钮 SB2，电动机失电停转。当电路发生短路或过载时，电路能立即切断电源。

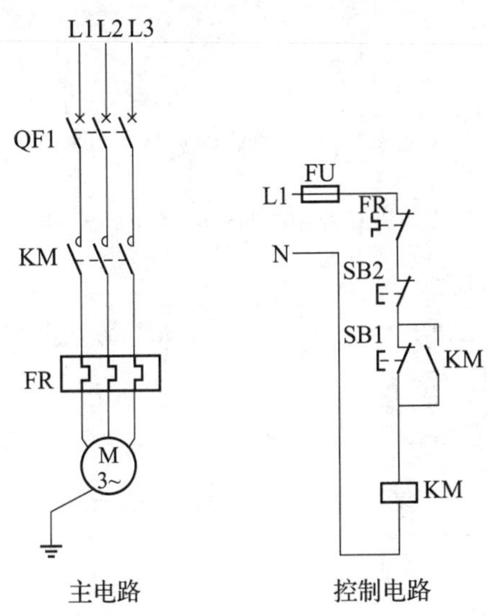


**图 2－1－2 CA6140 型车床主轴电动机启动、停止电气控制线路**

## 三、任务实施

以上方法为传统继电器控制系统，此方法灵活性相对 PLC 而言比较差。下面用 PLC 实现三相异步电动机的单向启动和停止控制。

### 1. 主电路设计

在 PLC 应用设计中，首先应该考虑主电路的设计，主电路是为电动机提供电能的通路，具有电压大、电流大的特点，主要由低压断路器、交流接触器、热继电器等器件组成，是 PLC 不能取代的。

如图 2－1－3 所示的主电路中采用了 3 个电器元件，分别为低压断路器 QF、交流接触器 KM、热继电器 FR。其中，KM 的线圈可以与 PLC 的输出点连接，FR 的辅助触点可以与 PLC 的输入点连接。

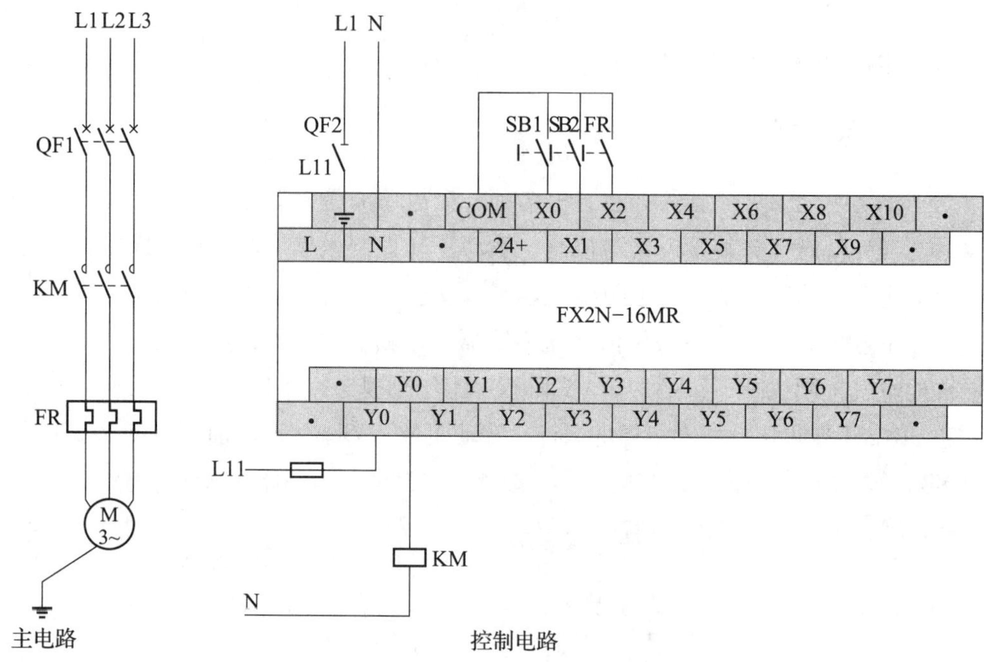


**图2-1-3　PLC控制电动机启动、停止控制原理图**

### 2. I/O点总数及地址分配

根据控制任务要求，控制电路中有启动按钮SB1和停止按钮SB2。故在整个控制系统中，输入点数为3，输出点数为1。

PLC中I/O地址分配表如表2-1-1所示。

**表2-1-1　I/O地址分配表**

| 输入信号 | | | 输出信号 | | |
|---|---|---|---|---|---|
| 1 | X000 | 启动按钮SB1 | 1 | Y000 | 交流接触器 |
| 2 | X001 | 停止按钮 | SB2 | | |
| 3 | X002 | 热继电器 | | | |

### 3. 控制电路

控制电路就是PLC接线原理图，是PLC应用设计的重要技术资料。三相异步电动机启动、停止PLC接线原理图如图2-1-3所示。

### 4. 设备材料表

本项目控制中输入点数应选3×1.2≈4；输出点数应选1×1.2≈2（继电器输出）。通过查找三菱FX2N系列选型表，选定三菱FX2N-16MR-001（其中输入8点，输出8点，继电器输出）。通过查找电器元件选型表，选择的元器件如表2-1-2所示。

**表 2-1-2 设备材料表**

| 序号 | 符号 | 设备名称 | 型号、规格 | 单位 | 数量 | 备注 |
|---|---|---|---|---|---|---|
| 1 | M | 电动机 | 380V、7.5kW、1450r/min、50Hz | 台 | 1 | |
| 2 | PLC | 可编程控制器 | FX2N-16MR | 台 | 1 | |
| 3 | QF | 低压断路器 | DZ47-D40/3P | 个 | 1 | |
| 4 | QF | 低压断路器 | DZ47-10/1P | 个 | 1 | |
| 5 | FU | 熔断器 | RT18-32/6A | 个 | 2 | |
| 6 | KM | 交流接触器 | CJX2(LC-D)-12 线圈 AC 220V | 个 | 1 | |
| 7 | SB | 按钮 | LA39 - 11 | 个 | 2 | |
| 8 | FR | 热继电器 | JRS1(LR1) - D40353/0.5A | 个 | 1 | |

## 5. 程序设计

第一步：根据三相异步电动机点动控制，设计出点动控制程序（图 2-1-4）。

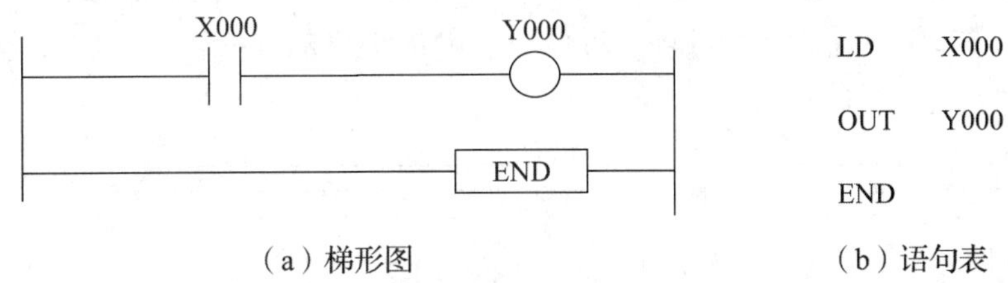


（a）梯形图　　（b）语句表

**图 2-1-4 三相异步电动机点动控制程序**

第二步：考虑到点动控制程序存在只能实现点动控制，不能实现连续运转的问题，结合图 2-1-2 电动机启动、停止电气控制线路，在点动控制程序的基础上引出线圈自锁控制程序（图 2-1-5）。

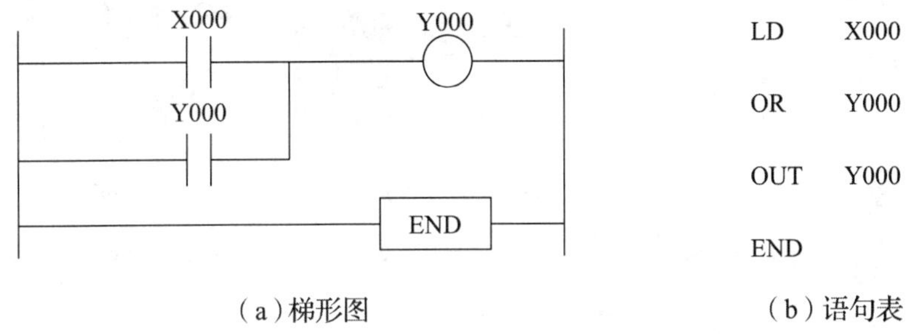


（a）梯形图　　（b）语句表

**图 2-1-5 三相异步电动机自锁启动控制程序**

第三步：在加入线圈自锁之后，程序存在线圈不能失电的问题（电动机不能失电停转），故在图 2-1-5 程序中需加入停止按钮（动断触点），并加入过载保护的动断触点，如图 2-1-6 所示。

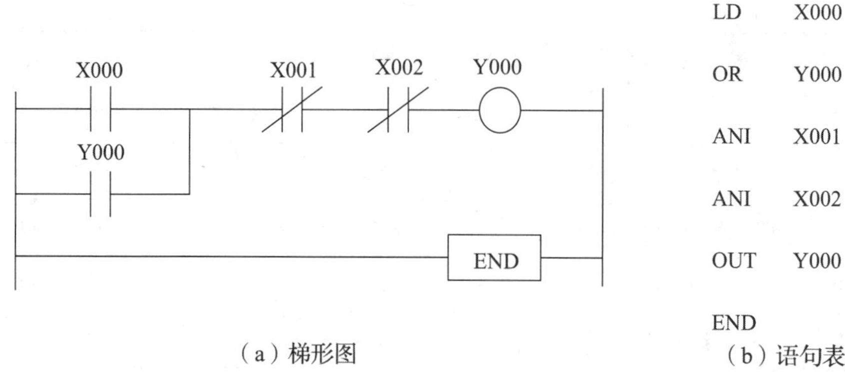


（a）梯形图　　（b）语句表

**图 2－1－6　三相异步电动机启动、停止控制程序**

在程序中 X000 与 Y000 先并联然后与 X001、X002 串联，因为每次逻辑运算只能有两个操作数，所以将 X000 和 Y000 进行运算后结果只有 1 位，然后再与后续进行运算。或运算为 OR 指令。指令表语言详见本任务相关知识点中基本指令详解。

### 6. 运行调试

根据接线原理图连接 PLC 进行模拟调试，检查接线无误后，将程序下载传送到 PLC 中，运行程序，观察控制过程。PLC 控制电动机启动、停止运行实训台模拟调试接线图如图 2－1－7 所示。

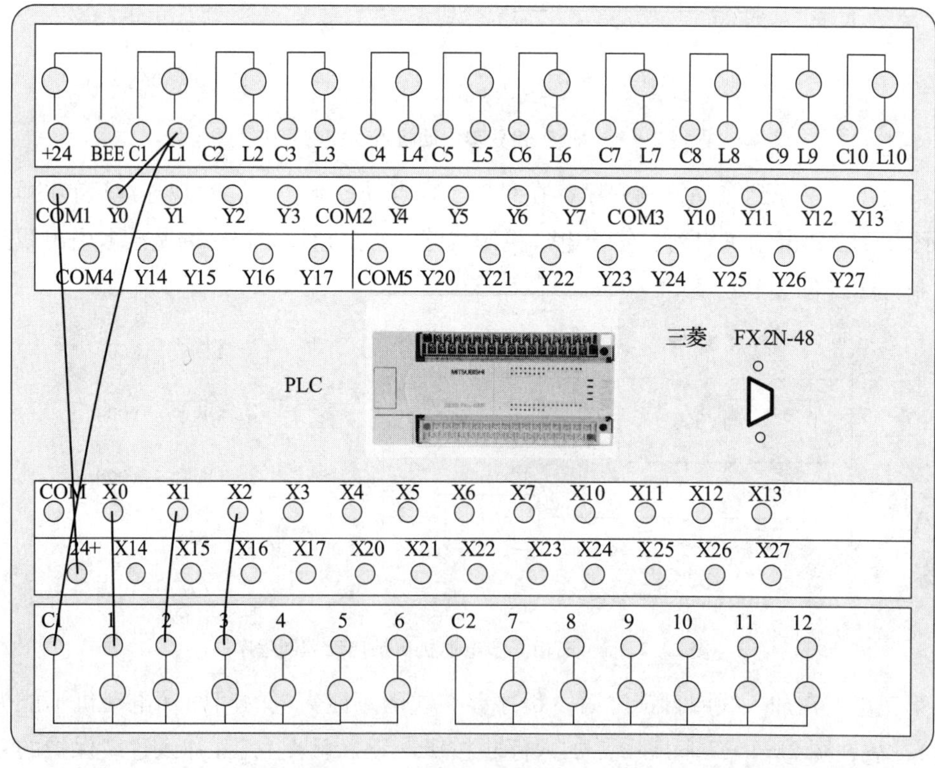


**图 2－1－7　PLC 控制电动机启动、停止运行实训台模拟调试接线图**

（1）按下启动按钮 SB1，观察 Y0 的动作情况。

（2）按下停止按钮 SB2，观察 Y0 的动作情况。

（3）再次启动运行，手动断开 X2，观察 Y0 的动作情况。

**任务评价 > >**

| 评价项目 | 评价内容 | 分值 | 评价标准 | 得分 |
|---|---|---|---|---|
| 课堂学习能力 | 学习态度与能力 | 10 | 态度端正，学习积极 | |
| 思维拓展能力 | 拓展学习的表现与应用 | 10 | 积极拓展学习并能正确应用 | |
| 团结协作意识 | 分工协作，积极参与 | 5 | | |
| 语言表达能力 | 正确、清楚地表达观点 | 5 | | |
| 学习过程：程序编制、调试、运行、工艺 | 外部接线 | 5 | 按照接线图正确接线 | |
| | 布线工艺 | 5 | 符合布线工艺标准 | |
| | I/O 分配 | 5 | I/O 分配正确合理 | |
| | 程序设计 | 10 | 能完成控制要求 5 分<br>具有创新意识 5 分 | |
| | 程序调试与运行 | 15 | 程序正确调试 5 分<br>符合控制要求 5 分<br>能排除故障 5 分 | |
| 理论测试 | 任务内知识测评 | 10 | 正确完成测评内容 | |
| 应用拓展 | 任务内应用拓展测评 | 10 | 及时、正确地完成技术文件 | |
| 安全文明生产 | 正确使用设备和工具 | 10 | | |
| 教师签字 | | 总得分 | | |

**知识链接 > >**

## 基本指令详解

### 1. 指令的功能

上面任务中用到了 LD、OR、ANI、OUT 四条基本指令，LDI、ORI、AND 指令与上述相应指令有一定的关系。下面详细说明各指令的功能，如表 2－1－3 所示。

**表 2-1-3　各指令的功能**

| 符号 | 名称及简称 | 用途及用法 | 所操作的软元件 | 说明 |
| --- | --- | --- | --- | --- |
| LD | 逻辑取指令，简称取指令 | 将常开触点与母线相连接，逻辑运算开始，用法如图 2-1-8 所示 | X、Y、M、T、C、S | (1) LD、LDI 指令与后面讲到的 ANB、ORB 指令组合，在分支起点处也可使用<br>(2) OUT 指令可以多次并行使用<br>(3) 定时器或计数器线圈在 OUT 指令后要设定常数 K，常数 K 后紧跟数字 |
| LDI | 逻辑取反指令，简称取反指令 | 将常闭触点与母线相连接，逻辑运算开始，用法如图 2-1-8 所示 | X、Y、M、T、C、S | |
| OUT | 线圈输出指令，简称输出指令 | 线圈驱动，用法如图 2-1-8 所示 | Y、M、T、C、S | |
| AND | 与指令 | 单个常开触点串联，用法如图 2-1-9 所示 | X、Y、M、T、C、S | 串联触点的个数没有限制，可以反复使用多次 |
| ANI | 与非指令 | 单个常闭触点串联，用法如图 2-1-9 所示 | X、Y、M、T、C、S | |
| OR | 或指令 | 单个常开触点并联，用法如图 2-1-10 所示 | X、Y、M、T、C、S | 从该指令的当前步骤开始，对前面的电路并联连接，并联触点的个数没有限制，可以多次反复使用 |
| ORI | 或非指令 | 单个常闭触点并联，用法如图 2-1-10 所示 | X、Y、M、T、C、S | |

在图 2-1-8 中，当输入端子 X000 有信号输入时，输入继电器 X000 的常开触点闭合，输出继电器 Y000 的线圈得电，输出继电器 Y000 的外部常开触点闭合；当输入端子 X001 有输入时，输入继电器 X001 的常闭触点断开，中间继电器 M1 和定时器 T0 的线圈都不得电；若输入端子 X001 无信号输入时，则输入继电器 X001 的常闭触点闭合，中间继电器 M1 和定时器 T0 的线圈得电，定时器 T0 开始定时，因为 K=20，T0 为 100ms 定时器，所以 2s 后，定时器 T0 的常开触点闭合，输出继电器 Y001 的线圈得电，其外部常开触点闭合，即可负载工作。

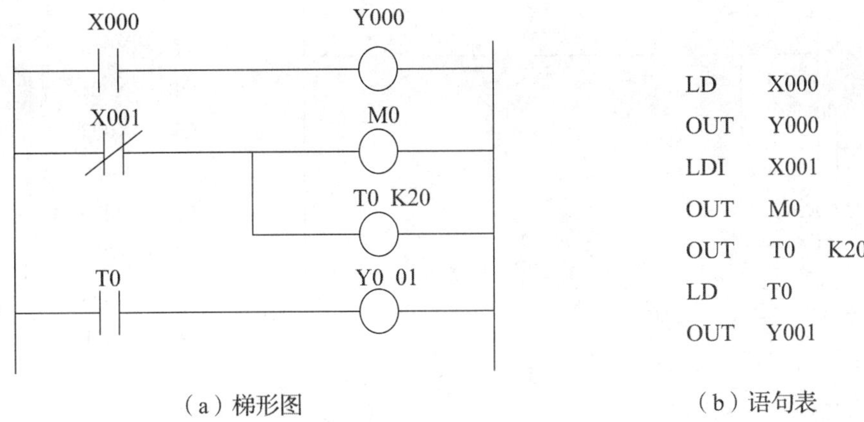


（a）梯形图　（b）语句表

**图 2-1-8　LD、LDI、OUT 指令应用**

在图 2-1-9 中，触点 X000 与 X001 串联，当 X000 和 X001 都闭合时，输出继电器线圈 Y000 得电，当触点 X002 和 X003 都闭合时，线圈 Y001 也得电。在指令 OUT Y001 后，通过触点 M1 对 Y002 使用 OUT 指令，称为纵接输出，即当点 X002、X003 都闭合，且 M1 也闭合时，线圈 Y002 得电。这种纵接输出可多次重复使用。

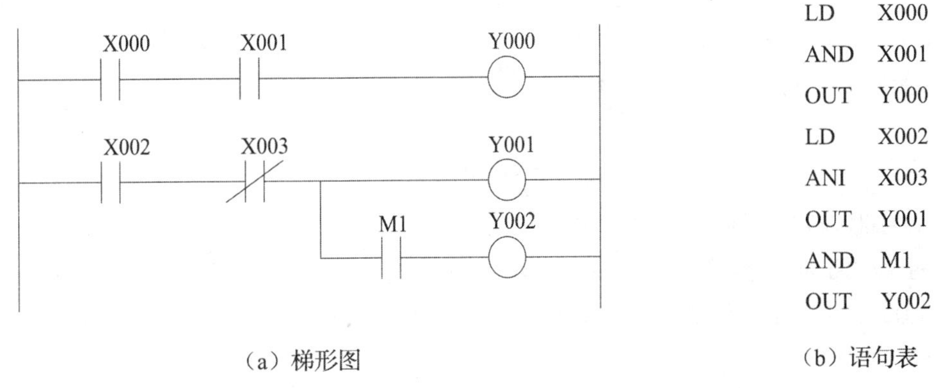


（a）梯形图　（b）语句表

**图 2-1-9　AND、ANI 指令应用**

在图 2-1-10 中，只要触点 X000、X001 或 X002 中任意一触点闭合，线圈 Y000 就得电。而线圈 Y001 的得电只依赖于触点 Y000、X003 和 X004 的组合，它相当于触点的混联，当触点 Y000 和 X003 同时闭合或 X004 闭合时，线圈 Y001 得电。

### 2. 并联电路块的串联指令 ANB

两个或两个以上的触点并联的电路称为并联电路块。并联电路块串联时，分支开始用 LD、LDI 指令，分支结束用 ANB 指令。ANB 指令简称块与指令。ANB 指令的使用说明如图 2-1-11 所示。ANB 指令无操作数。

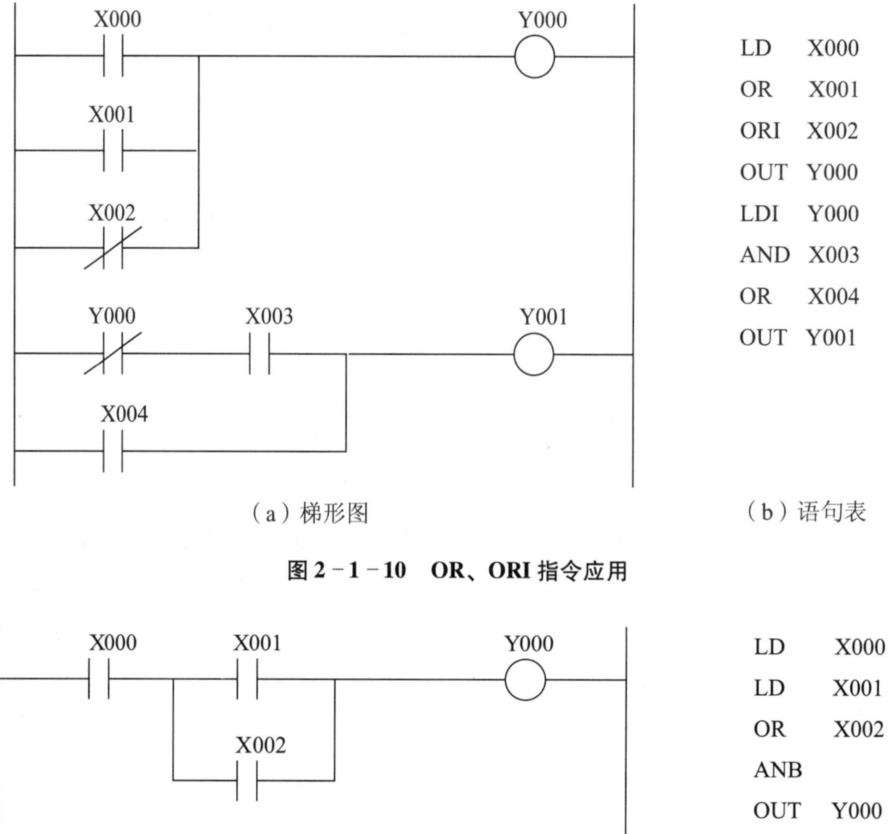


**图2-1-11 ANB指令应用**

### 3. 串联电路块的并联指令ORB

两个或两个以上的触点串联的电路称为串联电路块。串联电路块并联时，分支开始用LD、LDI指令，分支结束用ORB指令。ORB指令简称块或指令。ORB指令的使用说明如图2-1-12所示。ORB指令无操作数。

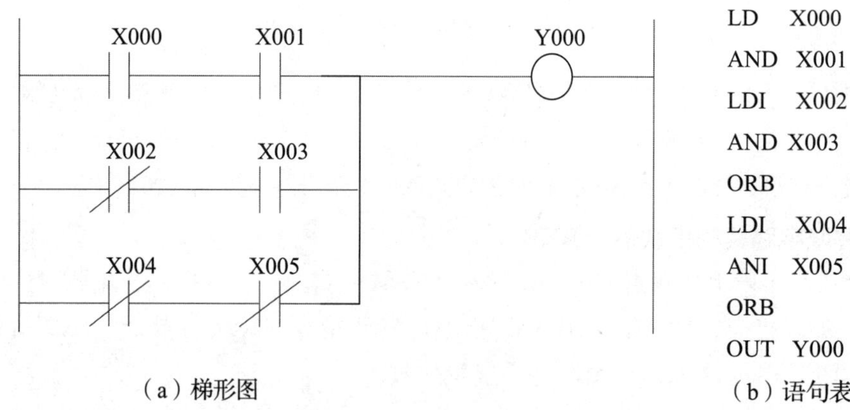


**图2-1-12 ORB指令应用**

注意：若对每个电路分别使用 ANB、ORB 指令，则串联或并联的电路块没有限制，可以成批使用 ANB、ORB 指令，但成批使用次数限制在 8 次以下。

### 4. 置位和复位指令

SET 为置位指令，令操作的元件自保持为 ON，操作目标元件为 Y、M、S。

RST 为复位指令，令操作的元件自保持为 OFF，操作目标元件为 Y、M、S、T、C、D。

SET、RST 指令的应用如图 2-1-13 所示。对于同一软元件，SET、RST 可多次使用，顺序先后也可以任意，但以最后执行的一行有效。

在图 2-1-13（a）中，触点 X000 一旦闭合，线圈 Y001 得电；当触点 X000 断开后，线圈 Y001 通过 SET 指令保持得电。触点 X001 一旦闭合，则无论触点 X000 闭合还是断开，线圈 Y001 都不得电。其波形图如图 2-1-13（c）所示。

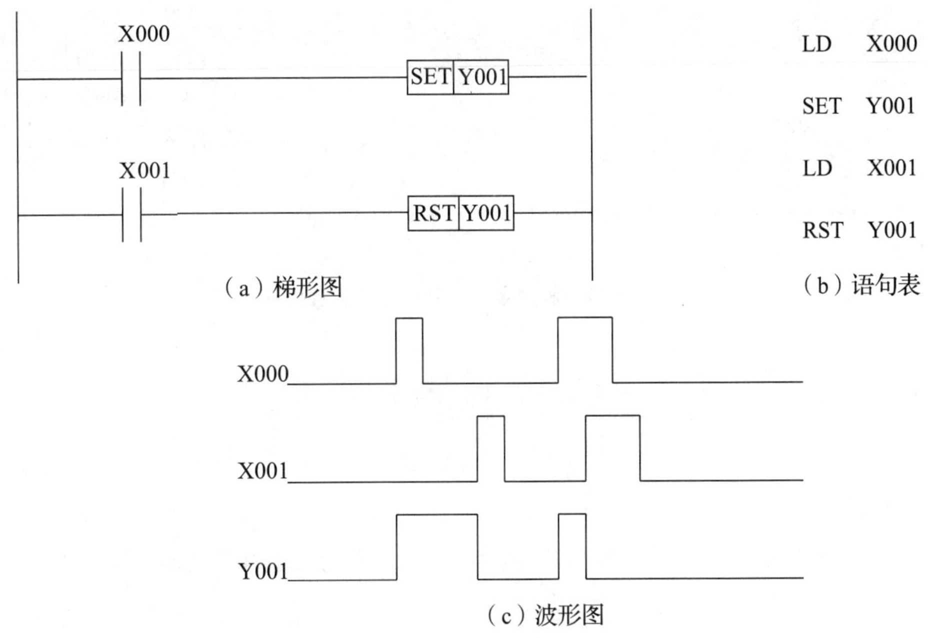


**图 2-1-13　SET、RST 指令应用**

### 5. 程序结束指令 END

END 指令是一条无目标的程序步指令。PLC 反复进行输入处理、程序运算、输出处理，若在程序最后写入 END 指令，则 END 以后的程序步就不再执行，直接进行输出处理。在程序调试过程中，按段插入 END 指令，可以顺序扩大对各程序段工作的检查。采用 END 指令将程序划分为若干段，在确认处于前面电路块的动作正确无误后，依次删去 END 指令。要注意的是在执行 END 指令时，也需刷新监视时钟。

### 6. 空操作指令 NOP

NOP 指令是一条无动作、无目标元件的程序步指令。执行程序全清零操作时，全部指令都变成 NOP。

**任务拓展 > >**

利用置位指令 SET 和复位指令 RST 实现三相异步电动机启动、停止控制。控制要求如下：

（1）按下启动按钮 SB1，三相异步电动机启动，带动工件和刀架运动进行零件加工。

（2）按下停止按钮 SB2，三相异步电动机停止，零件加工结束。

（3）电路具有短路和过载保护。

请根据控制要求完成程序的设计。

注：输入/输出地址分配参考表 2－1－1 I/O 地址分配表。

参考程序及指令表如图 2－1－14 所示。

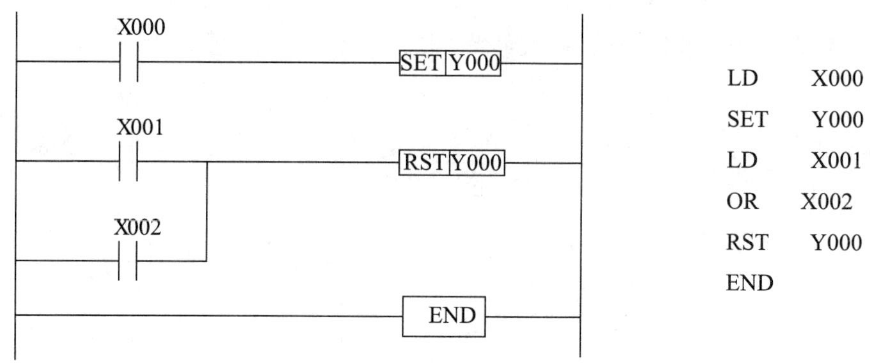


**图 2－1－14　利用置位、复位指令实现编程**

# 知识测评

**1. 填空题**

（1）在三菱 PLC 中，输入继电器符号用________表示，输出继电器符号用________表示。

（2）松开启动按钮之后，线圈通过其辅助常开触点让其线圈一直保持得电的作用叫作________。

（3）热继电器在电路中的主要作用是________，熔断器在电路中的主要作用是________。

（4）在三菱 PLC 中，置位指令的符号为________，复位指令的符号为________。

（5）在三菱 PLC 中，输入继电器和输出继电器的地址采用________进制。

**2. 选择题**

（1）动断触点与左母线相连接的指令是（　　）。

A. LD　　B. LDI　　C. AND　　D. ANI

（2）线圈驱动指令 OUT 不能驱动下面哪个软元件？（　　）

A. X　　B. Y　　C. M　　D. T

（3）单个动断触点与前面的触点进行并联连接的指令是（　　）。

A. AND　　B. ANI　　C. OR　　D. ORI

（4）ANB、ORB 指令成批使用，最多可以使用的次数为（　　）。

A. 8　　B. 7　　C. 6　　D. 5

（5）在三菱 PLC 程序中，结束指令的符号为（　　）。

A. NOP　　B. NOT　　C. END　　D. ENP

**3. 应用题**

（1）画出与下列语句表对应的梯形图。

```
0     LD     X000
1     AND    X001
2     LD     X002
3     ANI    X003
4     ORB
5     LD     X004
6     AND    X005
7     LD     X006
8     AND    X007
9     ORB
10    ANB
11    LD     M0
12    AND    M1
13    ORB
14    AND    X002
15    OUT    Y000
16    END
```

（2）程序设计：在图 2－1－2 中，如果 SB2 和 FR 均采用动断触点实现电动机直接启动、停止控制，该程序应如何设计?

## 任务要点归纳

本工作任务通过对卧式普通车床主电动机启动、停止工况采用 PLC 程序模拟控制练习，学会以下内容：

1. 初步学习了 PLC 应用设计的一般步骤；

2. 初步学习了 PLC 实训台程序输入、线路连接以及通电调试过程；

3. 实际操作练习输入继电器 X、输出继电器 Y 的应用；

4. 介绍基本指令 LD（取指令）、LDI（取反指令）、AND（与指令）、ANI（与非指令）、OR（或指令）、ORI（或非指令）、OUT（输出指令）、END（结束指令）、SET（置位指令）、RST（复位指令）、NOP（空指令）、ANB（块与指令）、ORB（块或指令）的用法和功能特点，在实际工程中根据工况要灵活运用。

工作任务 2

# 三相异步电动机正、反转控制

### 任务描述 > >

在生产加工过程中，往往要求电动机能够实现可逆运行。如机床工作台的前进与后退、电梯的升与降等，这就要求电动机既能正转，又能反转。图 2-2-1所示为一皮带输送机工作示意图，按下按钮 SB1，电动机正转带动皮带输送机往前运动输送物料；按下按钮 SB2，电动机反转带动皮带输送机往后运动输送物料；按下停止按钮 SB3，电动机停止转动，皮带输送机停止工作。在本工作任务中，我们将练习 LD、OR、ANI、OUT 指令联合应用，实现对电动机的正转、反转、互锁和停止控制。电动机为三相异步电动机（额定电压为 380V、额定功率为 15kW、额定转速为 1378r/min、额定频率为 50Hz）。

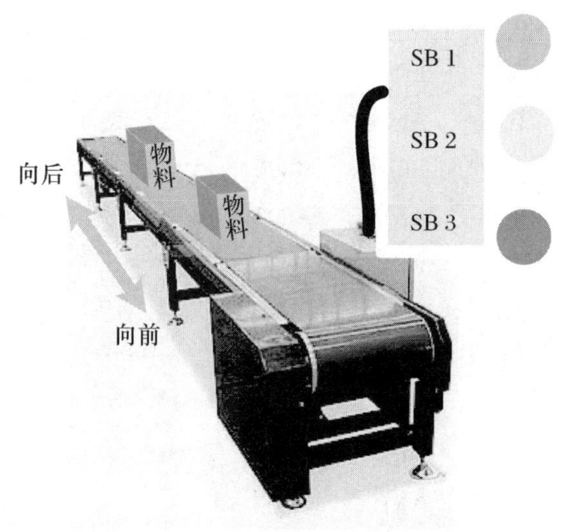


图 2-2-1　皮带输送机工作示意图

### 任务目标 > >

- 能够熟练运用软元件 X、Y 编制程序。
- 能够熟练完成正、反转控制程序的设计与调试。
- 对常用基本指令——脉冲指令有一定的认识和了解。

**任务实施 > >**

## 一、工作任务

本任务要求三项异步电动机能正、反转运行，控制要求如下：

（1）按下正转启动按钮 SB1，电动机正转带动皮带输送机往前运动输送物料。

（2）按下反转启动按钮 SB2，电动机反转带动皮带输送机往后运动输送物料。

（3）按下停止按钮 SB3，电动机停止转动，皮带输送机停止工作。

（4）电路具有短路和过载保护。

## 二、任务分析

皮带输送机前、后运动即为电动机的正、反转控制，其继电—接触器控制电气原理图如图 2－2－2 所示。主电路 KM1 吸合时，电动机正转，带动皮带输送机往前运动输送物料；KM2 吸合时，电动机反转，带动皮带输送机往后运动输送物料。由于电动机的电气特性要求，电动机在正转运行过程中不能直接反转运行，操作时，先按下停止按钮，待电动机正转停止后，再启动反转运行。在控制电路中，由于两个接触器 KM1、KM2 不能同时得电，否则会造成短路故障，这就要求 KM1 和 KM2 必须互锁。图 2－2－2（b）为交流接触器互锁的控制电路，图 2－2－2（c）为交流接触器、按钮双重互锁控制电路。

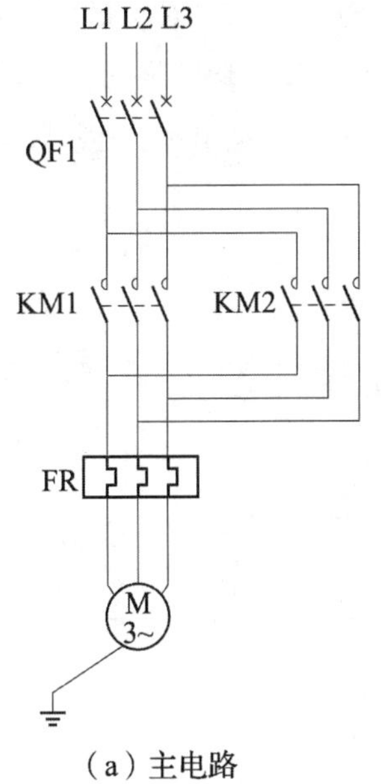

（a）主电路

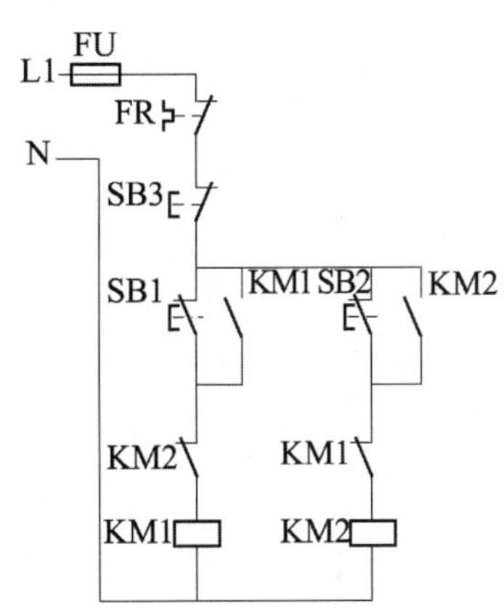

（b）交流接触器互锁的控制电路

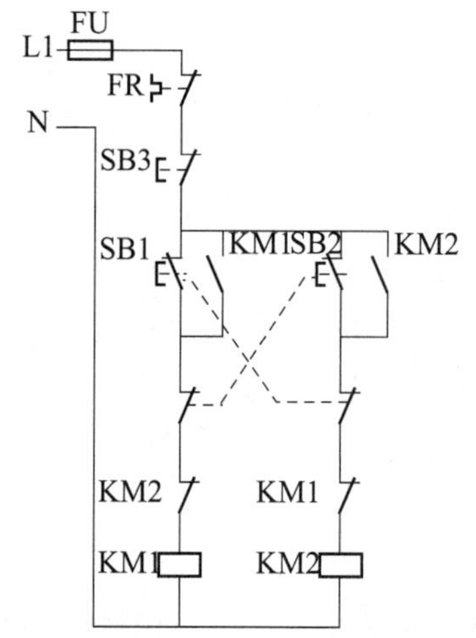


（c）交流接触器、按钮双重互锁控制电路

**图2-2-2　皮带输送机正、反转继电—接触器控制电气原理图**

## 三、任务实施

用PLC实现电动机正、反转步骤如下：

### 1. 主电路设计

如图2-2-3所示的主电路中采用了4个电器元件，分别是低压断路器QF、交流接触器KM1和KM2、热继电器FR。从主电路中可以看出，为了让电动机反转运行，L2、L3相电源在经过交流接触器KM2后换相了。为了防止KM1、KM2同时得电吸合，造成电源电路短路，所以在控制电路中必须加入互锁控制，从而避免出现上述故障。

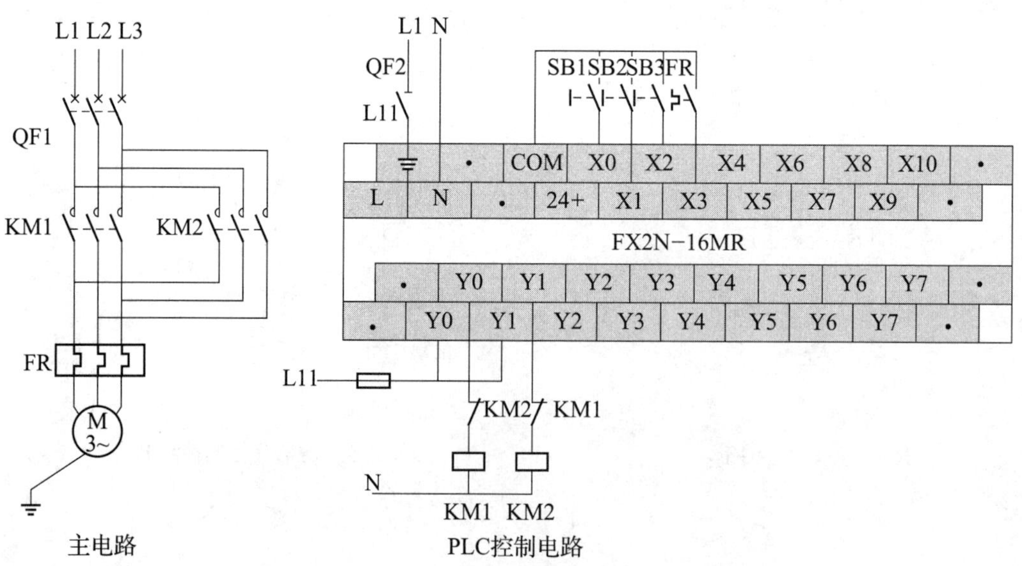


**图2-2-3　正、反转PLC接线原理图**

### 2. I/O 点总数及地址分配

在控制电路中有 3 个按钮：正转启动按钮 SB1、反转启动按钮 SB2、停止按钮 SB3。所以在整个控制系统中输入总点数为 4，输出总点数为 2。PLC 的 I/O 地址分配如表 2-2-1 所示。

**表 2-2-1　I/O 地址分配表**

| 输入信号 | | | 输出信号 | | |
|---|---|---|---|---|---|
| 1 | X000 | 正转启动按钮 SB1 | 1 | Y000 | 交流接触器 KM1 |
| 2 | X001 | 反转启动按钮 SB2 | 2 | Y001 | 交流接触器 KM2 |
| 3 | X002 | 停止按钮 SB3 | | | |
| 4 | X003 | 热继电器 FR | | | |

### 3. 控制电路

三相异步电动机正、反转 PLC 接线原理图如图 2-2-3 所示。

### 4. 设备材料表

本项目控制中输入点数应选 3×1.2≈4，输出点数应选 1×1.2≈2（继电器输出）。通过查找三菱 FX2N 系列选型表，选定三菱 FX2N-16MR-001（其中输入 8 点，输出 8 点，继电器输出）。通过查找电器元件选型表，选择的元器件如表 2-2-2 所示。

**表 2-2-2　设备材料表**

| 序号 | 符号 | 设备名称 | 型号、规格 | 单位 | 数量 | 备注 |
|---|---|---|---|---|---|---|
| 1 | M | 电动机 | Y-112M-4 380V、5.5kW 、1378r/min、50Hz | 台 | 1 | |
| 2 | PLC | 可编程控制器 | FX2N-16MR | 台 | 1 | |
| 3 | QF | 低压断路器 | DZ47-D40/3P | 个 | 1 | |
| 4 | QF | 低压断路器 | DZ47-10/1P | 个 | 1 | |
| 5 | FU | 熔断器 | RT18-32/6A | 个 | 2 | |
| 6 | KM | 交流接触器 | CJX2-323 | 个 | 2 | |
| 7 | SB | 按钮 | LA39 - 11 | 个 | 3 | |
| 8 | FR | 热继电器 | JRS1（LR1） - D40353/0.5A | 个 | 1 | |

### 5. 程序设计

第一步：首先可以考虑把该任务分为一个电动机正转运行控制和一个电动机反转运行控制，先不考虑反转控制功能。在上一个任务（三相异步电动机启动、停止控制）的基础上，并结合表 2-2-1 I/O 地址分配表，设计出正转控制程序（图 2-2-4），即按下启动按钮 SB1，电动机正转，按下停止按钮 SB3，电动机停止转动。程序具有过载保护。

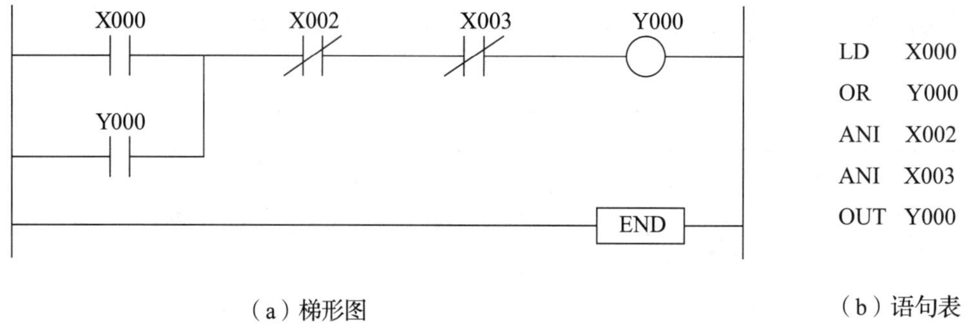


（a）梯形图 （b）语句表

**图 2－2－4 电动机正转连续运行控制程序**

第二步：在电动机正转连续运行控制程序的基础上，设计出电动机反转连续运行控制程序（图 2－2－5）。

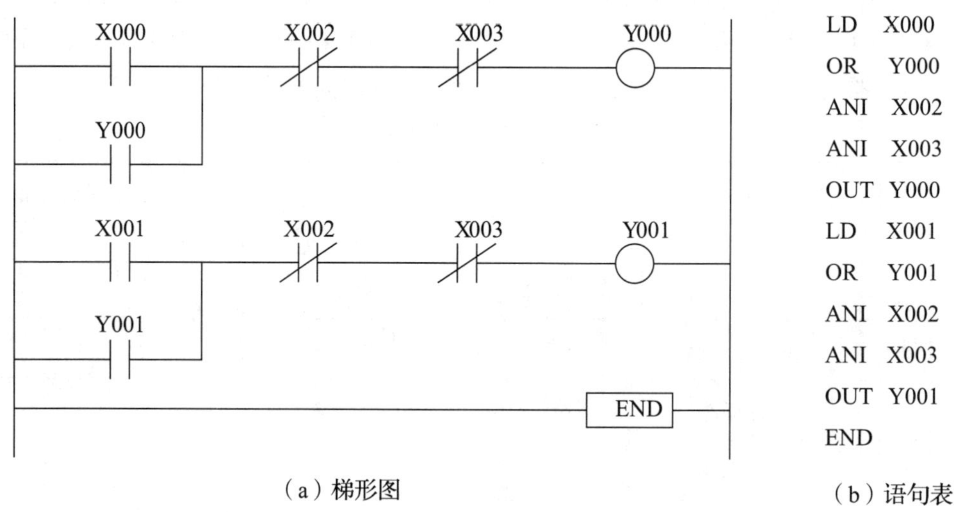


（a）梯形图 （b）语句表

**图 2－2－5 电动机反转连续运行控制程序**

第三步：考虑到两个交接接触器不能同时输出的问题，在上一程序的基础上加入线圈互锁控制功能的动断触点（图 2－2－6）。

第四步：由于线圈互锁存在操作不方便的问题，故考虑在上一程序的基础上加入具有按钮互锁控制功能的动断触点（图 2－2－7）。

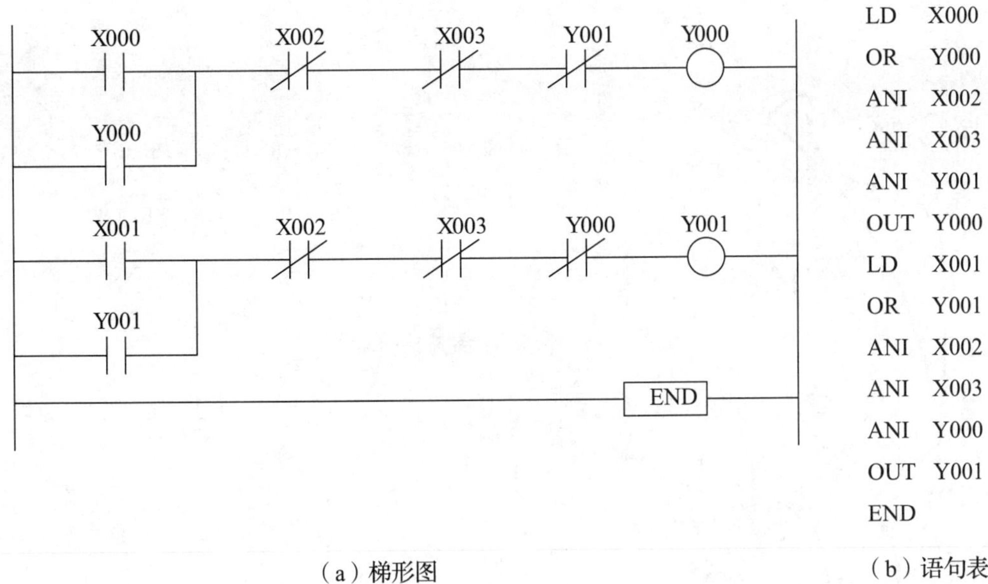


（a）梯形图　　（b）语句表

**图 2－2－6　线圈互锁的正、反转控制程序**

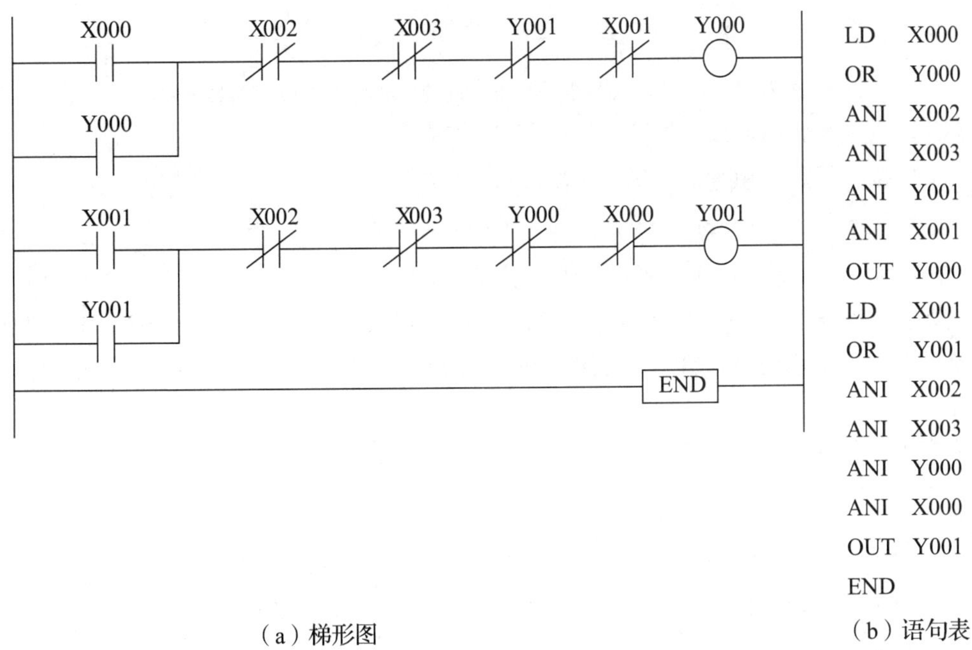


（a）梯形图　　（b）语句表

**图 2－2－7　线圈、按钮双重互锁的正、反转控制程序**

### 6. 运行调试

根据接线原理图连接 PLC 进行模拟调试，检查接线无误后，将程序下载传送到 PLC 中，运行程序，观察控制过程。三相异步电动机正、反转控制实训台 PLC 接线图如图 2－2－8 所示。

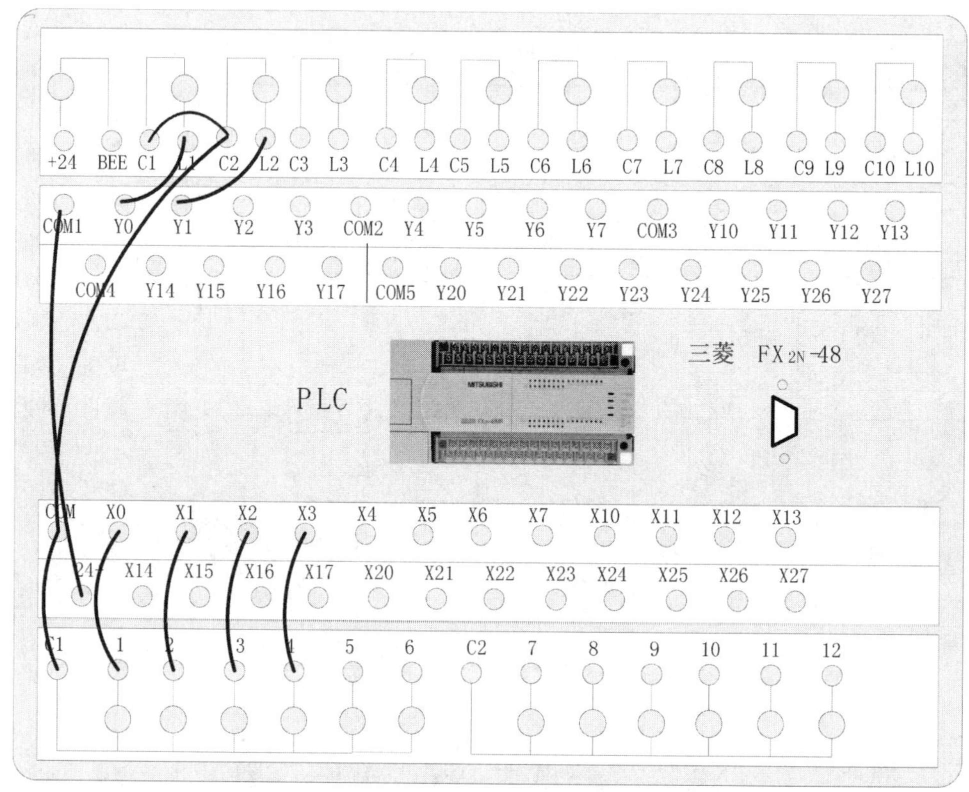


**图 2-2-8　三相异步电动机正、反转控制实训台 PLC 接线图**

（1）按下正转启动按钮 SB1，观察 Y000 的动作情况。

（2）按下停止按钮 SB3，观察 Y000 的动作情况。

（3）按下反转启动按钮 SB2，观察 Y001 的动作情况。

（4）按下停止按钮 SB3，观察 Y001 的动作情况。

（5）按下正转启动按钮 SB1 电动机正转运行后，按下反转启动按钮 SB2，观察 Y000、Y001 输出指示灯与 KM1、KM2 的动作情况。

## 任务评价 > >

| 评价项目 | 评价内容 | 分值 | 评价标准 | 得分 |
| --- | --- | --- | --- | --- |
| 课堂学习能力 | 学习态度与能力 | 10 | 态度端正，学习积极 | |
| 思维拓展能力 | 拓展学习的表现与应用 | 10 | 积极拓展学习并能正确应用 | |
| 团结协作意识 | 分工协作，积极参与 | 5 | | |
| 语言表达能力 | 正确、清楚地表达观点 | 5 | | |
| 学习过程：程序编制、调试、运行、工艺 | 外部接线 | 5 | 按照接线图正确接线 | |
| | 布线工艺 | 5 | 符合布线工艺标准 | |
| | I/O 分配 | 5 | I/O 分配正确合理 | |

续表

| 评价项目 | 评价内容 | 分值 | 评价标准 | 得分 |
|---|---|---|---|---|
| 学习过程：程序编制、调试、运行、工艺 | 程序设计 | 10 | 能完成控制要求 5 分<br>具有创新意识 5 分 | |
| | 程序调试与运行 | 15 | 程序正确调试 5 分<br>符合控制要求 5 分<br>能排除故障 5 分 | |
| 理论测试 | 任务内知识测评 | 10 | 正确完成测评内容 | |
| 应用拓展 | 任务内应用拓展测评 | 10 | 及时、正确地完成技术文件 | |
| 安全文明生产 | 正确使用设备和工具 | 10 | | |
| 教师签字 | | 总得分 | | |

**知识链接 > >**

## 基本指令详解

脉冲检测和脉冲输出指令如表 2－2－3 所示。

**表 2－2－3　脉冲检测和脉冲输出指令**

| 符号 | 名称及简称 | 用途及用法 | 所操作的软元件 | 说明 |
|---|---|---|---|---|
| LDP | 取上升沿脉冲，简称取脉冲 | 上升沿脉冲逻辑运算开始 | X、Y、M、S、T、C | (1) 在脉冲检测指令中，P 代表上升沿检测，它表示在指定的软元件触点闭合（上升沿）时，被驱动的线圈得电一个扫描周期 T。<br>(2) F 代表下降沿检测，它表示在指定的软元件触点断开（下降沿）时，被驱动的线圈得电一个扫描周期 T。<br>在脉冲输出指令中，PLS 表示在指定的驱动触点闭合（上升沿）时，被驱动的线圈得电一个扫描周期 T；PLF 表示在指定的驱动触点断开（下降沿）时，被驱动的线圈得电一个扫描周期 T |
| LDF | 取下降沿脉冲，简称取脉冲 | 下降沿脉冲逻辑运算开始 | X、Y、M、S、T、C | |
| ANDP | 与上升沿脉冲，简称与脉冲 | 上升沿脉冲串联连接 | X、Y、M、S、T、C | |
| ANDF | 与下降沿脉冲，简称与脉冲 | 下降沿脉冲串联连接 | X、Y、M、S、T、C | |
| ORP | 或上升沿脉冲，简称或脉冲 | 上升沿脉冲并联连接 | X、Y、M、S、T、C | |
| ORF | 或下降沿脉冲，简称或脉冲 | 下降沿脉冲并联连接 | X、Y、M、S、T、C | |
| PLS | 上升沿脉冲 | 上升沿微分输出 | Y、M | |
| PLF | 下降沿脉冲 | 下降沿微分输出 | Y、M | |

LDP、ANDP、ORP：前沿微分指令，也称上升沿微分指令。LDF、ANDF、ORF：后沿微分指令，也称下降沿微分指令。用法如图 2－2－9 所示。

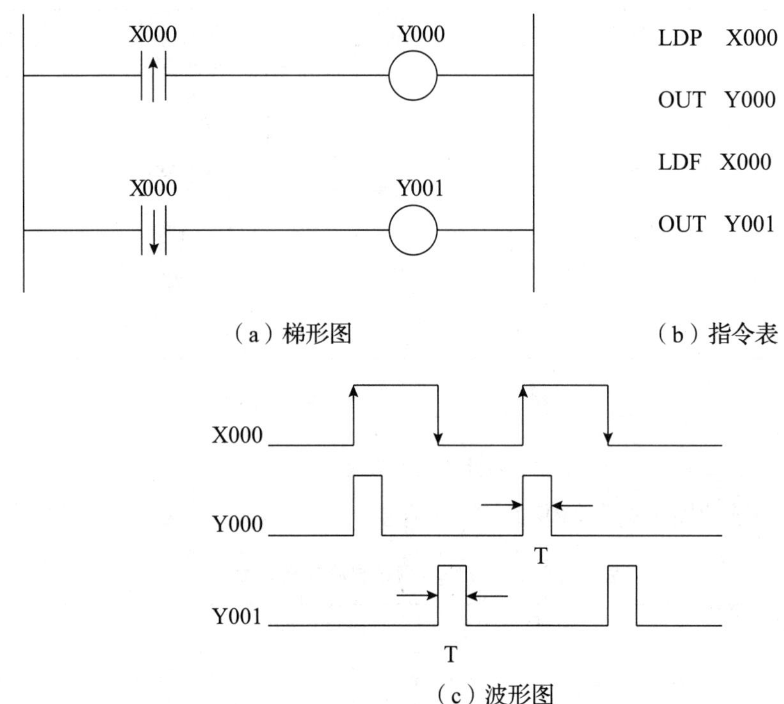


**图 2-2-9　上升沿微分指令、下降沿微分指令应用**

脉冲检测指令 PLS、PLF 用法如图 2-2-10 所示。

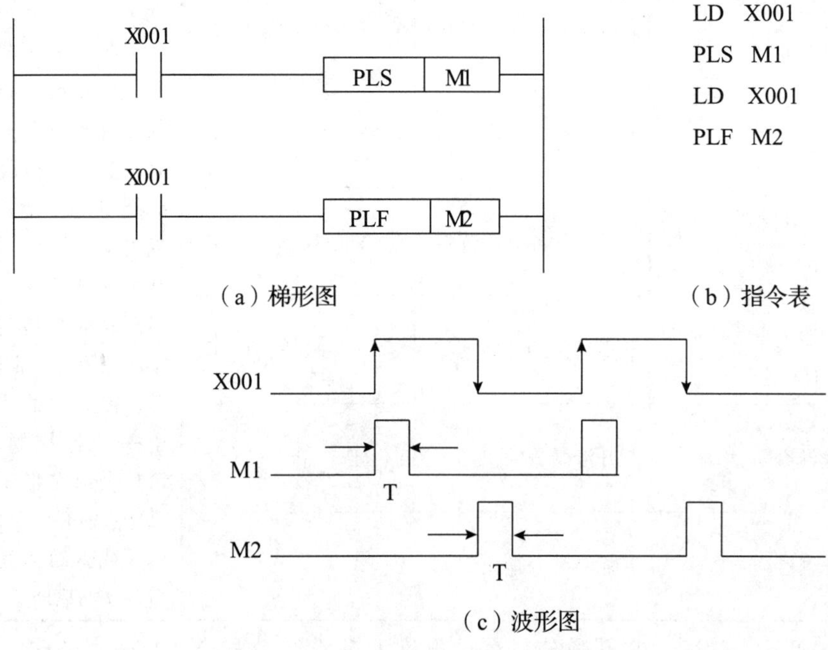


**图 2-2-10　脉冲输出指令应用**

**任务拓展 > >**

利用脉冲指令实现三相异步电动机正、反转控制。控制要求如下：

（1）按下正转启动按钮 SB1，电动机正转。

（2）按下反转启动按钮 SB2，电动机反转。

（3）按下停止按钮 SB3，电动机停止转动。

（4）电路具有短路和过载保护。

注：输入/输出地址分配参考表 2－2－1 I/O 地址分配表。

请根据控制要求完成程序的设计。

附参考程序（图 2－2－11）。

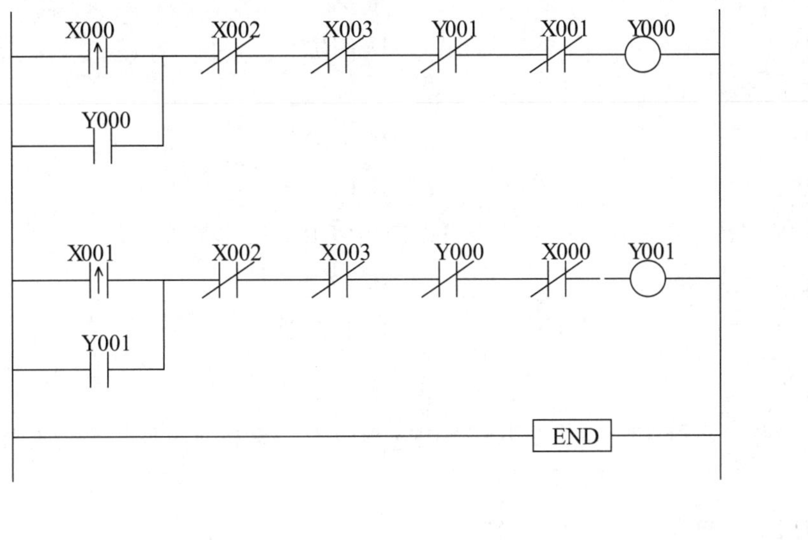


```
LDP  X000
OR   Y000
ANI  X002
ANI  X003
ANI  Y001
ANI  X001
OUT  Y000
LDP  X001
OR   Y001
ANI  X002
ANI  X003
ANI  Y000
ANI  X000
OUT  Y001
END
```

**图 2－2－11　利用脉冲指令的正、反转控制程序**

# 知识测评

**1. 填空题**

（1）在脉冲检测指令中，P 代表________，F 代表________。

（2）当一个接触器得电通过其辅助常闭触点让另一个接触器不能得电的作用叫作________。

（3）上升沿脉冲输出指令符号为________，下降沿脉冲输出指令符号为________。

（4）输入继电器 X 的作用是________________________________________________。

（5）输出继电器 Y 的作用是________________________________________________。

2. **选择题**

(1) 在 PLC 中，程序用软触点在逻辑行中可以使用多少次？（　　）。

A. 1 次　　B. 10 次

C. 100 次　　D. 无限次

(2) 在正、反转控制程序中，为了防止正转和反转同时得电，造成电器故障，应在程序中增加（　　）。

A. 自锁　　B. 按钮互锁

C. 线圈互锁　　D. 双重互锁

(3) 前沿微分触点接母线的指令是（　　）。

A. LDP　　B. LDF

C. ANDF　　D. ORP

(4) 后沿微分触点与前面逻辑串联的指令是（　　）。

A. ANDP　　B. ANDF

C. ORP　　D. ORF

(5) 在 PLC 基本指令程序中，同名线圈可以使用多少次？（　　）

A. 2 次　　B. 3 次

C. 1 次　　D. 无限次

3. **应用题**

(1) 利用置位指令 SET 和复位指令 RST 实现三相异步电动机正、反转 PLC 程序设计。控制要求如下：

①按下正转启动按钮 SB1，电动机正转。

②按下反转启动按钮 SB2，电动机反转。

③按下停止按钮 SB3，电动机停止转动。

④电路具有短路和过载保护。

注：输入/输出地址分配参考表 2-2-1 I/O 地址分配表。

请根据控制要求完成程序的设计。

(2) 自动门控制：某银行自动门，在门内侧和外侧各装有一个超声波探测器，探测器探测到有人后自动门打开，探测到无人后自动门关闭。

提示：该任务中自动门的开、关可用电动机的正、反转来实现，因此有两个输出信号。输入信号除两个探测器外，还应有开、关两个限位开关，因此，共有四个输入信号。

I/O 地址分配如下：

| 输入信号 | | 输出信号 | |
|---|---|---|---|
| 1 | 内探测器：X000 | 1 | 开门：Y000 |
| 2 | 外探测器：X001 | 2 | 关门：Y001 |
| 3 | 开限位：X002 | | |
| 4 | 关限位：X003 | | |

## 任务要点归纳

本工作任务通过对皮带运输机的控制的练习，完成了以下内容：

1. 强化 PLC 应用设计的基本步骤；

2. 学习灵活使用继电器 X、Y；

3. 介绍使用 LD、OR、ANI、OUT 基本指令，实现对三相交流异步电动机的正、反转与互锁控制；

4. 以拓展任务为例介绍脉冲指令（LDP）的功能和用途。

工作任务 3

# 电动机星—三角降压启动运行控制

**任务描述 > >**

异步电动机因结构简单、价格便宜、可靠性高等优点被广泛应用。但在空载过程中启动电流较大，为防止烧毁，启动时须采用降压的形式。星—三角是继电器控制线路中的一个典型电路，PLC 也同样能实现。通过设置定时器来实现控制要求，相对继电器控制较简单、容易调试。

**任务目标 > >**

- 能掌握三相异步电动机星—三角启动的接线和控制原理。
- 会用基本指令实现“自锁”“互锁”等基本编程的方法。
- 进一步了解 PLC 应用设计的步骤。

**任务实施 > >**

## 一、工作任务

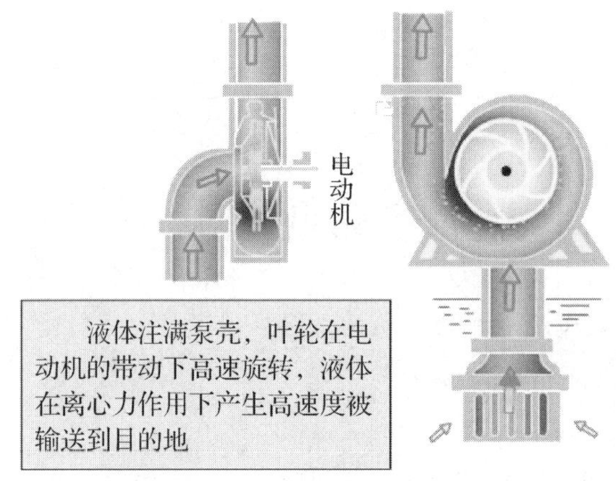


图 2-3-1　离心泵工作原理图

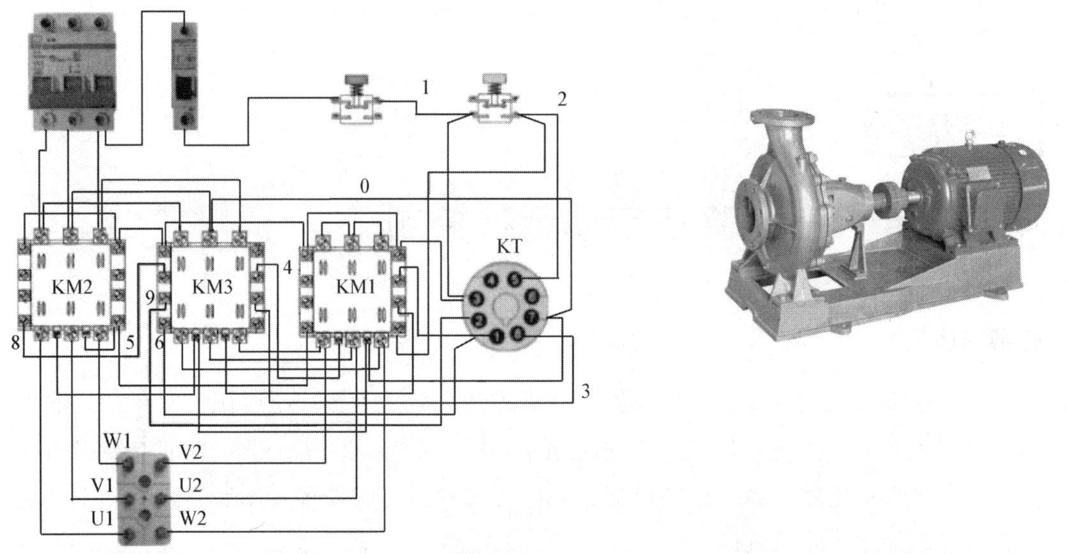


图 2-3-2　离心水泵控制仿真图

某水库需要一台离心水泵抽水，现有一台三相异步电动机，额定电压 380V、额定功率 15kW、额定转速 1378r/min、额定频率 50Hz，采用星—三角降压启动的方法进行控制，请用 PLC 实现其控制要求。控制要求如下：

（1）将离心泵水阀门关闭，按下启动按钮 SB1，电动机星形联结降压启动。

（2）启动 5s 之后，将离心泵水阀门打开，电动机三角形联结全压运行，离心水泵开始抽水。

（3）按下停止按钮 SB2，电动机停止运行，离心水泵停止抽水。

（4）电路中须具有过载、短路保护。

（5）电路中输出星形联结和三角形联结之间不能同时进行。

（6）考虑 Y/△换接时，接触器断开有电弧未完全熄灭，会造成相间短路，接触器断开时需要一段灭弧时间，再联结三角形。

## 二、任务分析

在离心水泵降压启动控制电路中，须考虑电动机的功率，现场常采用星—三角降压启动控制方式。其中继电器控制电路中，采用 1 个空气断路器、3 个交流接触器、1 个热继电器、2 个按钮等电器元件，如图 2-3-3 所示。原理是：合上空气断路器 QF1 后，按下启动按钮 SB1，KT、$KM_Y$ 线圈得电保持，同时 KM 线圈得电保持，电动机星形联结降压启动。当通电 KT 延长时间到后，延时动断触点断开，$KM_Y$ 线圈失电，且延时动合触点闭合，$KM_\triangle$ 线圈得电保持，电动机接三角形联结运行。按下按钮 SB2，KM、$KM_\triangle$ 线圈失电，电动机停转。

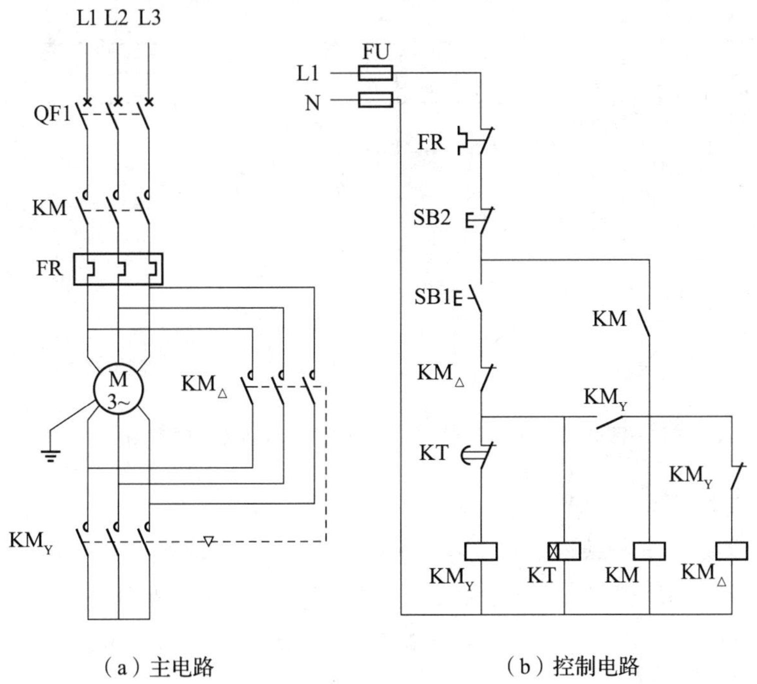


（a）主电路　　　　（b）控制电路

**图 2-3-3　电动机星—三角降压启动继电器控制原理图**

在 PLC 编程中，可以用一个定时器 T0 实现从启动状态换接到运行状态的计时。计时时间到后，应断开 $KM_Y$。$KM_Y$ 灭弧时间用定时器 T1 实现，T1 计时时间到后才能接通 $KM_\triangle$。完成星—三角降压启动的原理，整个程序简单、易调试。

## 三、任务实施

用 PLC 来实现电动机星—三角降压启动运行控制。

### 1. 主电路设计

如图 2－3－4 所示，主电路中采用了 5 个电器元件：空气断路器 QF1、热继电器 FR 和交流接触器 KM、$KM_Y$、$KM_\Delta$。其中 KM 的线圈与 PLC 的输出点连接，FR 的辅助触点与 PLC 的输入点连接，可以确定主电路中需要 3 个输入点与 3 个输出点。

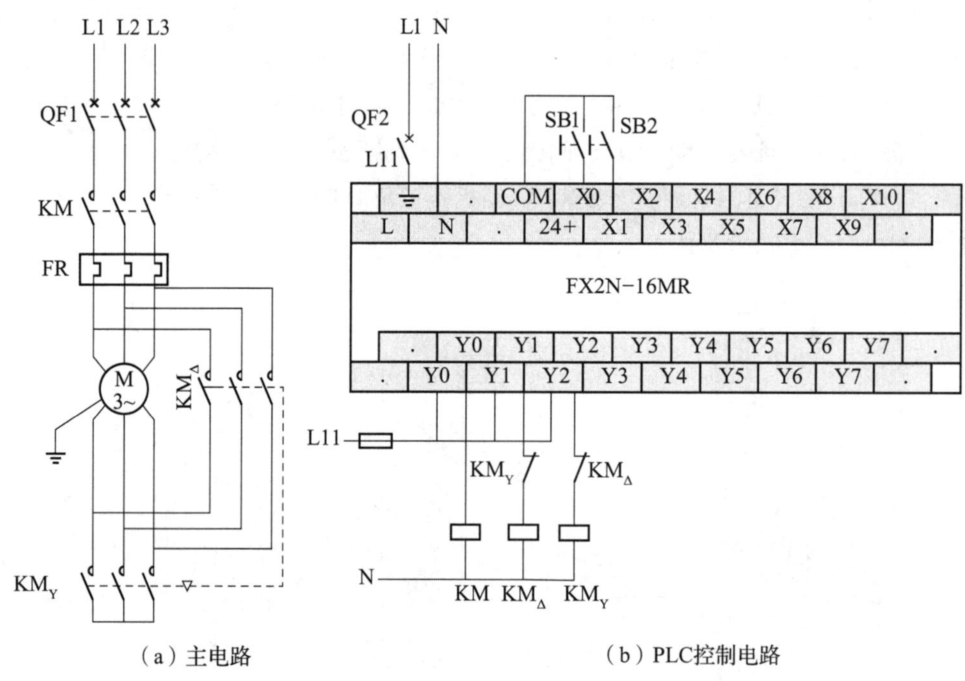


（a）主电路　　　　（b）PLC控制电路

**图 2－3－4　电动机星—三角降压启动控制原理图**

### 2. 设备材料表

本项目控制中输入点数应选 3×1.2≈4；输出点数应选 3×1.2≈4（继电器输出）。通过查找三菱 FX2N 系列选型表，选定三菱 FX2N－16MR－001（其中输入 8 点，输出 8 点，继电器输出）。通过查找电器元件选型表，选择的元器件如表 2－3－1所示。

### 3. 确定 I/O 点总数及地址分配

控制电路中有启动按钮 SB1、停止按钮 SB2、热继电器 FR 和三个交流接触器 KM、$KM_Y$、$KM_\Delta$。控制系统总数的输入点为 4 个，输出点为 4 个。

PLC 的 I/O 分配地址如表 2－3－2 所示。

**表 2－3－1　设备材料表**

| 序号 | 符号 | 设备名称 | 型号、规格 | 单位 | 数量 | 备注 |
|---|---|---|---|---|---|---|
| 1 | M | 电动机 | Y－112M－4 380V、15kW、1378r/min、50Hz | 台 | 1 | |
| 2 | PLC | 可编程控制器 | FX2N－16MR－001 | 台 | 1 | |
| 3 | QF1 | 空气断路器 | DZ47－D25/3P | 个 | 1 | |
| 4 | QF2 | 空气断路器 | DZ47－D10/1P | 个 | 1 | |
| 5 | FU | 熔断器 | RT18－32/6A | 个 | 2 | |
| 6 | KM | 交流接触器 | CJX2(LCI－D)－12　线圈电压 220 V | 个 | 3 | |
| 7 | SB | 按钮 | LA39－11 | 个 | 2 | |

**表 2－3－2　I/O 地址分配表**

| 输入信号 | | | 输出信号 | | |
|---|---|---|---|---|---|
| 1 | X0 | 停止按钮 SB1 | 1 | Y0 | 主电路交流接触器 KM |
| 2 | X1 | 启动按钮 SB2 | 2 | Y1 | 三角形交流接触器 $KM_{\triangle}$ |
| | | | 3 | Y2 | 星形交流接触器 $KM_{Y}$ |

**4. 控制电路**

星—三角降压启动控制原理图如图 2－3－4 所示。

**5. 程序设计**

本项目将使用基本指令编程，并能灵活运用定时器。在 PLC 编程中，可以用一个定时器 T0 实现从启动状态换接到运行状态的计时。T0 定时时间到后，应断开 $KM_{Y}$。$KM_{Y}$ 灭弧时间用定时器 T1 实现，T1 定时时间到后才能接通 $KM_{\triangle}$。完成星—三角降压启动的控制原理，整个程序简单、易调试。

根据控制要求编写梯形图。梯形图如图 2－3－5 所示。

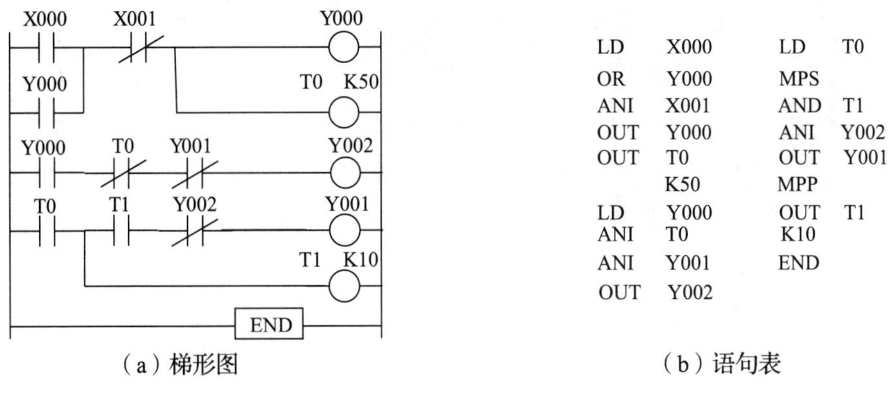


（a）梯形图　　　（b）语句表

**图 2－3－5　电动机星—三角降压启动控制梯形图**

程序说明：

电动机从启动状态切换到运行状态，必须 $KM_Y$ 完全断电后，才能接通 $KM_{\triangle}$。当 X001 有信号时，KM（Y000）接通时，定时器 T0、$KM_Y$（Y002）线圈同时得电接通，电动机星形降压启动；T0 定时到 5s 后，$KM_Y$（Y002）线圈断开失电，同时 T0 延时动合触点闭合，T1 线圈得电，T1 定时到 1s 后，$KM_{\triangle}$（Y001）线圈得电，PLC 得到信号后，启动三角形全压运行状态。除了用 T0 定时之外，还用 T1 的延时动合触电连到 PLC 的一个输入点，PLC 接收到信号 $KM_Y$ 已经断开，才能接通 $KM_{\triangle}$，阻止电弧引起的短路现象。

## 6. 运行调试

根据原理图连接 PLC 线路，检查无误后，将程序下载到 PLC 中，运行程序，观察控制过程。图 2－3－6 是电动机星—三角降压启动控制实训台模拟调试接线图。

（1）按下外部启动按钮 SB1，将 X001 置 ON 状态，观察 Y000、T0、Y002 的动作情况。

（2）T0 延时时间到后观察定时器 T1 和 Y002 的动作情况。

（3）T1 定时时间到后观察定时器 Y001 的动作情况。

（4）按下外部停止按钮 SB2，将 X000 置 ON 状态，观察 Y000、Y001、Y002、T1、T2 的动作情况。

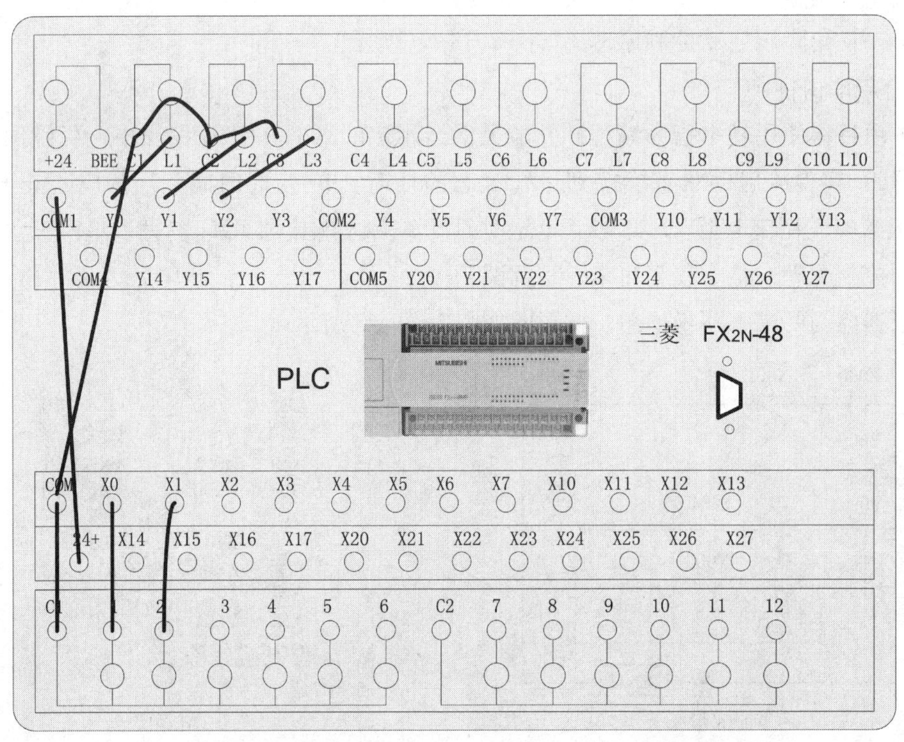


**图 2－3－6　电动机星—三角降压启动控制实训台模拟调试接线图**

**任务评价＞＞**

<table>
<tr><th>评价项目</th><th>评价内容</th><th>分值</th><th>评价标准</th><th>得分</th></tr>
<tr><td>课堂学习能力</td><td>学习态度与能力</td><td>10</td><td>态度端正，学习积极</td><td></td></tr>
<tr><td>思维拓展能力</td><td>拓展学习的表现与应用</td><td>10</td><td>积极拓展学习并能正确应用</td><td></td></tr>
<tr><td>团结协作意识</td><td>分工协作，积极参与</td><td>5</td><td></td><td></td></tr>
<tr><td>语言表达能力</td><td>正确、清楚地表达观点</td><td>5</td><td></td><td></td></tr>
<tr><td rowspan="5">学习过程：程序编制、调试、运行、工艺</td><td>外部接线</td><td>5</td><td>按照接线图正确接线</td><td></td></tr>
<tr><td>布线工艺</td><td>5</td><td>符合布线工艺标准</td><td></td></tr>
<tr><td>I/O 分配</td><td>5</td><td>I/O 分配正确合理</td><td></td></tr>
<tr><td>程序设计</td><td>10</td><td>能完成控制要求 5 分<br>具有创新意识 5 分</td><td></td></tr>
<tr><td>程序调试与运行</td><td>15</td><td>程序正确调试 5 分<br>符合控制要求 5 分<br>能排除故障 5 分</td><td></td></tr>
<tr><td>理论测试</td><td>任务内知识测评</td><td>10</td><td>正确完成测评内容</td><td></td></tr>
<tr><td>应用拓展</td><td>任务内应用拓展测评</td><td>10</td><td>及时、正确地完成技术文件</td><td></td></tr>
<tr><td>安全文明生产</td><td>正确使用设备和工具</td><td>10</td><td></td><td></td></tr>
<tr><td>教师签字</td><td></td><td colspan="2">总得分</td><td></td></tr>
</table>

**知识链接＞＞**

## 基本指令详解：定时器指令及堆栈指令

### 一、定时器指令及应用

在 FX2N 系列中定时器相当于继电器控制系统中的通电延时定时器，即定时器线圈得电后开始延时，延时时间到后，常开触点闭合、常闭触点断开；当定时器线圈失电后，所有触点复位。它将 PLC 内的 1ms、10ms、100ms 等时钟脉冲进行加法计数，时钟脉冲可定时的时间范围，即设定常数 K 的范围为 0.001 ~ 3276.7s。定时器的地址分配见表 2 - 3 - 3。其中 T192 ~ T199 用于中断子程序内；T250 ~ T255 为 100ms 累积定时器，其中当前值是累计数，定时器线圈的驱动输入为 OFF 时，当前值被保留，作为累积操作使用。

**表2－3－3　定时器地址分配**

| 名称 | | | | |
|---|---|---|---|---|
| 定时器T | T0～T199<br>200点　100ms<br>子程序用……<br>T192～T199 | T200～T245<br>46点<br>10ms | T246～T249<br>4点<br>1ms积算 | T250～T255<br>6点<br>100ms积算 |

定时器的应用程序主要有一般延时程序、长延时程序、顺序控制程序、脉冲信号程序。

## 1. 一般延时程序

### (1) 限时控制程序

如图2－3－7所示限时控制程序。当启动信号X000接通后，Y000、T0线圈得电，其中T0常闭触点处于闭合状态，定时器T0开始定时；继电器Y000线圈得电5s后，T0常闭触点断开，Y000线圈失电。在整个程序中，可以通过改变定时器T0的设定值K来限制继电器Y000线圈的得电时间。

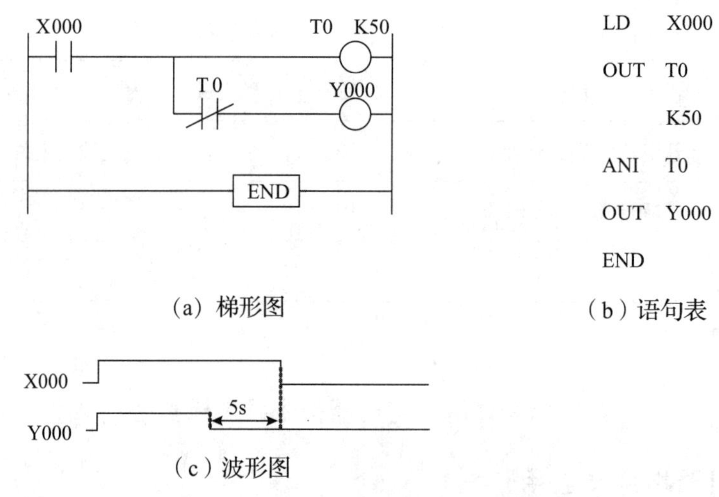


(a) 梯形图　　(b) 语句表

(c) 波形图

**图2－3－7　限时控制程序**

### (2) 断电延时程序

如图2－3－8所示断电延时程序。当启动信号X000接通后，X000的常闭触点断开，定时器T0线圈不得电，T0常闭触点处于闭合状态，继电器Y000线圈得电，Y000自锁触点闭合，得电保持；启动信号X000断开后，X000的常闭触点复位，定时器T0线圈得电开始定时，延时5s后，T0常闭触点断开，继电器Y000线圈断电。整个过程中，输出信号Y000断开比输入信号X000断开延长了5s。

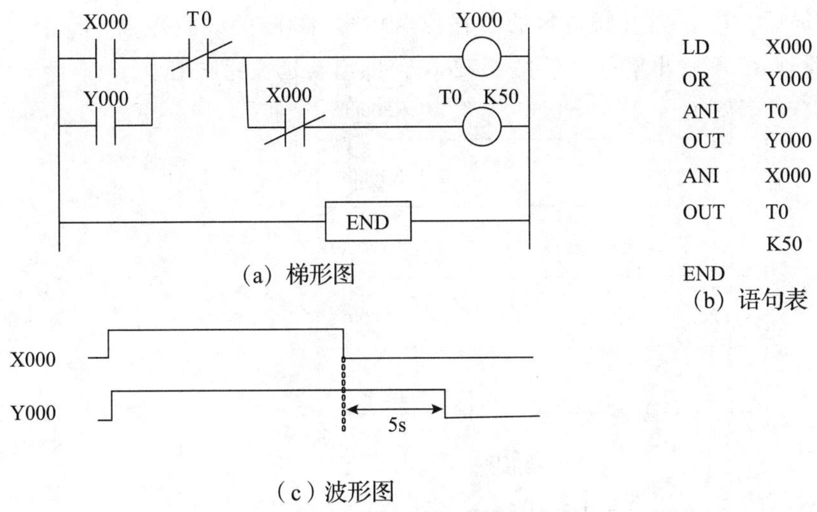


**图 2-3-8 断电延时程序**

**(3) 接、断延时程序**

如图 2-3-9 所示接、断延时程序。当启动信号 X000 接通后，T0 线圈得电开始定时，X000 的常闭触点断开且 T1 线圈不能得电；延时 5s 后，T0 常开触点闭合，T1 常闭触点处于闭合状态，Y000 线圈得电，Y000 自锁触点闭合，Y000 常开触点闭合；X000 常闭触点复位，T1 线圈得电；延时 5s 后，Y000 线圈失电。整个过程中，用 T0、T1 两个定时器限制得电和断电的时间。

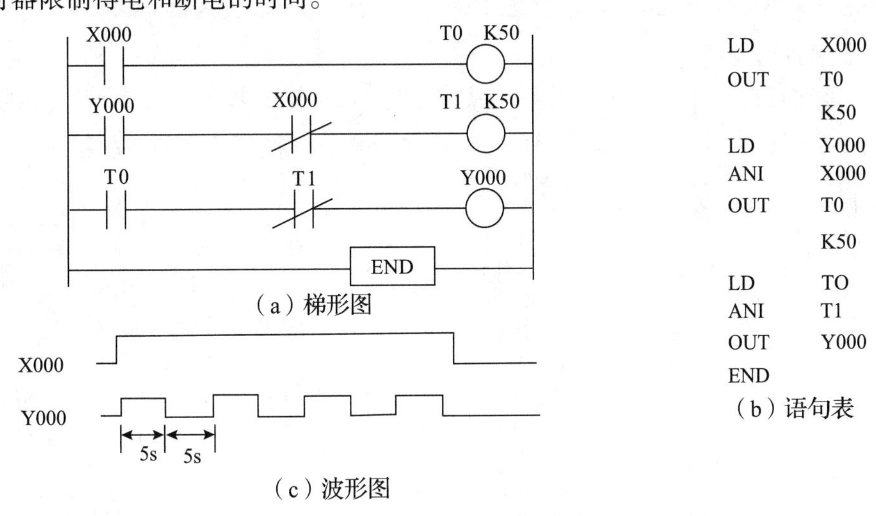


**图 2-3-9 接、断延时程序**

**2. 长延时程序**

定时器的计时单位最大为 100ms，定时时间长短由常数 K 设定，范围为 1～32767。现设定最大时间值为 $t=32767\times0.1=3276.7$（s）。可以看出在最大设定值范围内的延时，可直接采用一个定时器来延时。超出最大设定范围的，要采用多个定时器串级的方法实现延时。图 2-3-10 是设定 2h 的长延时程序。输入继电器 X000 的常开触电接通，定时器 T0 开始计时，延时 3000s 之后，T0 常开触点闭合，定时器 T1 线圈得电开始计时，再延时 3000s 后，T1 常开触点闭合，同时，定时器 T2 的线圈得电开始计时，延时 1200s 后，T2 的常开触点接通及输出继电器 Y000 的线圈得电。整个过程中，从 X000 接通到 Y000 输出信号，延长了 7200s，即启动延长的作用。

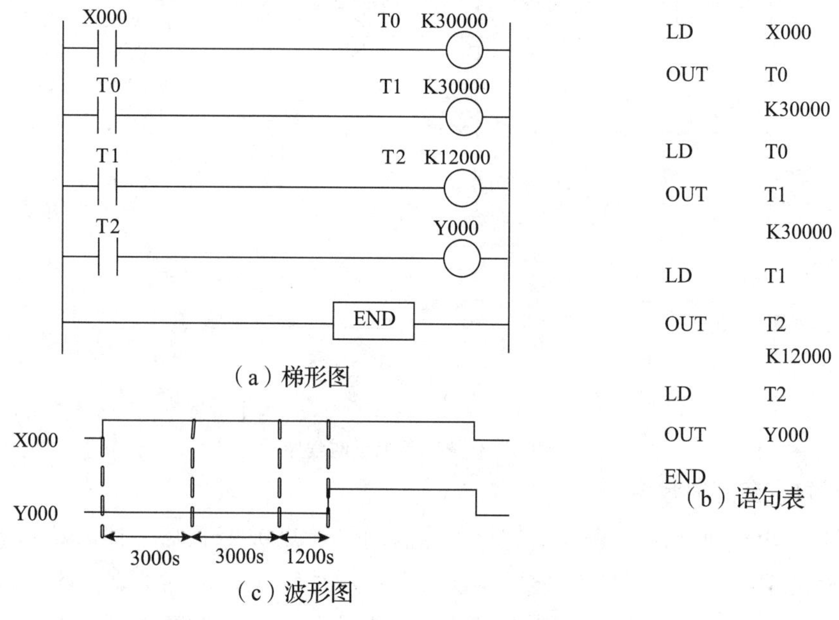


**图 2－3－10　长延时程序**

除了用定时器延时，还有其他的方法，如利用计数器延时或计数器和定时器的组合延时，会获得更长时间的延时，不必采用多个定时器，浪费编程资源。

### 3. 顺序延时程序

在工业生产控制中，许多工作流程都是按控制系统的步骤，一步接一步地执行，即顺序控制。图 2－3－11 所示是三只彩灯依次点亮 1s，循环往复的控制程序。

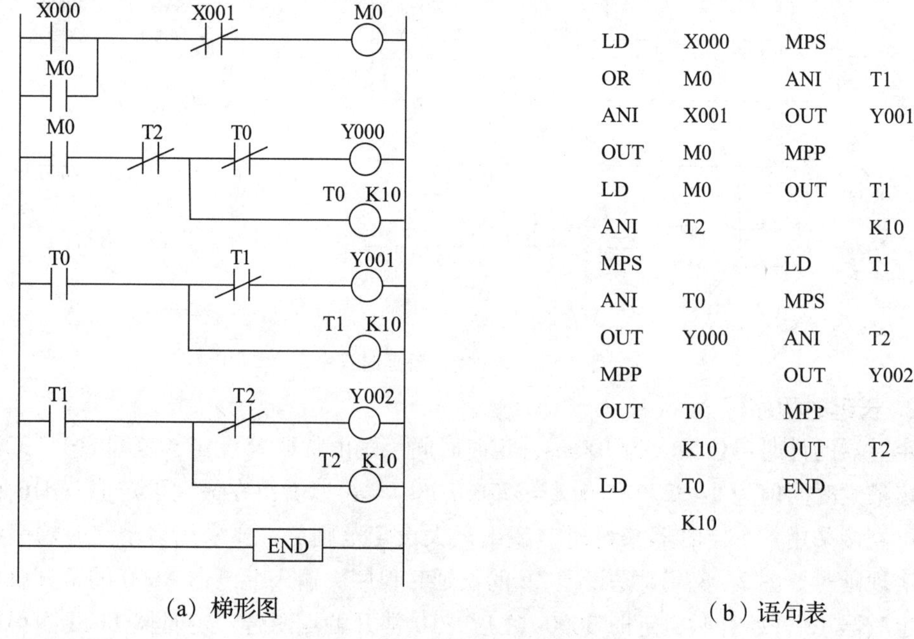


**图 2－3－11　顺序延时程序**

输入信号 X000 启动后，辅助继电器 M0 线圈得电并自锁，同时输出继电器 Y000 得电，第一个灯泡亮，定时器 T0 开始计时，常闭触点断开使 Y000 失电，第一个灯泡灭；T0 的常开触点闭合使 Y001 得电，第二个灯泡亮，定时器 T1 开始计时，T1 的常闭触点断开使 Y002 失电，第二个灯泡灭；T1 的常开触点闭合使 Y002 得电，第三个灯泡亮，同时定时器 T2 开始计时，延时 1s 后 T2 常闭触点断开使 Y002 失电，第三个灯泡灭，同时使所有定时器复位，进入下一轮循环过程。

除了循环彩灯，还有交通灯、喷泉等控制系统都采用这种按时间顺序控制的 PLC 系统，掌握其中一种，其他的也会较容易编写。

### 4. 脉冲信号程序

#### (1) 可调脉冲信号程序

如图 2－3－12 所示是典型的闪烁电路。当启动信号 X000 接通后，定时器 T0 得电开始计时，延时 5s 后，T0 的常开触点闭合使继电器 Y000 得电，T0 的常闭触点断开使定时器 T0 复位，进入下一轮循环程序。整个程序中，产生的是可调脉冲信号。

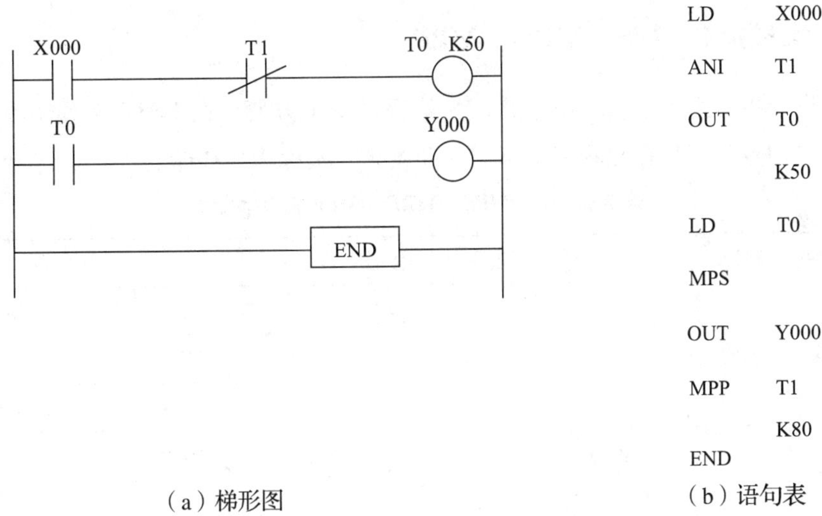


（a）梯形图　　（b）语句表

**图 2－3－12　可调脉冲信号程序**

#### (2) 占空比可调脉冲信号程序

如图 2－3－13 所示，当输入信号 X000 接通后，定时器 T0 得电开始计时，延时 5s，T0 常开触点闭合使 Y000 线圈得电，同时，定时器 T1 得电开始计时，再延时 8s 后，T1 常闭触点断开使所有定时器复位，进入下一轮循环程序。

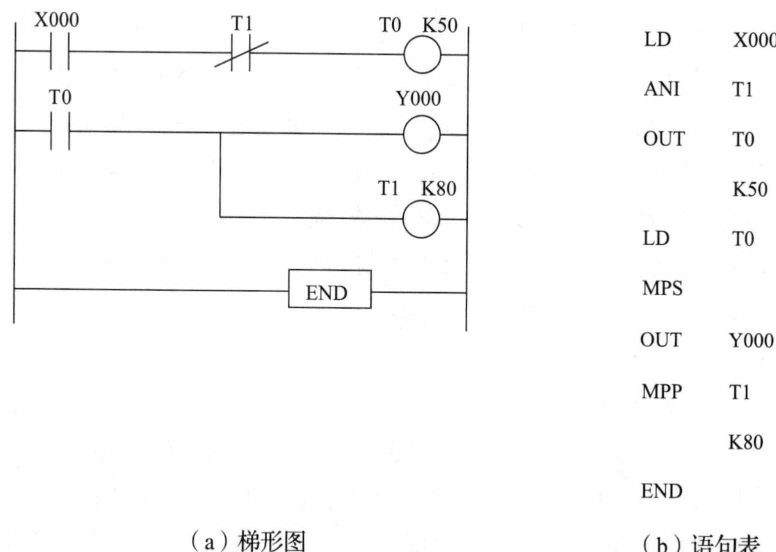


（a）梯形图　（b）语句表

**图 2－3－13　占空比可调脉冲信号程序**

## 二、堆栈指令 MPS、MRD、MPP

堆栈指令主要用于多重输出电路，为编程带来了方便。在 FX2N 系列中有 11 个存储单元，它们专门用来存储程序运算的中间结果，被称为栈存储器。

**表 2－3－4　MPS、MRD、MPP 指令功能表**

| 助记符、名称 | 功能 | 梯形图表示和可用元件 | 指令表 | |
|---|---|---|---|---|
| MPS 进栈 | 进栈 | Y000　T0 K50<br>T0　Y002　Y001<br>T0　Y001　Y002<br>END | LD | Y000 |
| | | | MPS | |
| | | | OUT | T0 K50 |
| MRD 读栈 | 读栈 | | MRD | |
| | | | AND | T0 |
| | | | ANI | Y002 |
| | | | OUT | Y001 |
| MPP 出栈 | 出栈 | | MPP | |
| | | | ANI | T0 |
| | | | ANI | Y001 |
| | | | OUT | Y002 |
| | | | END | |

（1）MPS 将运算结果送入栈存储器的第一段，同时将先前送入的数据依次移到栈的下一段。

（2）MRD 将栈存储器的第一段数据（最后进栈的数据）读出且该数据继续保存在栈存储器的第一段，栈内的数据不发生移动。

（3）MPP 将栈存储器的第一段数据读出且该数据从栈中消失，同时将栈中其他数据依次上移。

（4）MPS、MPP 必须成对使用，最多可以连续使用不超过 24 次，其中读栈 MRD 可根据需要随意出现。

堆栈指令的应用如图 2－3－14 所示。

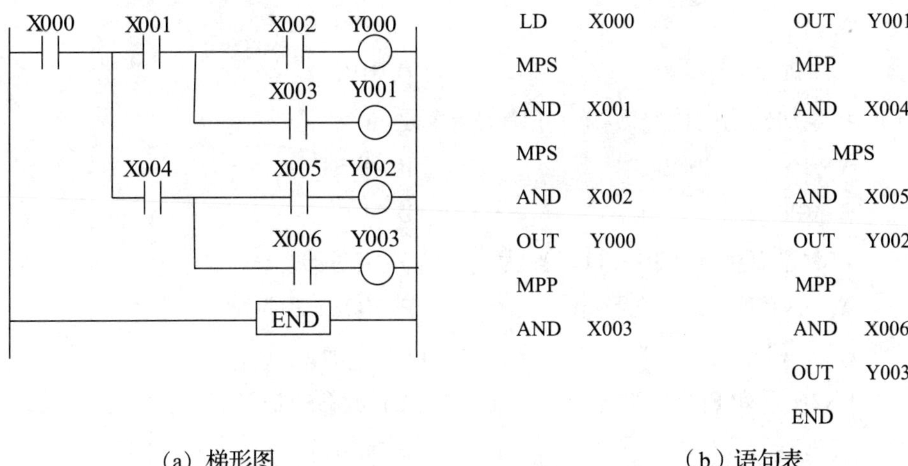


（a）梯形图　　　　（b）语句表

**图 2－3－14　堆栈指令应用**

从图中可以看出，多重输出的功能在编程时十分方便。

**任务拓展 > >**

有一台功率较大的三相异步电动机，额定电压 380V、额定功率 37kW、额定转速 1378r/min、额定频率 50Hz，如果采用能耗制动的方法进行控制，请用 PLC 实现上述控制。

## 知识测评

**1. 填空题**

（1）MPS、MPP 用于多重分支输出编程，无论何时，MPS、MPP 必须成对使用，且最多可以连续使用________次，MRD 可以根据应用随意出现。

（2）FX2N 中的定时器，功能相当于继电控制系统中的时间继电器，定时器是根据时钟脉冲的累积计时的，时钟脉冲有________、________和________三种，当所计时间到达设定值时，其输出触点动作。

（3）使用一次 MPS 指令，将使当前运算结果送入堆栈的________，而将原有的数据移到堆栈的________。

（4）FX2N 系列中 PLC 内有 100ms 定时器 200 点（T0 ~ T199），时间设定值为________。

（5）定时器 6 点（T250 ~ T255）为________________定时器。

2. **选择题**

（1）FX2N 系列 PLC 中有（　　）个栈存储器。

A. 11　　B. 10　　C. 8　　D. 16

（2）将栈中由 MPS 指令存储的值读出并清除栈中内容的指令是（　　）。

A. SP　　B. MPS

C. MPP　　D. MRD

（3）将累加器内的值压入栈中存储的指令是（　　）。

A. SP　　B. MPS

C. MPP　　D. MRD

（4）定时器 200 点（T0 ~ T199）为（　　）定时器。

A. 1ms 积算型　　B. 100ms 积算型

C. 非积算型　　D. 不确定

（5）FX2N 系列 PLC 内部定时器，定时单位不正确的是（　　）。

A. 0. 1s　　B. 0. 01s

C. 0. 0001s　　D. 0. 001s

3. **简答题**

（1）FX2N 系列 PLC 中单个定时器最大定时时间是多长？

（2）设计程序，输入触点 X1 接通 3s 后输出继电器 Y0 闭合，之后输入触点 X1 断开 2s 后输出继电器 Y0 断开。

## 任务要点归纳

本工作任务通过对离心式水泵电动机模拟控制，完成以下内容的学习：

1. 电动机降压启动方式有星—三角降压启动、串电阻降压启动、自耦降压启动，其中星—三角降压启动是最常用的一种；

2. 定时器指令 T 的具体应用；

3. 堆栈指令 MPS、MRD、MPP 的功能和用法，在编程中应该注意 MPS 和 MPP 必须成对使用。

工作任务 4

# 运料小车两地往返运行控制

**任务描述 > >**

在自动化生产线中，有时要求小车在两地，甚至更多地之间自动往返，这属于典型的顺序控制。通过设置定时器或计数器，可实现控制要求，但编程复杂。通过状态转移图法，利用 PLC 的步进指令，能更好地实现顺序控制，且编程简单、调试容易。本工作任务将练习采用状态转移图法 SFC 进行程序编制，应用步进指令 STL、RET 完成图 2－4－1 运料小车在装料处和卸料处两地间自动往返运料控制。

**任务目标 > >**

- 掌握 PLC 步进指令的使用，能熟练使用 SFC 语言编制用户程序 STL、RET。
- 会利用步进指令实现顺序控制的基本编程的方法。
- 进一步了解 PLC 应用设计的步骤。

**任务实施 > >**

## 一、工作任务

本任务中要求小车按照图 2－4－1 所示轨迹，在装料处和卸料处两地间自动往返运料。控制要求如下：

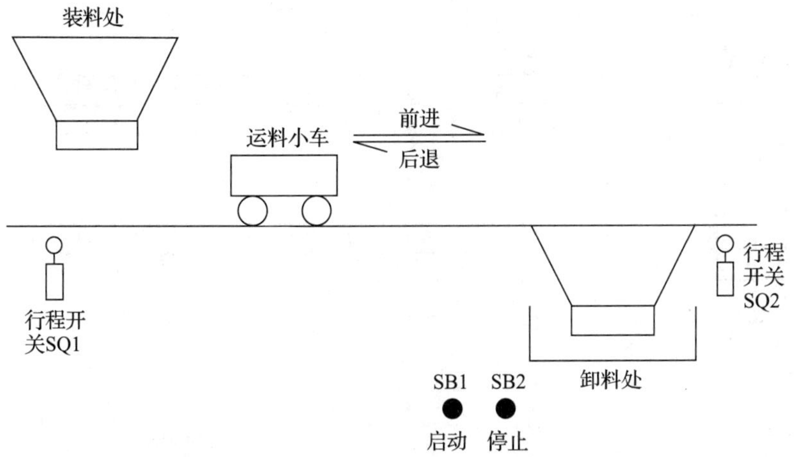


**图 2－4－1　运料小车两地往返运行模拟图**

(1) 按下启动按钮 SB1，小车左行。

(2) 当小车到达装料处后，触发行程开关 SQ1，小车停留 5s，装料。

(3) 定时时间到后，小车启动右行。

(4) 当小车到达卸料处后，触发行程开关 SQ2，小车停留 8s，卸料。

(5) 定时时间到后，小车左行回到装料处准备下一次的运料过程。

(6) 按下停止按钮 SB2，小车停止运行。

## 二、任务分析

小车往返运行，也是电动机的正、反转控制，只是在自动控制运行方面需要增加相应的行程开关或传感器，整个运行过程具有一定的前后顺序关系。在任务控制要求中有明确的步骤，例如设备启动后，必须完成工作步骤（1）才能进行步骤（2）的工作，完成步骤（2）后才能进入步骤（3），后续步骤以此类推。小车的两地往返运行是典型的顺序控制，可以考虑采用步进指令来完成控制任务。通过触发两地行程开关，来完成小车的停止及定时器的启动。编程前，先画出状态转移图 SFC，再将状态转移图转成相对应的步进梯形图。

## 三、任务实施

用 PLC 来实现小车自动往返运行控制。

### 1. 主电路设计

如图 2－4－2 所示，主电路中采用了 4 个电器元件：空气断路器 QF1、热继电器 FR 和交流接触器 KM1、KM2。其中，KM 的线圈与 PLC 的输出点连接，FR 的辅助触点与 PLC 的输入点连接，可以确定主电路中需要 1 个输入点与 2 个输出点。

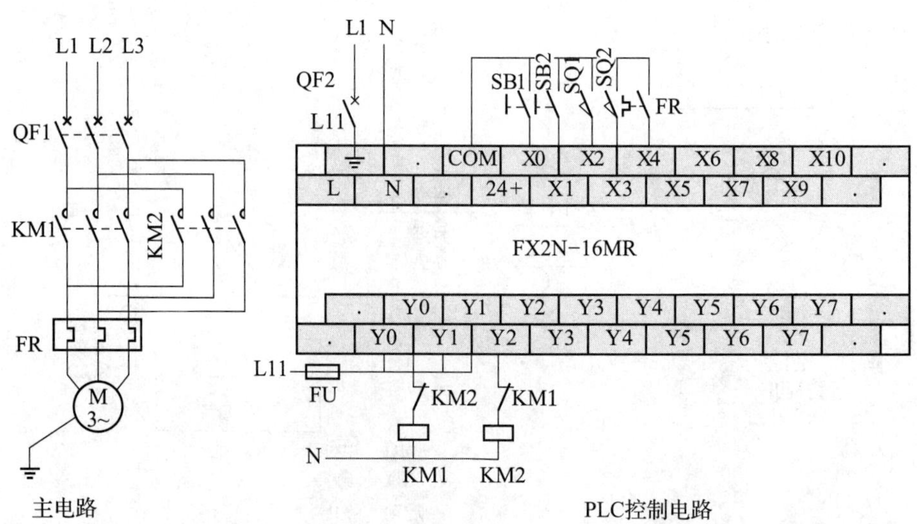


**图 2－4－2 运料小车两地往返运行 PLC 控制原理图**

### 2. 设备材料表

通过查找电器元件选型表，本任务选择的元器件如表 2-4-1 所示。

**表 2-4-1　设备材料表**

| 序号 | 符号 | 设备名称 | 型号、规格 | 单位 | 数量 | 备注 |
|---|---|---|---|---|---|---|
| 1 | M | 电动机 | Y-112M-4　380V、15kW、1378r/min、50Hz | 台 | 1 | |
| 2 | PLC | 可编程控制器 | FX2N-16MR-001 | 台 | 1 | |
| 3 | QF1 | 空气断路器 | DZ47-D25/3P | 个 | 1 | |
| 4 | QF2 | 空气断路器 | DZ47-D10/1P | 个 | 1 | |
| 5 | FU | 熔断器 | RT18-32/6A | 个 | 2 | |
| 6 | KM | 交流接触器 | CJX2（LCI-D）-12　线圈电压 220 V | 个 | 2 | |
| 7 | SB | 按钮 | LA39-11 | 个 | 2 | |
| 8 | FR | 热继电器 | JRS1（LR1）-D12316/10.5A | 个 | 1 | |
| 9 | SQ | 霍尔行程开关 | VH-MD12A-10N1 | 个 | 2 | |

### 3. 确定 I/O 点总数及地址分配

本任务控制电路有启动按钮 SB1、停止按钮 SB2 和两个行程开关 SQ1、SQ2。控制系统总数的输入点为 5 个，输出点为 2 个。通过查找三菱 FX2N 系列选型表，选定三菱 FX2N-16MR-001（其中输入 8 点，输出 8 点，继电器输出）。PLC 的 I/O 分配地址如表 2-4-2 所示。

**表 2-4-2　I/O 地址分配表**

| 输入信号 | | | 输出信号 | | |
|---|---|---|---|---|---|
| 1 | X0 | 启动按钮 SB1 | 1 | Y0 | 左行交流接触器 KM1 |
| 2 | X1 | 停止按钮 SB2 | 2 | Y1 | 右行交流接触器 KM2 |
| 3 | X2 | 行程开关 SQ1 | | | |
| 4 | X3 | 行程开关 SQ2 | | | |
| 5 | X4 | 热继电器 FR | | | |

### 4. 控制电路

运料小车两地往返运行 PLC 控制原理图如图 2-4-2 所示。

### 5. 程序设计

本项目将使用状态转移图 SFC 语言来描述顺序流程结构的状态编程，并能灵活地将 SFC 转换成步进梯形图。状态转移分析：

（1）当转移条件X0成立时，进入状态S20，Y0得电，即小车左行。

（2）当转移条件X2成立时，清除状态S20，进入状态S21，即Y0失电，小车停止，同时定时器T0开始计时5s。

（3）当转移条件T0成立时，清除状态S21，进入状态S22，即定时器T0复位，Y1得电，小车右行。

（4）当转移条件X3成立时，清除状态S22，进入状态S23，即Y1失电，小车停止，同时定时器T1开始计时8s。

（5）当转移条件T1成立时，清除状态S23，返回状态S20，即Y0得电，小车左行。

图2-4-3为运料小车两地间运行状态转移图。

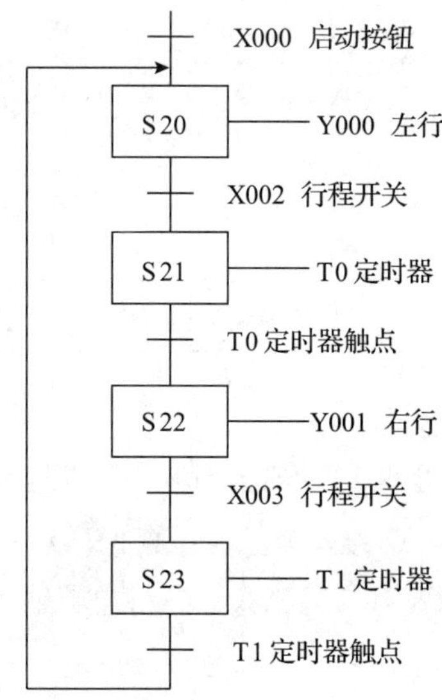


**图2-4-3 运料小车两地往返运行状态转移图**

根据状态转移流程图，编写步进梯形图，如图2-4-4所示。

**图2-4-4 运料小车两地往返运行控制梯形图程序**

### 6. 程序说明

SET：置位指令，触发信号 ON 时，指定的线圈为 ON。若状态向相邻的下一状态连续转移，使用 SET 指令，不同分支间的跳转必须用 OUT 指令。

STL：步进阶梯开始标志，仅对状态组件 S 有效。

RET：复位指令，触发信号 ON 时，指定的线圈为 OFF，步进结束，必须使用步进返回指令 RET，从子母线返回主母线。

状态组件 S：与普通继电器完全一样，可以使用 LD、LDI、AND、ANI、OR、ORI、OUT、SET 和 RET 等指令，状态号不能重复使用。

Tn 定时器：相邻状态不能使用同一个定时器，非相邻状态可以使用同一个定时器。

### 7. 运行调试

根据原理图连接 PLC 线路，检查无误后，将程序下载到 PLC 中，运行程序，观察控制过程。图 2-4-5 是运料小车两地往返运行实训台模拟调试接线图。

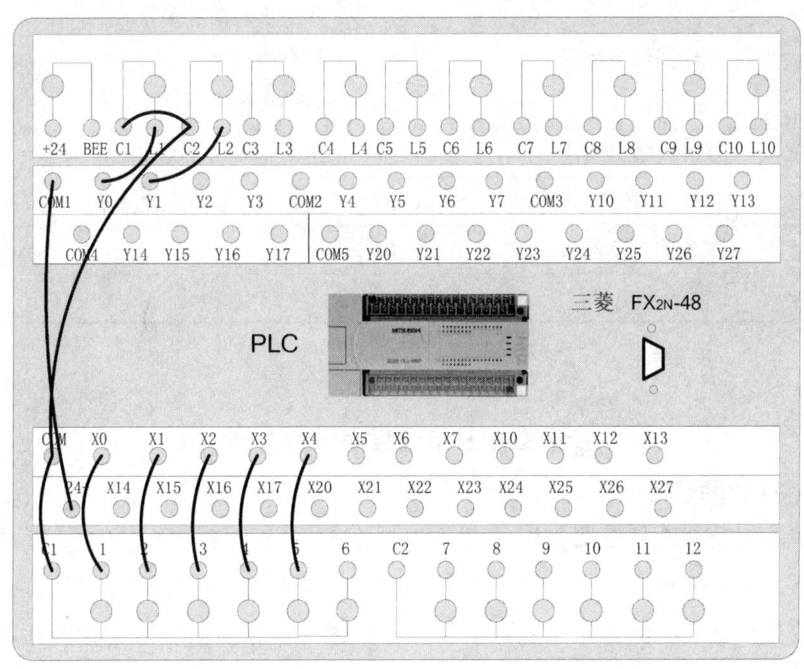


**图 2-4-5　运料小车两地往返运行实训台模拟调试接线图**

（1）按下外部启动按钮 SB1，将 X0 置 ON 状态，观察 Y0 的动作情况。

（2）行程开关 SQ1 得电，观察定时器 T0 和继电器 Y0、Y1 的动作情况。

（3）定时时间到，观察定时器 T0 和继电器 Y0、Y1 的动作情况。

（4）行程开关 SQ2 得电，观察定时器 T1 和继电器 Y0、Y1 的动作情况。

（5）定时时间到，观察定时器 T1 和继电器 Y0、Y1 的动作情况。

（6）按下外部停止按钮 SB2，将 X1 置 ON 状态，观察 Y0、Y1 的动作情况。

（7）将 X4 置 ON 状态，观察 Y0、Y1 的动作情况。

**任务评价 > >**

| 评价项目 | 评价内容 | 分值 | 评价标准 | 得分 |
|---|---|---|---|---|
| 课堂学习能力 | 学习态度与能力 | 10 | 态度端正、学习积极 | |
| 思维拓展能力 | 拓展学习的表现与应用 | 10 | 积极拓展学习并能正确应用 | |
| 团结协作意识 | 分工协作，积极参与 | 5 | | |
| 语言表达能力 | 正确、清楚地表达观点 | 5 | | |
| 学习过程：程序编制、调试、运行、工艺 | 外部接线 | 5 | 按照接线图正确接线 | |
| | 布线工艺 | 5 | 符合布线工艺标准 | |
| | I/O 分配 | 5 | I/O 分配正确合理 | |
| | 程序设计 | 10 | 能完成控制要求 5 分<br>具有创新意识 5 分 | |
| | 程序调试与运行 | 15 | 程序正确调试 5 分<br>符合控制要求 5 分<br>能排除故障 5 分 | |
| 理论测试 | 任务内知识测评 | 10 | 正确完成测评内容 | |
| 应用拓展 | 任务内应用拓展测评 | 10 | 及时、正确地完成技术文件 | |
| 安全文明生产 | 正确使用设备和工具 | 10 | | |
| 教师签字 | | 总得分 | | |

**知识链接 > >**

## 步进指令及步进程序设计方法

### 1. 状态转移图 SFC

所谓顺序控制，就是按照生产工艺预先规定的设备工作顺序，在不同阶段的输入信号作用下，生产过程中的各个执行结构自动地、有序地进行操作。使用顺序控制设计法时，首先根据系统的工艺过程画出状态转移图，然后根据状态转移图画出梯形图。状态转移图是描述控制系统的控制过程、功能和特性的一种图形流程图，它是一种通用的 PLC 设计方法，不能被 PLC 直接运行，必须根据功能图写出梯形图程序或语句表才能执行。

**(1) 状态转移图 SFC 基本组成**

状态转移图 SFC 的基本结构如图 2-4-6 所示。

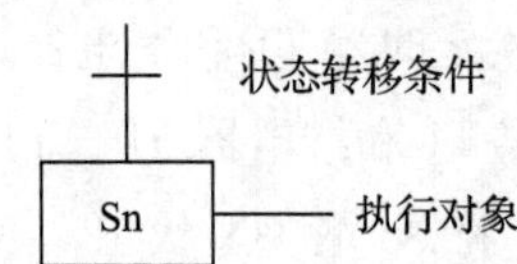


**图 2-4-6 状态转移图基本结构**

状态转移条件：一般是开关量，可由单独接点作为状态转移条件，也可由各种接点的组合作为转移条件。

执行对象：目标组件 Y、M、S、T、C 和 F（功能指令）均可由状态 S 的接点来驱动。可以是单一输出，也可以是组合输出。

Sn：状态寄存器。FX2N 系列 PLC 共有状态寄存器 1000 点（S0 ~ S999）。参见表 2-4-3,状态 S 是对工序步进控制简易编程的重要软元件，经常与步进梯形图指令 STL 结合使用。

**表 2-4-3　FX2N 状态寄存器一览表**

| 组件编址 | 点　数 | 用　　途 | 说　　明 |
| --- | --- | --- | --- |
| S0 ~ S9 | 10 | 初始化状态寄存器 | 用于 SFC 的初始化状态 |
| S10 ~ S19 | 10 | 回零状态寄存器 | ITS 命令时的原点回归用 |
| S20 ~ S499 | 480 | 通用状态寄存器 | 一般用 |
| S500 ~ S899 | 400 | 保持状态寄存器 | 停电保持用 |
| S900 ~ S999 | 100 | 报警状态寄存器 | 报警指示专用区 |

**(2）状态转移图 SFC 基本结构**

在步进顺序控制中，常见的两种结构是单流程结构 SFC 与多流程结构 SFC。

只有一个转移条件并转向一个分支的即为单流程状态转移图，如图 2-4-7 所示。

有多个转移条件转向不同的分支即为多流程状态转移图，如图 2-4-8 所示。

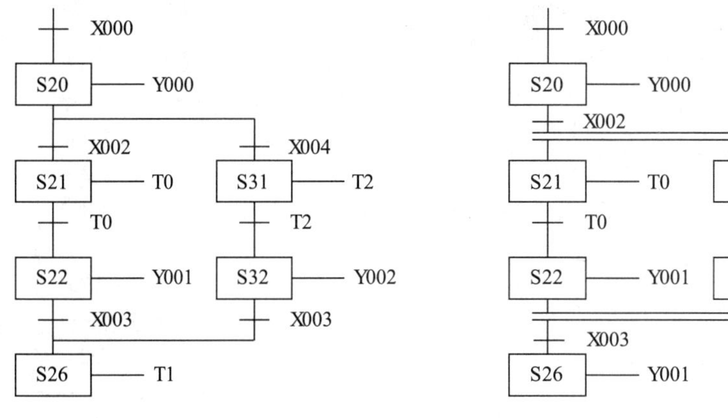


**图 2-4-7　单流程状态转移图**　　**图 2-4-8　多流程状态转移图**

## 2. 步进梯形图指令 STL、RET

步进指令 STL 和 RET 的指令功能如表 2-4-4 所示。

**表2-4-4　STL、RET指令功能表**

| 助记符、名称 | 功能 | 梯形图表示和可用元件 | 程序步 |
|---|---|---|---|
| STL步进梯形图 | 步进梯形图开始 | Sn STL —┤├—( ) | 1 |
| RET返回 | 步进梯形图结束 | —┤├—[ RET ] | 1 |

**(1) STL指令功能**

步进梯形图开始指令。利用内部软元件状态S的动合接点与左母线相连，表示步进控制的开始。

STL指令与状态继电器S一起使用，控制步进控制过程中的每一步，S0～S9用于初始步控制，S10～S19用于自动返回原点控制。顺序功能图中的每一步对应一段程序，每一步与其他步是完全隔离开的。每段程序一般包括负载的驱动处理、指定转换条件和指定转换目标三个功能。如表2-4-5所示梯形图，在状态寄存器S22为ON时，进入了一个新的程序段。Y2为驱动处理程序，X2为状态转移控制，在X2为ON时表示S22控制的过程执行结束，可以进入下一个过程控制，SET S23为指定转换目标，进入S23指定的控制过程。

**表2-4-5　STL指令使用说明**

| 状态图 | 梯形图 | 指令表 | |
|---|---|---|---|
| S22 — Y002; X2; S23 | S22 STL —(Y002); X002 —┤├—[SET S23]; S23 STL | STL | S22 |
| | | OUT | Y002 |
| | | LD | X002 |
| | | SET | S23 |
| | | STL | S23 |

**(2) RET指令功能**

步进梯形图结束指令。表示状态S流程的结束，用于返回主程序母线的指令。

**(3) SER指令的特殊应用**

如图2-4-9所示，状态S20有效时，输出Y1、Y2接通（这里Y1用OUT指令驱动，Y2用SET指令置位，未复位前Y2一直保持接通），程序等待转换条件X1动作，当X1接通时，状态就由 S20 转到 S21，这时 Y1 断开、Y3 接通、Y2 仍保持接通，要使 Y2 断开，必须使用 RST 指令。OUT 指令与 RST 指令在步进控制中的不同应用需要特别注意。

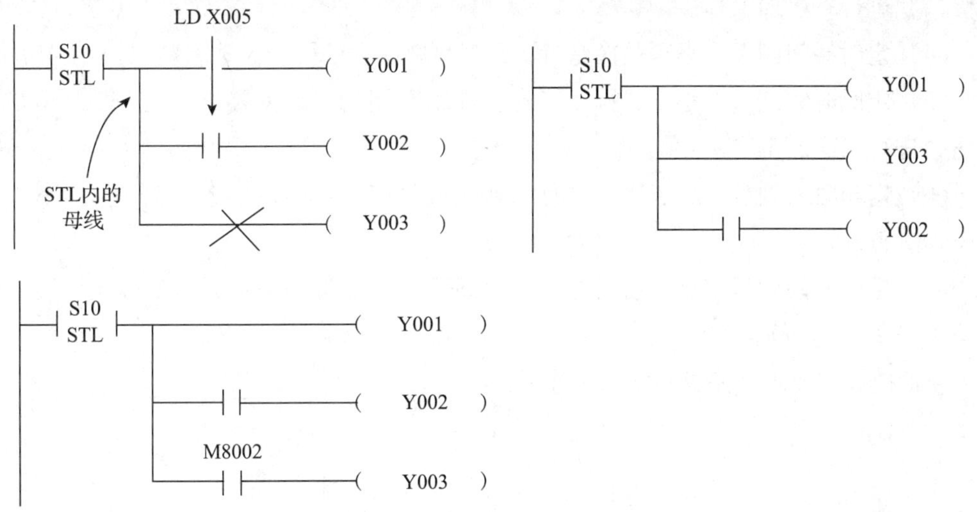


**图 2－4－9 不需触点指令编程**

**（4）状态编程规则**

①状态号不可重复使用。

②STL 指令后面只跟 LD/LDI 指令。

③初始状态的编程。

用 S0～S9 表示初始状态，有几个初始状态，就对应几个相互独立的状态过程。开始运行后，初始状态可由其他状态驱动。每个初始状态下面的分支数总和不能超过 16 个，对总状态数没有限制。从每个分支点上引出的分支不能超过 8 个。

④在不同的状态之间，可编写相同的输出继电器。

⑤定时器线圈同输出线圈一样，可在不同状态间对同一软元件编程，但在相邻状态中则不能编程。

⑥在状态内的母线，一旦写入 LD 或 LDI 指令后，对不需触点的指令就不能编程，需按图 2－4－9 所示方法处理。位置变更插入动断触点。

⑦在中断和子程序内，不能使用 STL 指令。

⑧在 STL 指令内不能使用跳转指令。

⑨连续转移用 SET 指令，非连续转移用 OUT 指令。

⑩在 STL 与 RET 指令之间不能使用 MC、MCR 指令。

**任务拓展 > >**

如图 2－4－10 所示为运料小车在原料库、加工车间、成品库三地自动往返运行，控制要求如下：

（1）合上空气断路器 QF 后，按下启动按钮 SB1，小车左行去原料库进行取料。

（2）当小车到达原料库后，触发接近开关 SQ1，小车停留 5s，取材料一。

（3）定时时间到后，小车启动右行，到达加工车间后，触发接近开关 SQ2，小车停留 5s，进行一次加工。

（4）定时时间到后，小车再次左行，回到原料库，停留 4s，取材料二。

（5）定时时间到后，小车右行，当到达加工车间后，触发接近开关 SQ2，小车停留 6s，进行二次加工。

（6）定时时间到后，小车继续右行，到达成品库后，触发接近开关 SQ3，小车停留 8s，进行卸货。

（7）定时时间到后，小车启动左行，回到原料库准备下一次的加工过程。按下停止按钮 SB2，小车停止运行。

请根据控制要求，完成其状态转移图。

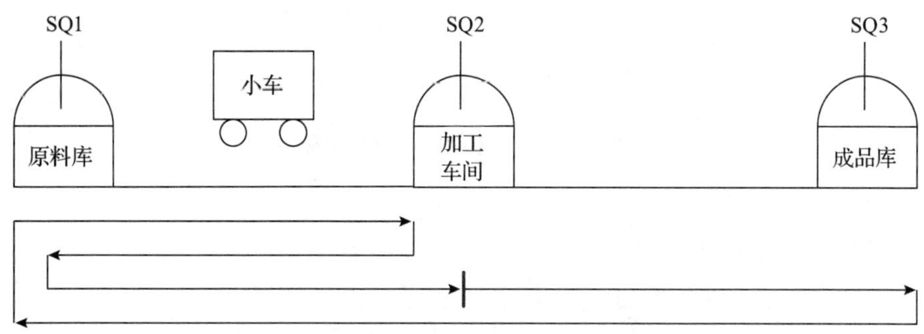


**图 2-4-10　运料小车三地往返运行模拟图**

# 知识测评

## 1. 填空题

（1）________指令表示状态 S 流程的结束，用于返回主程序母线。

（2）在 STL 指令内不能使用________指令。

（3）STL 指令后面只跟________指令。

（4）状态转移图由________、________和________组成。

（5）FX2N 系列 PLC 共有状态寄存器________点。

## 2. 选择题

（1）在步进梯形图中，不同状态之间输出继电器可以使用（　　）次。

A. 1　　B. 8　　C. 10　　D. 无数

（2）每个初始状态下面的分支数总和不能超过（　　）个。

A. 1　　B. 2　　C. 16　　D. 无数

(3) 属于初始化状态器的有（　　）。

A. S2　　B. 2　　C. S246　　D. 不确定

(4) 超过 8 个分支可以集中在一个分支点上引出。（　　）

A. 错误　　B. 正确　　C. 不确定

(5) 在中断和子程序内，不能使用（　　）指令。

A. STL　　B. RET　　C. MC　　D. MCR

3. 简答题

(1) 什么是顺序控制？如何用 PLC 实现顺序控制？

(2) 步进指令编程规则是什么？

## 任务要点归纳

本工作任务主要学习以下内容：

1. 练习实现步进梯形图指令完成任务的步骤：根据系统的工艺过程画出状态转移图，然后根据状态转移图画出梯形图；

2. 介绍了状态转移图的组成和基本结构；

3. 实际体会步进指令 STL 和 RET 的功能和用法。

工作任务 5

# 液体混合系统控制

**任务描述 > >**

本工作任务将进一步练习使用 PLC 步进指令对外部传感器、电磁阀门的控制，实现图 2－5－1 中对液体混合、搅拌和输出的顺序控制，认识步进指令在顺序控制中的使用优势，同时学会如何将传感器、电磁阀等外部设备与 PLC 连接。

**任务目标 > >**

- 进一步掌握步进顺序控制指令的编程方法。
- 掌握液体混合程序设计。
- 进一步了解 PLC 应用设计的步骤。

**任务实施 > >**

## 一、工作任务

液体混合装置如图 2-5-1 所示，此装置有搅拌电动机 M（1.5kW）及混合罐。罐内设置上限位 SL1、中限位 SL2 和下限位 SL3 液位传感器，电磁阀门 YV1 和 YV2 控制两种液体的注入，电磁阀门 YV3 控制液体的流出。控制要求是将两种液体按比例混合，搅拌 6s 后输出混合液。请用 PLC 实现控制过程。

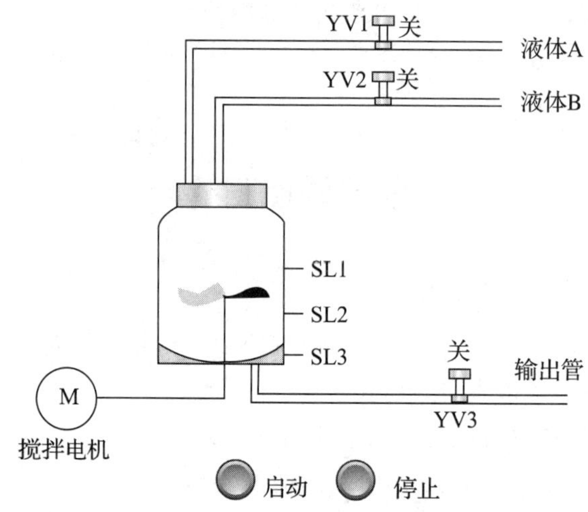


**图 2-5-1　液体混合控制仿真图**

## 二、任务分析

### 1. 初始状态

工作前，混合罐保持空状态。

### 2. 过程控制

按下启动按钮，开始下列操作：

（1）开启电磁阀 YV1，开始注入液体 A，当液面高度到达液面传感器 SL2 处时（此时 SL2 和 SL3 为 ON），停止注入液体 A；同时开启电磁阀 YV2 注入液体 B，当液面升至液面传感器 SL1 处时，停止注入液体 B。

（2）停止注入液体 B 时，开启搅拌机，搅拌混合时间为 60s。

（3）停止搅拌后，开启电磁阀 YV3，放出混合液体，至液体高度降到液面传感器 SL3 处后，再经 5s 关闭 YV3。

（4）循环（1）、（2）、（3）操作步骤。

### 3. 停止操作

按下停止键后，在当前循环完毕后，停止操作，回到初始状态。

## 三、任务实施

### 1. 主电路设计

主电路控制的对象有一台电动机和三只电磁阀，电动机因功率较小采用直接启动控制方式，电磁阀因其通电瞬间电流较大，输出点通过中间继电器或交流接触器转换后再接电磁阀线圈。主电路如图 2-5-2 所示，电路中采用了 10 个电器元件，分别为空气断路器 QF1 ~ QF2、电磁阀门 YV1 ~ YV3、交流接触器 KM、热继电器 FR 和中间继电器 KA1 ~ KA3。其中，KM 的线圈与 PLC 的输出点连接、KA 的线圈与 PLC 的输出点连接、FR 的辅助触点与 PLC 的输入点连接，可以确定主电路中需要 1 个输入点与 4 个输出点。

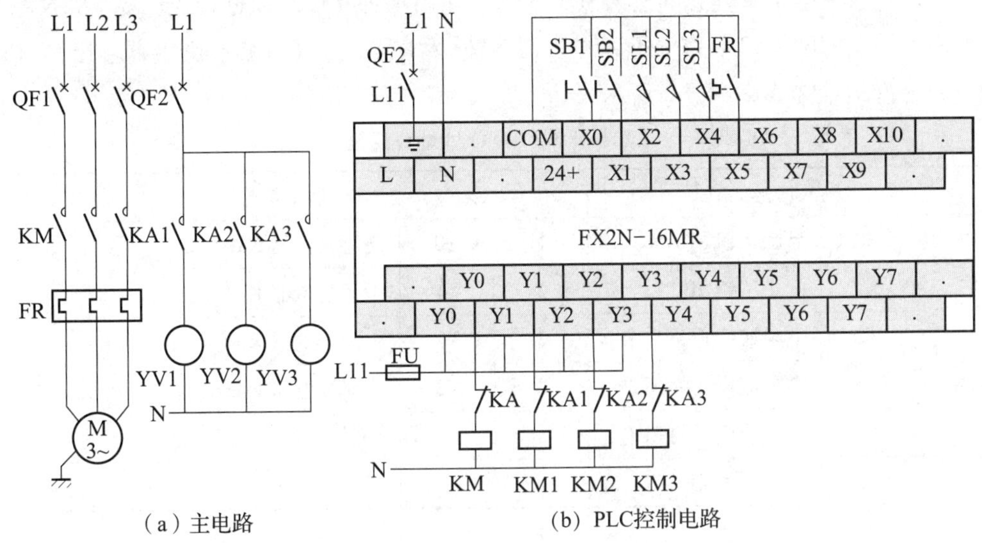


（a）主电路　　　　(b) PLC控制电路

**图 2-5-2　液体混合系统 PLC 控制原理图**

### 2. 设备材料表

通过查找电器元件选型表，选择的元器件如表 2-5-1 所示。

**表 2-5-1　设备材料表**

| 序号 | 符号 | 设备名称 | 型号、规格 | 单位 | 数量 | 备注 |
|---|---|---|---|---|---|---|
| 1 | M | 电动机 | Y-112M-4　380V、15kW、1378 r/min、50Hz | 台 | 1 | |
| 2 | PLC | 可编程控制器 | FX2N-16MR-001 | 台 | 1 | |
| 3 | QF1 | 空气断路器 | DZ47-D10/3P | 个 | 1 | |
| 4 | QF2 | 空气断路器 | DZ47-D20/3P | 个 | 1 | |
| 5 | QF3 | 空气断路器 | DZ47-D10/1P | 个 | 1 | |
| 6 | FU | 熔断器 | RT18-32/6A | 个 | 2 | |
| 7 | KM | 交流接触器 | CJX2(LCI-D)-12　线圈电压 220 V | 个 | 2 | |
| 8 | SB | 按钮 | LA39-11 | 个 | 2 | |

续表

| 序号 | 符号 | 设备名称 | 型号、规格 | 单位 | 数量 | 备注 |
|---|---|---|---|---|---|---|
| 9 | FR | 热继电器 | JRS1(LR1) - D12316/10. 5A | 个 | 1 | |
| 10 | SL | 液体限位开关 | LV20 - 1201 | 个 | 3 | |
| 11 | KA | 中间继电器 | JZ7 - 44　吸引线圈工作电压 AC 220V | 个 | 3 | |
| 12 | YV | 电磁阀 | DF - 50 - AC：220 V | 个 | 3 | |

### 3. 确定 I/O 点总数及地址分配

控制电路中有两个控制按钮：启动按钮 SB1 和停止按钮 SB2；三个液位限位开关 SL1 ~ SL3。这样整个系统总的输入点为 6 个，输出点为 4 个。通过查找三菱 FX2N 系列选型表，选定三菱 FX2N - 16MR - 001（其中输入 8 点，输出 8 点，继电器输出）。PLC 的 I/O 分配地址如表 2 - 5 - 2 所示。

**表 2 - 5 - 2　I/O 地址分配表**

| 输入信号 | | | 输出信号 | | |
|---|---|---|---|---|---|
| 1 | X0 | 启动按钮 SB1 | 1 | Y0 | 交流接触器 KM1 |
| 2 | X1 | 停止按钮 SB2 | 2 | Y1 | 中间继电器 KA1 |
| 3 | X2 | 上限液位开关 SL1 | 3 | Y2 | 中间继电器 KA2 |
| 4 | X3 | 中限液位开关 SL2 | 4 | Y3 | 中间继电器 KA3 |
| 5 | X4 | 下限液位开关 SL3 | | | |
| 6 | X5 | 热继电器 FR | | | |

### 4. 控制电路

液体混合系统控制原理图如图 2 - 5 - 2 所示。

### 5. 程序设计

液体混合是典型的步进过程控制，根据要求设计功能图如图 2 - 5 - 3 所示。

S1 步进过程，初始化过程设计。在初始状态过程中要解决的问题有两个：第一个是保证容器是空的，在某些特殊情况下（断电、故障等），会出现容器内有液体没有排空，只要在这步中增加一个排空操作（YV3 接通一定时间）即可解决这一问题；第二个是步进程序所需要的初始化工作。

按下启动按钮 X0 后，开始进入工作过程：S10 液体 A 注入过程，S11 液体 B 注入过

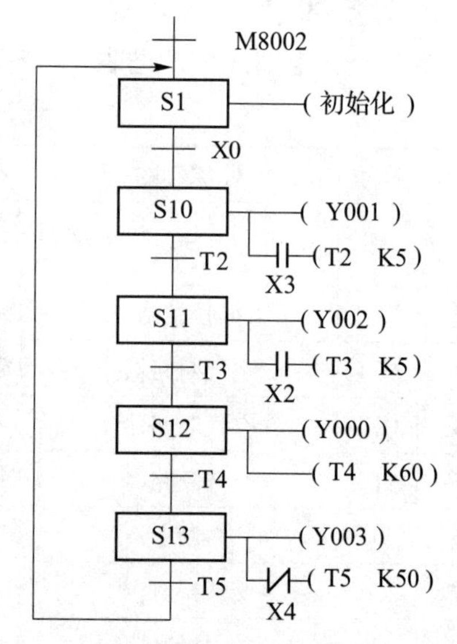


**图 2 - 5 - 3　液体混合装置步进控制功能图**

程，S12 搅拌混合过程，S13 液体排放过程。

停止操作，为了满足一个循环的完成，停止的操作在 S13 过程结束时进行判断。

根据功能图写出 PLC 梯形图，如图 2－5－4 所示。

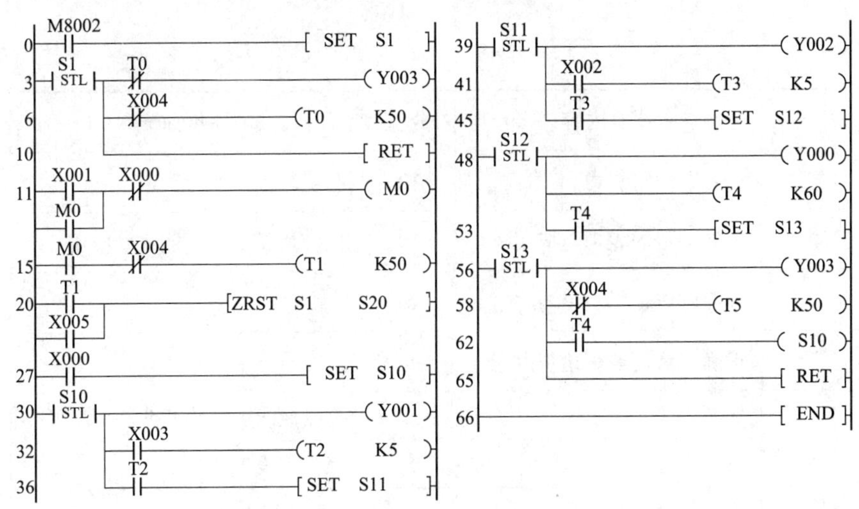


图 2－5－4　液体混合装置 PLC 梯形图

6. 运行调试

根据原理图连接 PLC 线路，检查无误后，将程序下载到 PLC 中，运行程序，观察控制过程，如图 2－5－5 所示是 PLC 实训台模拟调试接线图。

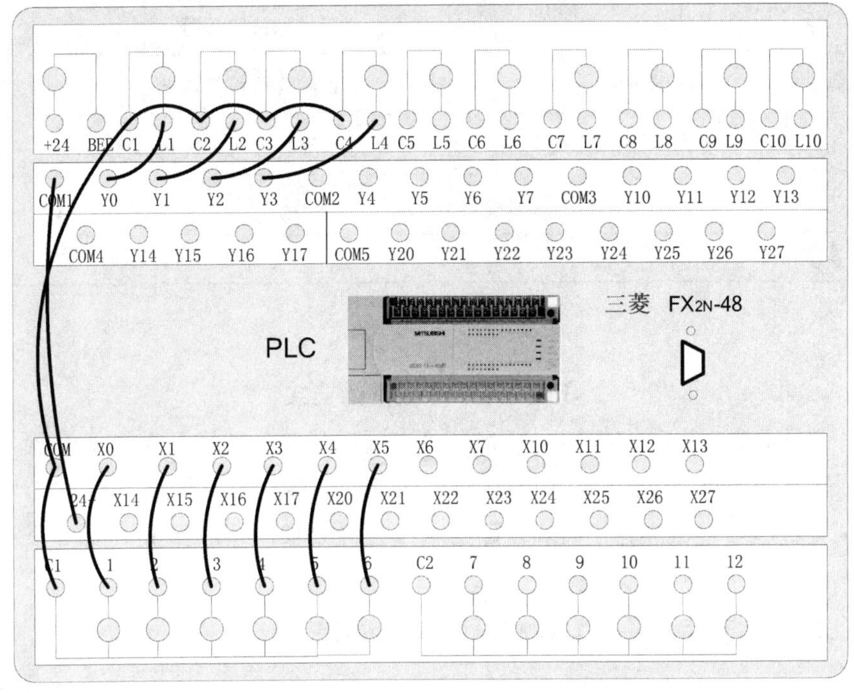


图 2－5－5　PLC 实训台模拟调试接线图

（1）按下外部启动按钮 SB1，将 X1 置 ON 状态，观察 Y0 的动作情况。

（2）松开外部启动按钮 SB1，将 X1 置 OFF 状态，观察 Y0 的动作情况。

（3）按下外部停止按钮 SB2，将 X2 置 ON 状态，观察 Y0 的动作情况。

**任务评价 > >**

| 评价项目 | 评价内容 | 分值 | 评价标准 | 得分 |
| --- | --- | --- | --- | --- |
| 课堂学习能力 | 学习态度与能力 | 10 | 态度端正，学习积极 | |
| 思维拓展能力 | 拓展学习的表现与应用 | 10 | 积极拓展学习并能正确应用 | |
| 团结协作意识 | 分工协作，积极参与 | 5 | | |
| 语言表达能力 | 正确、清楚地表达观点 | 5 | | |
| 学习过程：程序编制、调试、运行、工艺 | 外部接线 | 5 | 按照接线图正确接线 | |
| | 布线工艺 | 5 | 符合布线工艺标准 | |
| | I/O 分配 | 5 | I/O 分配正确合理 | |
| | 程序设计 | 10 | 能完成控制要求 5 分<br>具有创新意识 5 分 | |
| | 程序调试与运行 | 15 | 程序正确调试 5 分<br>符合控制要求 5 分<br>能排除故障 5 分 | |
| 理论测试 | 任务内知识测评 | 10 | 正确完成测评内容 | |
| 应用拓展 | 任务内应用拓展测评 | 10 | 及时、正确地完成技术文件 | |
| 安全文明生产 | 正确使用设备和工具 | 10 | | |
| 教师签字 | | 总得分 | | |

**知识链接 > >**

## PLC 与外部设备的连接

PLC 常见的输入设备有按钮、行程开关、接近开关、转换开关、编码器、各种传感器等；输出设备有继电器、接触器、电磁阀等。这些外部元器件或设备与 PLC 连接时，必须符合 PLC 输入和输出接口电路的电气特性要求，才能保证 PLC 安全、可靠的工作。

### 1. PLC 与主令电器类（机械触点）设备的连接

如图 2-5-6 所示是与按钮、行程开关、转换开关等主令电器类输入设备的接线示意图。图中的 PLC 为直流会点式输入，即所有输入点共用一个公共端 COM，输入侧的 COM 为 PLC 内部 DC-24V 电源的负极，在外部开关闭合时，经关电隔离后进入 PLC

的 CPU 中。

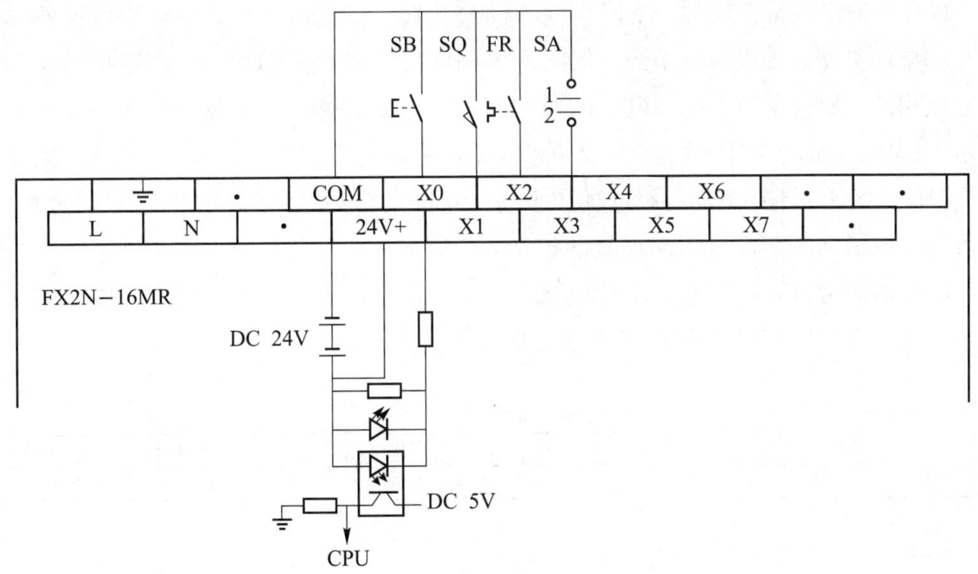


**图 2－5－6　PLC 与主令电器类输入设备的连接**

对于输入信号，在编程使用时要建立输入继电器的概念。外部开关为一个触点的动作状态，而 PLC 的输入继电器 X 具有动合触点和动断触点两种开关状态特性，这一点要特别注意。

## 2. PLC 与传感器类（开关量）设备的连接

传感器的种类很多，其输出方式也各不相同，但与 PLC 基本单元连接的传感器：开关量输出的传感器、模拟量输出的传感器需要特殊功能模块。

当采用接近开关、光电开关等两线式传感器时，由于传感器的漏电流较大，可能出现错误的输入信号而导致 PLC 误动作，此时可在 PLC 输入端并联旁路电阻 $R$，如图 2－5－7所示 X6 连接的二线制传感器的接线方式。图中与 X2 连接的是使用 PLC 输出电源的三线制传感器的接线方式；与 X13 连接的是使用外部直流电源供电的三线制传感器的接线方式，需要将外部直流电源与 PLC 内直流电源共地。

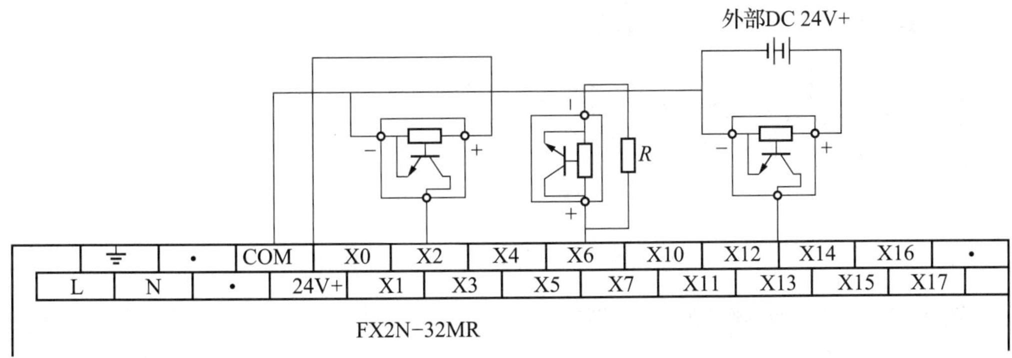


**图 2－5－7　PLC 与传感器类设备的连接**

### 3. PLC 与输出设备的一般连接方法

PLC 与输出设备连接时，不同组（不同公共端）的输出点，其对应输出设备（负载）的电压类型、等级可以不同，但同组（相同公共端）的输出点，其电压类型和等级应该相同。要根据输出设备电压的类型和等级来决定是否分组连接。如图 2－5－8 所示，KM1、KM2、KM3 均为交流 220V 电源，所以使用公共端 COM1；而 KA 则使用了 COM2，保证了不同电压等级的输出设备连接的安全性。要注意的是在设计过程中，尽可能采取措施使 PLC 输出端连接的控制元件为同一电压等级。另外要注意，在 PLC 输出继电器同为 ON 时可能造成电器故障，应首先考虑外部互锁的解决措施。例如图 2－5－8中 KM2 与 KM3 之间具有外部互锁的连接情况。

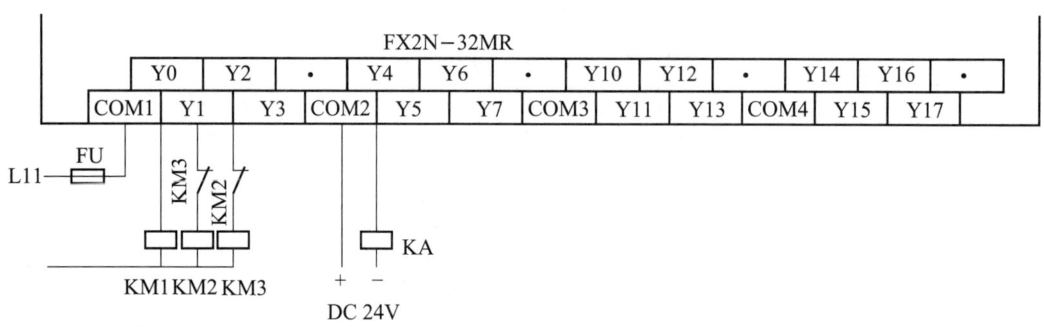


**图 2－5－8　PLC 与输出设备的一般连接方法**

### 4. PLC 与感性输出设备的连接

PLC 的输出端经常连接感性输出设备（感性负载），因此需要抑制感性电路断开时产生的电压使 PLC 内部输出元件造成损坏。当 PLC 与感性输出设备连接时，如果是直流感性负载，应在其两端并联续流二极管；如果是交流感性负载，应在其两端并联阻容吸收电路。如图 2－5－9 所示，与 Y4 连接的是直流感性负载、与 Y0 连接的是交流感性负载。

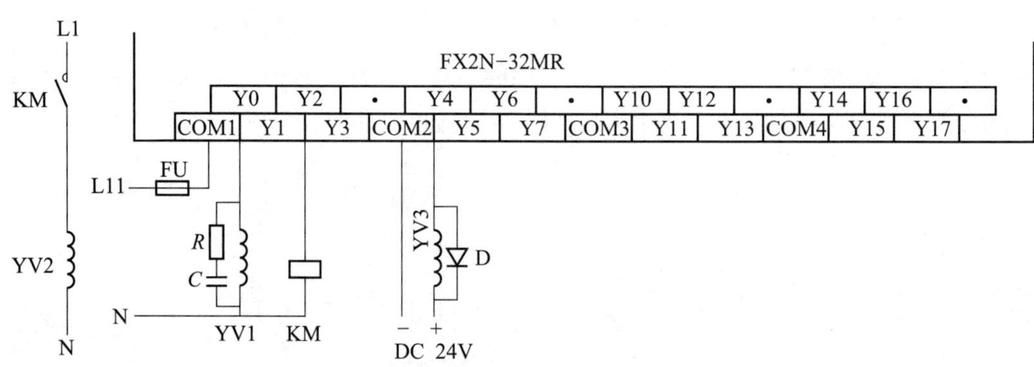


**图 2－5－9　PLC 与感性输出设备的连接**

图 2－5－9 中，续流二极管可选用额定电流大于负载电流、额定电压大于电源电压的5～10倍，电阻值可取 50～120Ω，电容值可取 0.1～0.47μF，电容的额定电压应大于电源的峰值电压。

**任务拓展 > >**

如图 2-5-10 所示，根据控制要求，编制三种液体自动混合的控制程序，并运行调试程序。三种液体自动混合控制要求如下：

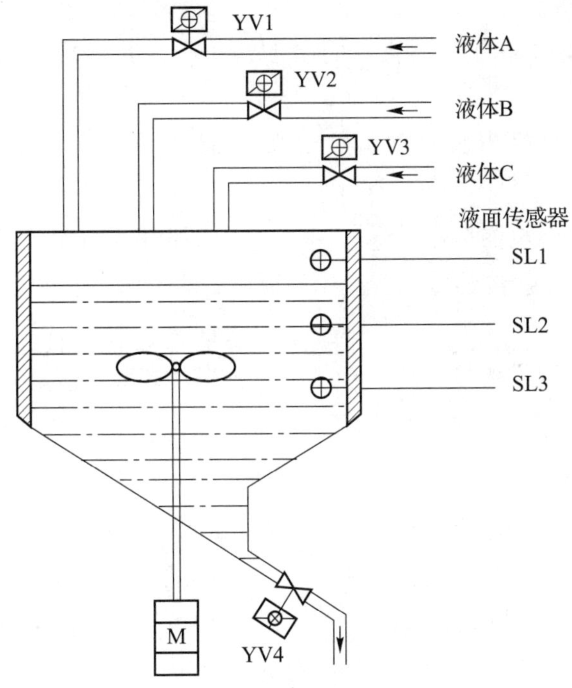


**图 2-5-10 三种液体混合系统控制示意图**

（1）初始状态。容器是空的，YV1、YV2、YV3、YV4 均为 OFF，SL1、SL2、SL3 为 OFF，搅拌机 M 为 OFF。

（2）启动操作。按一下启动按钮，开始下列操作：

① YV1 = YV2 = ON，液体 A 和液体 B 同时进入容器，当到达 SL2 时，SL2 = ON，使YV1 = YV2 = OFF，YV3 = ON，即关闭 YV1、YV2 阀门，打开液体 C 的阀门 YV3。

②当液体到达 SL1 时，YV3 = OFF，M = ON，即关闭阀门 YV3，电动机 M 启动开始搅拌。

③经 10s 搅拌均匀后，M = OFF，停止搅拌。

④停止搅拌后放出混合液体，YV4 = ON，当液面降到 SL3 后，再经 5s 停止放出，YV4 = OFF。

（3）停止操作。按下停止键，在当前混合操作处理完毕后，才停止操作。

## 知识测评

1. **填空题**

（1）PLC 与输出设备连接时，不同组的输出点，其对应输出设备的________、________可以不同。

（2）PLC 与感性输出设备连接时，如果是直流感性负载，应在其两端并联________。

（3）PLC 的输入继电器具有________和________两种开关状态特性。

（4）PLC 基本单元连接的传感器：开关量输出的传感器、模拟量输出的传感器需要____________。

（5）外部元器件或设备与 PLC 连接时，必须符合 PLC ____________________的电气特性要求，才能保证 PLC 安全可靠的工作。

2. **选择题**

（1）下面的信号不能作为 PLC 基本功能模块的输入信号的是（　　）。

A. 按钮开关　　B. 热继电器动断触点

C. 连接型压力传感器　　D. 温度开关

（2）继电器输出型 PLC 的输出点的额定电压、电流是（　　）。

A. DC 250V/2A　　B. AC 250V/2A

C. DC 220V/1A　　D. AC 220V/1A

（3）并接于直流感性负载的续流二极管，其反向耐压值至少是电源电压的多少倍？（　　）

A. 5 倍　　B. 3 倍　　C. 20 倍　　D. 11 倍

（4）晶体管输出型 PLC 的输出点的额定电压/电流约为（　　）。

A. DC 250V/2A　　B. AC 250V/2A

C. DC 24V/1A　　D. AC 220V/0. 5A

（5）PLC 与输出设备连接时，同组的输出点，其电压类型和等级（　　）。

A. 相同　　B. 不同　　C. 都可以

3. **简答题**

（1）PLC 与传感器类设备连接时需要注意什么？

（2）PLC 与输出设备连接时需要注意什么？

## 任务要点归纳

通过对液体混合设备 PLC 控制，完成以下知识的学习和外部电器的连接控制训练：

1. 进一步学习步进指令 STL 和 RET 的实际应用；
2. PLC 与输入设备液位传感器的连接要求和注意事项；
3. PLC 与输出设备电磁阀（感性负载）的连接要求和注意事项。

工作任务 6

# 抢答器的顺序控制

**任务描述 > >**

本工作任务将使用 PLC 基本指令，完成对图 2－6－1 四组抢答器 LED（光）显示器中显示相应最先按下的组别和蜂鸣器（声音）的控制，使其具有启动、停止和复位功能。

**任务目标 > >**

- 学会 LED 显示器在 PLC 中的应用。
- 巩固利用基本指令实现功能控制的编程方法。
- 熟悉 PLC 应用设计的步骤。

**任务实施 > >**

## 一、工作任务

设计一个四组抢答器，如图 2－6－1 所示为抢答器仿真图。控制要求是：任一组抢先按下按键后，七段数码管显示器能及时显示该组的编号并使蜂鸣器发出响声，同时锁住抢答器，使其他组按键无效，只有按下复位开关后方可再次进行抢答。

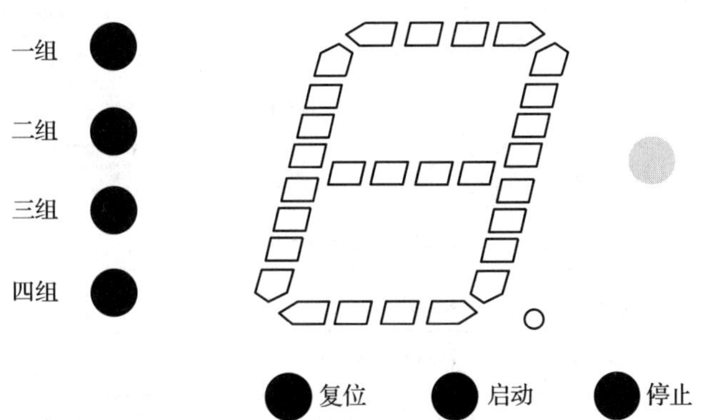


**图 2－6－1　四组抢答器控制仿真图**

## 二、任务分析

通过分析项目任务，知道需要对四组按键按下时的先后顺序进行比较，要解决的问题是将最快按下的组以数字的形式显示出来。具体分析如下：

（1）如果是第1组首先按下按键，通过PLC内部辅助继电器形成自保，控制其他组不形成自保，就可以实现按键的顺序判断。

（2）其他各组同第1组的设计方式，可以实现哪一组先按下，哪一组就能自保。

（3）自保后，只有通过复位按键才能解除自保状态，从而进入下一次的抢答操作。

（4）通过LED显示器用于“1”“2”“3”“4”四个组的组号。由七个条形的发光二极管组成，它们的阳极连接在一起，如图2-6-2所示。只要让对应位置的发光二极管点亮，即可显示一定的数字字符。例如b、c段发光二极管点亮则显示字符“1”。

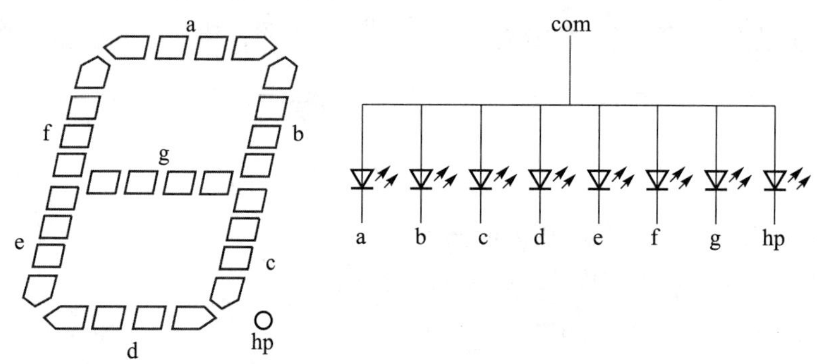


**图2-6-2　七段数码管显示器原理图**

## 三、任务实施

### 1. 主电路及控制电路设计

在此任务中，系统的控制原理图如图2-6-3所示。LED的a~g分别接PLC的Y1~Y7。

### 2. 设备材料表

相关元器件如表2-6-1所示。

**表2-6-1　设备材料表**

| 序号 | 符号 | 设备名称 | 型号、规格 | 单位 | 数量 | 备注 |
|---|---|---|---|---|---|---|
| 1 | PLC | 可编程控制器 | FX2N-32MR-001 | 台 | 1 | |
| 2 | SB | 按钮 | LA39-11 | 个 | 7 | |
| 3 | QF | 空气断路器 | DZ47-D25/3P | 个 | 1 | |
| 4 | LED | 数码管 | LDS-20101BX | 个 | 1 | |
| 5 | HA | 蜂鸣器 | AD16-16 | 个 | 1 | |

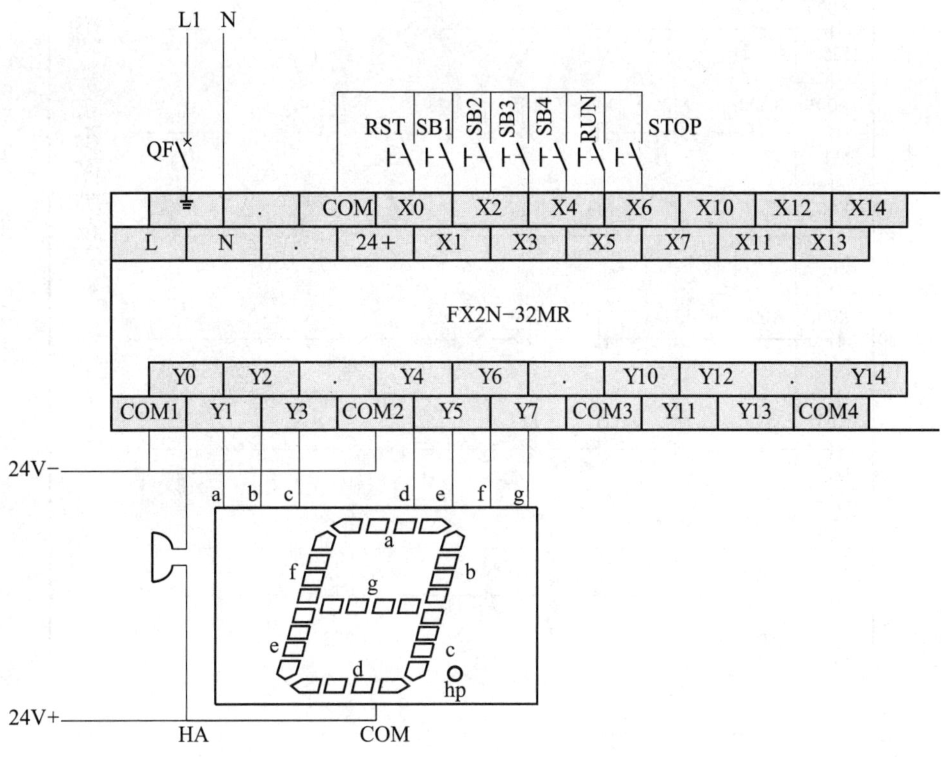


图 2-6-3　抢答器控制原理图

### 3. 确定 I/O 点总数及地址分配

在任务分析中详细地确定了输入量为 7 个按钮开关，输出为 8 个，1 个为蜂鸣器，7 个与 LED 连接。通过查找三菱 FX2N 系列选型表，选定三菱 FX2N-32MR-001（输入 16 点，输出 16 点，继电器输出）。PLC 的 I/O 地址分配如表 2-6-2 所示。

表 2-6-2　I/O 地址分配表

| 输入信号 | | | 输出信号 | | |
|---|---|---|---|---|---|
| 1 | X0 | 复位开关 RST | 1 | Y0 | 蜂鸣器 |
| 2 | X1 | 按键 1 SB1 | 2 | Y1 | a |
| 3 | X2 | 按键 2 SB2 | 3 | Y2 | b |
| 4 | X3 | 按键 3 SB3 | 4 | Y3 | c |
| 5 | X4 | 按键 4 SB4 | 5 | Y4 | d |
| 6 | X5 | 启动按钮 RUN | 6 | Y5 | e |
| | X6 | 停止按钮 STOP | 7 | Y6 | f |
| | | | 8 | Y7 | g |

### 4. 程序设计

根据控制原理进行程序设计，程序如图 2-6-4 所示。

```
0   X005  X006
    -| |--|/|-------------------------------------( M5 )
    M5
    -| |-
4   X001  X000  M2    M4    M5    M3
    -| |--|/|--|/|--|/|--|/|--|/|-----------------( M1 )
    M1
    -| |-
12  X002  X000  M1    M3    M4    M5
    -| |--|/|--|/|--|/|--|/|--|/|-----------------( M2 )
    M2
    -| |-
20  X003  X000  M1    M2    M4    M5
    -| |--|/|--|/|--|/|--|/|--|/|-----------------( M3 )
    M3
    -| |-
28  X004  X000  M1    M2    M3    M5
    -| |--|/|--|/|--|/|--|/|--|/|-----------------( M4 )
    M4
    -| |-
36  M1
    -| |------------------------------------------( Y002 )
    M2    T0
    -| |--|/|-------------------------------------( Y000 )
    M3
    -| |-
    M4
    -| |-
43  Y002
    -| |-------------------------------------( T0    K10 )
47  M2
    -| |------------------------------------------( Y001 )
    M3
    -| |-
50  M4
    -| |------------------------------------------( Y006 )
52  M2
    -| |------------------------------------------( Y007 )
    M3
    -| |-
    M4
    -| |-
56  M2
    -| |------------------------------------------( Y005 )
58  Y001
    -| |------------------------------------------( Y004 )
60  M1
    -| |------------------------------------------( Y003 )
    M3
    -| |-
    M4
    -| |-
64  ----------------------------------------------[ END ]
```

**图 2-6-4　抢答器 PLC 的控制程序**

在程序中，M1、M2、M3、M4 分别对应四个组的按键，哪一组的按键先按下，哪一组的内部继电器就会先自保，通过互锁使其他三个内部继电器不能形成自保。

LED 显示数字字符需要 7 个输出，每一个字符的输出又不一样，把每个组的状态转换成 LED 对应的输出，可以称为“LED 编码”。如表 2-6-3 所示，在第 2 组优先按下按键时，M2 自保持，PLC 需要输出的是 a、b、d、e 和 g 段，其他各组的输出对应均在表中列出。

**表 2－6－3　输出对应表**

| | | a（Y1） | b（Y2） | c（Y3） | d（Y4） | e（Y5） | f（Y6） | g（Y7） |
|---|---|---|---|---|---|---|---|---|
| “1” 组 | M1 | | 1 | 1 | | | | |
| “2” 组 | M2 | 1 | 1 | | 1 | 1 | | 1 |
| “3” 组 | M3 | 1 | 1 | 1 | 1 | | | 1 |
| “4” 组 | M4 | | 1 | 1 | | | 1 | 1 |

程序设计是根据表格找出与每个输出继电器有关的状态，从而编写一个逻辑行程序，例如 Y1 即 LED 的 a 的输出，从表格中可以看到，只要 M2 或 M3 有输出，则 Y1 输出。这样就可以根据表格编写其他各段的程序了。

### 5. 运行调试

根据原理图连接 PLC 线路，如图 2－6－5 所示为抢答器控制实训台模拟调试接线图。连线检查无误后，将上述程序下载到 PLC 中，运行程序，观察控制过程。

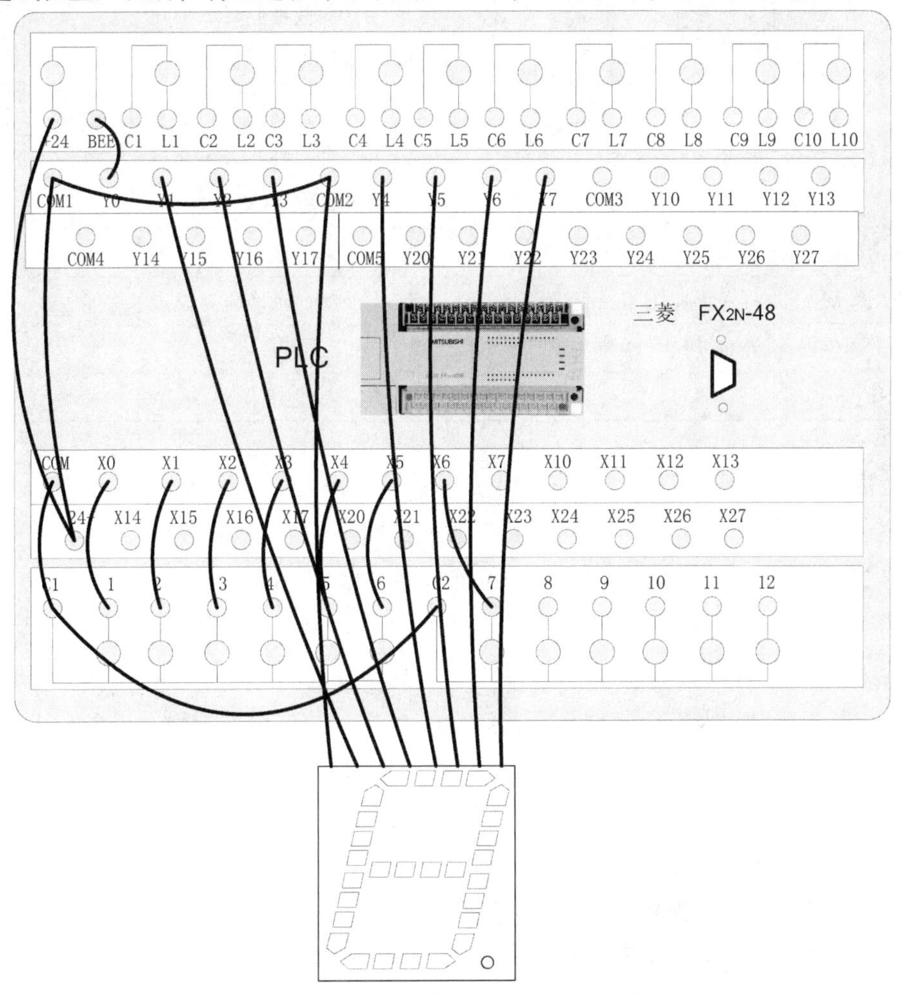


**图 2－6－5　抢答器控制实训台模拟调试接线图**

（1）首先每组的按键单个调试，观察显示是否正确。

（2）四个组分别抢答，观察显示及控制过程。

（3）按下外部停止按钮 SB2，将 X2 置 ON 状态，观察 Y0 的动作情况。

**任务评价 > >**

| 评价项目 | 评价内容 | 分值 | 评价标准 | 得分 |
|---|---|---|---|---|
| 课堂学习能力 | 学习态度与能力 | 10 | 态度端正，学习积极 | |
| 思维拓展能力 | 拓展学习的表现与应用 | 10 | 积极拓展学习并能正确应用 | |
| 团结协作意识 | 分工协作，积极参与 | 5 | | |
| 语言表达能力 | 正确、清楚地表达观点 | 5 | | |
| 学习过程：程序编制、调试、运行、工艺 | 外部接线 | 5 | 按照接线图正确接线 | |
| | 布线工艺 | 5 | 符合布线工艺标准 | |
| | I/O 分配 | 5 | I/O 分配正确合理 | |
| | 程序设计 | 10 | 能完成控制要求 5 分<br>具有创新意识 5 分 | |
| | 程序调试与运行 | 15 | 程序正确调试 5 分<br>符合控制要求 5 分<br>能排除故障 5 分 | |
| 理论测试 | 任务内知识测评 | 10 | 正确完成测评内容 | |
| 应用拓展 | 任务内应用拓展测评 | 10 | 及时、正确地完成技术文件 | |
| 安全文明生产 | 正确使用设备和工具 | 10 | | |
| 教师签字 | | 总得分 | | |

**知识链接 > >**

## PLC 故障诊断

FX2N 系列 PLC 具有自诊断功能，主要检测 PLC 内部特殊部分的电气故障和程序规则错误，通过查询内部相应特殊功能寄存器或继电器可以获得相应的故障代码，为解除故障提供了依据。当 PLC 发生异常时，首先检查电源电压，PLC、I/O 端子的螺钉和接插件是否松动以及有无其他异常；然后根据 PLC 基本单元上设置的各种 LED 指示灯状况，按下述要领检查是 PLC 自身故障还是外部设备故障。如图 2-6-6 所示是 FX2N 系列 PLC 的面板图，各 LED 指示灯的功能如图中所示。根据指示灯状况可以诊断 PLC 故障原因的方法。

### 1. 电源指示（[POWER] LED 指示灯）

当向 PLC 基本单元供电时，基本单元表面上设置的［POWER］LED 指示灯会亮。如果电源合上但［POWER］LED 指示灯不亮，请确认电源连线。另外，若同一电源有驱动

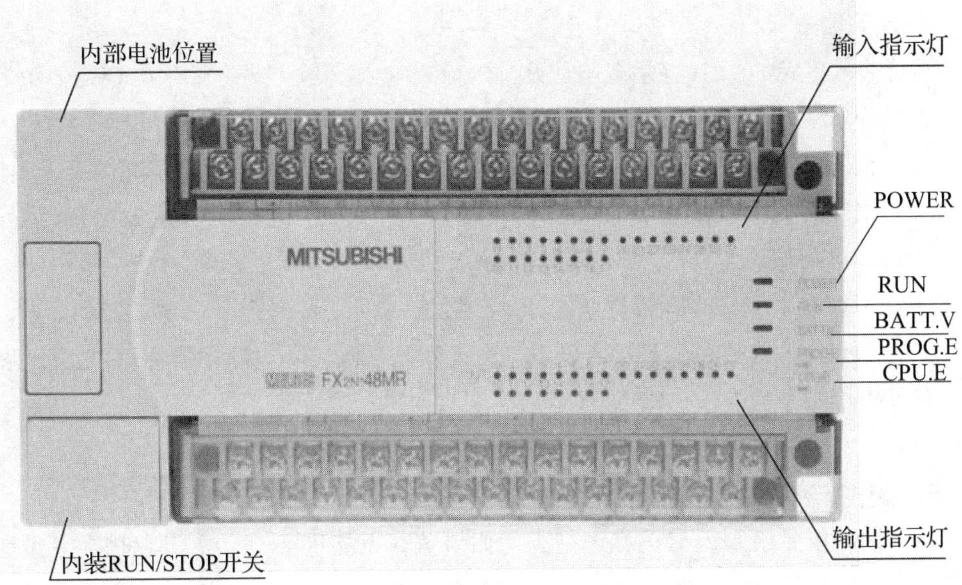


**图 2-6-6　FX2N 系列 PLC 的面板图**

传感器等时，请确认有无负载短路或过电流。若不是上述原因，则可能是 PLC 内混入导电性异物或其他异常情况，使基本单元内的熔断器熔断，此时可通过更换熔断器来解决。

如果是由于外围电路元器件较多而引起 PLC 基本单元电流容量不足时，需要使用外接的 DC 24V 电源。

### 2. 内部电池指示（[BATT. V] LED 灯亮）

电源接通，若电池电压下降，则该指示灯亮，特殊辅助继电器 M8006 动作。此时需要及时更换 PLC 内部电池，否则会影响片内 RAM 对程序的保持，也会影响定时器、计数器的工作稳定。

### 3. 出错指示一（[PROG. E] LED 闪烁）

当程序语法错误（如忘记设定定时器或计数器常数等），电路不良、电池电压异常下降，或有异常噪声、导电性异物混入等原因而引起程序内存的变化时，该指示灯会闪烁，PLC 处于 STOP 状态，同时输出全部变为 OFF，在这种情况下，应检查程序是否有错，检查有无导电性异物混入和高强度噪声源。

### 4. 出错指示二（[CPU. E] LED 灯亮）

由于 PLC 内部混入导电性异物或受外部异常噪声的影响，导致 CPU 失控或运算周期超过 200ms，则 WDT 出错，该灯一直亮，PLC 处于 STOP，同时输出全部变为 OFF。此时可进行断电复位，若 PLC 恢复正常，请检查一下有无异常噪声发生源和导电性异物混入的情况。另外，请检查 PLC 的接地是否符合要求。

检查过程中如果出现［CPU. E］LED 灯亮→闪烁的变化，请进行程序检查。如果 LED 依然一直保持灯亮状态，请确认一下程序运算周期是否过长。

如果进行了全部的检查之后，［CPU. E］LED 灯亮状态仍然不能解除，应考虑 PLC

内部发生了某种故障，请与厂商联系。

**5. 输入指示**

不管输入单元的 LED 灯是亮还是灭，请检查输入信号开关是否存在 ON 或 OFF 状态。使用时应注意以下几个方面：

（1）输入开关的电流过大，容易产生接触不良，另外还有因浸油引起的接触不良。

（2）输入开关与 LED 灯并联使用时，即使输入开关 OFF，但并联电路仍然导通，仍可对 PLC 进行输入。

（3）不接收小于 PLC 运算周期的开关信号输入。

（4）如果使用光传感器等输入设备，由于发光/受光部位有污垢等，引起灵敏度变化，有可能不能完全进入“ON”状态。

（5）如果在输入端子上外加不同的电压时，会损坏输入电路。

**6. 输出指示**

不管输出单元的 LED 灯是亮还是灭，如果负载不能进行 ON 或 OFF 时，主要是由于过载、负载短路或容量性负载的冲击电流等，引起继电器输出接点黏合，或接点接触面不好导致接触不良。

**任务拓展 > >**

完成五组抢答器的程序设计，I/O 分配后输入并运行程序（控制要求同四组抢答器）。

## 知识测评

**1. 填空题**

（1）如果是由于外围电路元器件较多而引起的 PLC 基本单元电流容量不足时，需要使用________________。

（2）检查过程中如果出现________________灯亮→闪烁的变化，请进行程序检查。

（3）PLC 不接收小于________的开关信号输入。

（4）如果在 PLC ________上外加不同的电压时，会损坏输入电路。

（5）如果使用光传感器等输入设备，由于发光/受光部位有污垢等，引起灵敏度变化，有可能不能完全进入________状态。

**2. 选择题**

（1）下列选项中属于 PLC 运行指示灯的是（　　）。

A. RUN　　B. CPU. E　　C. POWER　　D. BATT. V

（2）下列选项中表示 PLC 内部电池故障的是（　　）。

A. RUN　　B. CPU. E　　C. POWER　　D. BATT. V

(3) 只有［PROG. E］LED 闪烁时，下列选项中应先做（　　）检查。

A. 程序语法错误　　B. 电池电压异常

C. 异常噪声　　D. 导电性异物混入

(4) 电源接通，若电池电压下降，则（　　）指示灯亮。

A. RUN　　B. CPU. E　　C. POWER　　D. BATT. V

(5) 由于 PLC 内部混入导电性异物或受外部异常噪声的影响，（　　）指示灯会亮。

A. RUN　　B. CPU. E　　C. POWER　　D. BATT. V

3. **简答题**

(1)［PROG. E］LED 闪烁由什么原因引起？

(2) PLC 输入开关使用时应注意哪些方面？

## 任务要点归纳

本任务通过对抢答器的控制练习，完成以下内容：

1. 灵活运用基本指令对复杂工况的设备进行控制；
2. 介绍 8 段 LED 数码管显示数字控制方法和连接注意事项（COM 端连接正极）；
3. FX2N 系列 PLC 常见故障诊断以及排除方法。

## 工作任务 7

# 城市公路交通信号灯控制

### 任务描述 > >

随着交通的不断发展和汽车化进程的加快，交通拥挤加剧，事故频发是城市问题之一。缓解交通拥挤最直接有效的方式是提高路网的通信能力，也就是我们生活中的常见的交通灯，它对疏导交通流量、提高道路通行能力、减少交通事故有显著效果。本工作任务采用 PLC 中计数指令 C 和定时器 T，实现如图 2-7-1 十字路口中双向红、绿、黄信号灯的直行、左转控制，同时要求实现白天红、绿、黄信号灯循环工作而夜晚黄灯闪烁功能。

### 任务目标 > >

- 学会使用计数指令 C。
- 熟练和深化基本逻辑指令、步进指令的应用和编程技巧。

● 用PLC构成交通信号灯控制系统。
● 进一步了解PLC应用设计的步骤。

**任务实施 > >**

## 一、工作任务

在某城市路口有一十字路口交通灯仿真图，如图2-7-1所示。请用PLC实现控制要求。控制要求如下：

（1）按下SB1，交通灯开始工作，先东西向直行绿灯亮，南北向直行红灯亮，按下SB2，所有信号灯熄灭。

（2）首先东西向直行绿灯亮20s，东西向黄灯亮闪烁5次历时7s；同时，东西向左转红灯、南北向直行红灯、南北向左转红灯亮27s。

（3）东西向红灯、南北向直行红灯、南北向左转红灯亮19s；同时，东西向左转绿灯亮16s，东西向左转黄灯闪烁2次历时3s。

（4）东西向直行红灯、东西向左转红灯、南北向左转红灯亮27s；同时，南北向直行绿灯亮20s，南北向黄灯亮闪烁5次历时7s。

（5）东西向直行红灯、东西向左转红灯、南北向红灯亮19s；同时，南北向左转绿灯亮16s，南北向左转黄灯闪烁2次历时3s。

（6）上述动作循环。

（7）要求白天/夜间切换模式：夜间所有黄灯闪烁，振荡周期为1s。

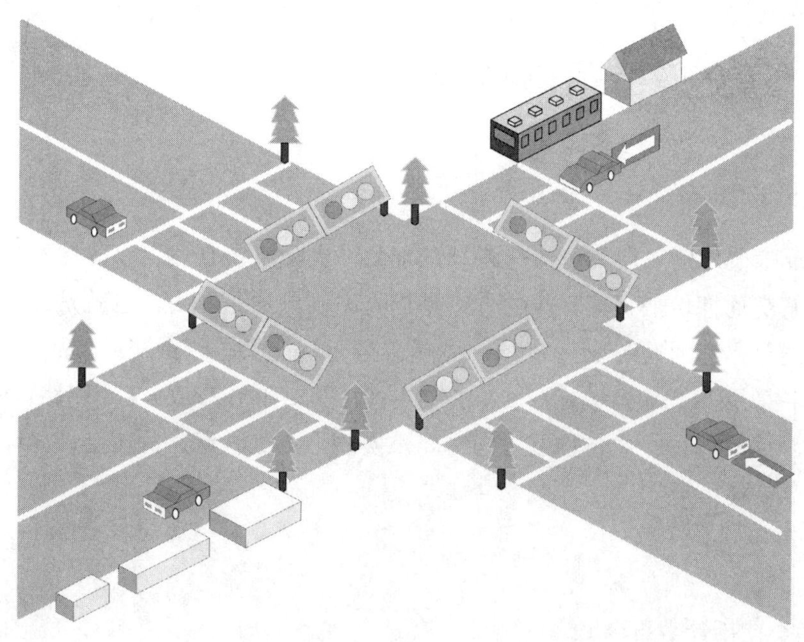

**图2-7-1　十字路口交通灯仿真图**

## 二、任务分析

城市交通灯有两种运行模式：第一种是白天自动运行状态，主要分为东西向直行、东西向左转、南北向直行、南北向左转这 4 种状态；第二种是夜间模式，所有黄灯闪烁，闪烁脉冲 1s。其中，闪烁次数，用计数器 C16、C17（具有锁死功能）实现。交通灯时间的长短，用定时器实现。考虑黄灯闪烁，采用辅助继电器 M8013（振荡周期为 1s 的脉冲，可用于计数和定时）帮助计数器计数。为了确保夜间模式的实现，采用辅助继电器 M500（断电保持、来电接通的作用），根据控制要求画出交通灯的时序图，如图2－7－2所示。

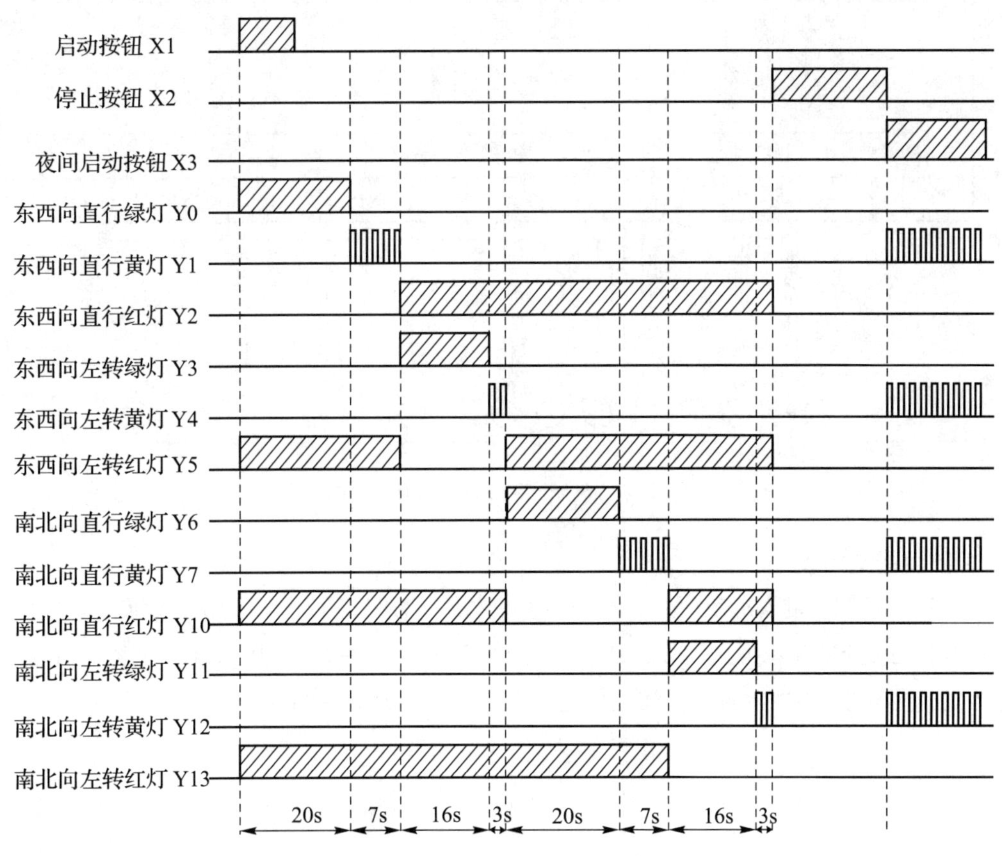


**图 2－7－2　十字路口交通灯控制时序图**

## 三、任务实施

用 PLC 来实现城市公路交通灯控制程序运行。

### 1. 控制电路设计

十字路口交通灯接线图如图 2－7－3 所示。输入端采用了 3 个电器元件：启动按钮 SB1、停止按钮 SB2、夜间模式启动按钮 SB3。

输出端使用 12 个指示灯：东西向直行绿灯 HL1、东西向黄灯 HL2、东西向直行红灯 HL3、东西向左转绿灯 HL4、东西向左转黄灯 HL5、东西向左转红灯 HL6、南北向直行绿灯 HL7、南北向直行黄灯 HL8、南北向直行红灯 HL9、南北向左转绿灯 HL10、南北向左转黄灯 HL11、南北向左转红灯 HL12。

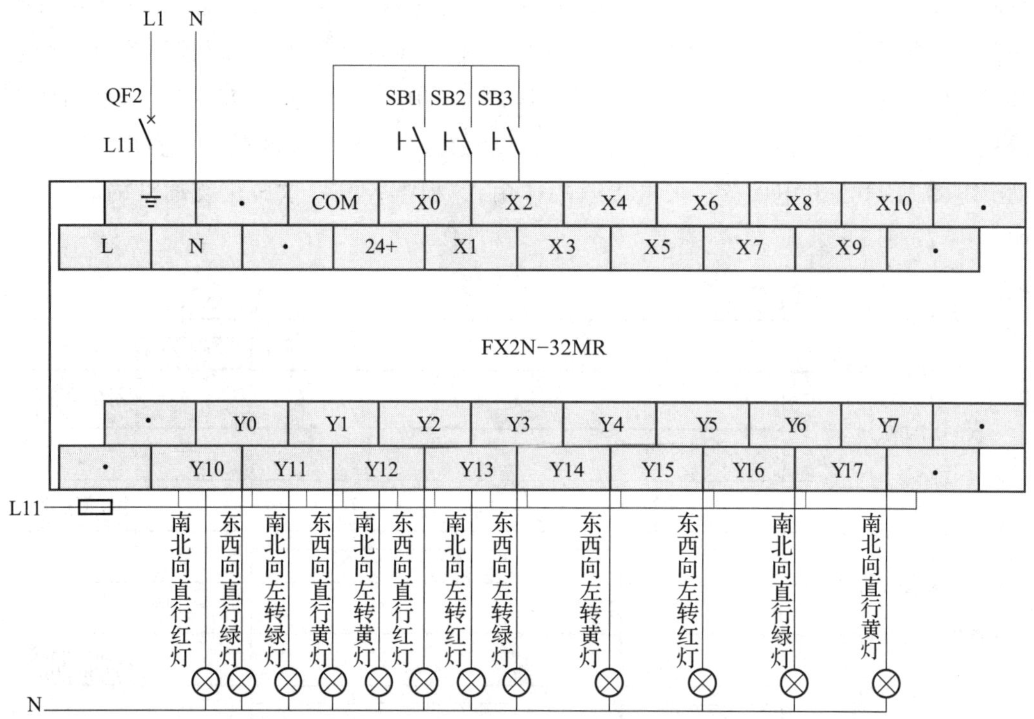


**图 2-7-3　十字路口交通灯接线图**

## 2. 设备材料表

本项目控制中输入点数应选 3×1.2≈4；输出点数应选 12×1.2≈14（继电器输出）。通过查找三菱 FX2N 系列选型表，选定三菱 FX2N-32MR-001（其中输入 16 点，输出 16 点，继电器输出）。通过查找电器元件选型表，选择的元器件如表 2-7-1 所示。

**表 2-7-1　设备材料表**

| 序号 | 符号 | 设备名称 | 型号、规格 | 单位 | 数量 | 备注 |
|---|---|---|---|---|---|---|
| 1 | PLC | 可编程控制器 | FX2N-32MR-001 | 台 | 1 | |
| 2 | QF1 | 空气断路器 | DZ47-D25/3P | 个 | 1 | |
| 3 | QF2 | 空气断路器 | DZ47-D10/1P | 个 | 1 | |
| 4 | SB | 按钮 | LA39-11 | 个 | 3 | |
| 5 | HL | 指示灯红色 | AD16-22C/R，24V | 个 | 8 | |
| 6 | HL | 指示灯绿色 | AD16-22C/G，24V | 个 | 8 | |
| 7 | HL | 指示灯黄色 | AD16-22C/Y，24V | 个 | 8 | |

### 3. 确定 I/O 点总数及地址分配

系统总数的输入点为 4 个，输出点为 14 个。PLC 的 I/O 分配地址如表 2-7-2 所示。

**表 2-7-2　I/O 地址分配表**

| 输入信号 | | | 输出信号 | | |
|---|---|---|---|---|---|
| 1 | X0 | 启动按钮 SB1 | 1 | Y0 | 东西向直行绿灯 HL1 |
| 2 | X1 | 停止按钮 SB2 | 2 | Y1 | 东西向直行黄灯 HL2 |
| 3 | X2 | 夜间启动按钮 SB3 | 3 | Y2 | 东西向直行红灯 HL3 |
| | | | 4 | Y3 | 东西向左转绿灯 HL4 |
| | | | 5 | Y4 | 东西向左转黄灯 HL5 |
| | | | 6 | Y5 | 东西向左转红灯 HL6 |
| | | | 7 | Y6 | 南北向直行绿灯 HL7 |
| | | | 8 | Y7 | 南北向直行黄灯 HL8 |
| | | | 9 | Y10 | 南北向直行红灯 HL9 |
| | | | 10 | Y11 | 南北向左转绿灯 HL10 |
| | | | 11 | Y12 | 南北向左转黄灯 HL11 |
| | | | 12 | Y13 | 南北向左转红灯 HL12 |

### 4. 程序设计

本项目将使用基本指令编程，根据时序图可以看出，运行时，一个运行周期可以分为几部分并能灵活地将 SFC 转换成步进梯形图。可以用时间来划分为以下部分：

（1）东西向直行绿灯亮时段：在南北红灯亮且 T0 计时结束期间。

（2）东西向直行黄灯闪烁时段：T1 计时结束且 C16 计数结束期间。

（3）东西向左转绿灯亮时段：C16 计数结束且 T2 计时结束期间。

（4）东西向左转黄灯闪烁时段：T3 计时结束且 C17 计数结束期间。

（5）南北向直行绿灯亮时段：C17 计数结束且 T4 计时结束期间。

（6）南北向直行黄灯闪烁时段：T5 计时结束且 C16 计数结束期间。

（7）南北向左转绿灯亮时段：C16 计数结束且 T6 计时结束期间。

（8）南北向左转黄灯闪烁时段：T7 计时结束且 C17 计数结束期间。

根据图 2-7-4 所示十字路口交通灯运行状态转移流程图，编写十字路口交通灯运行控制梯形图，如图 2-7-5 所示。

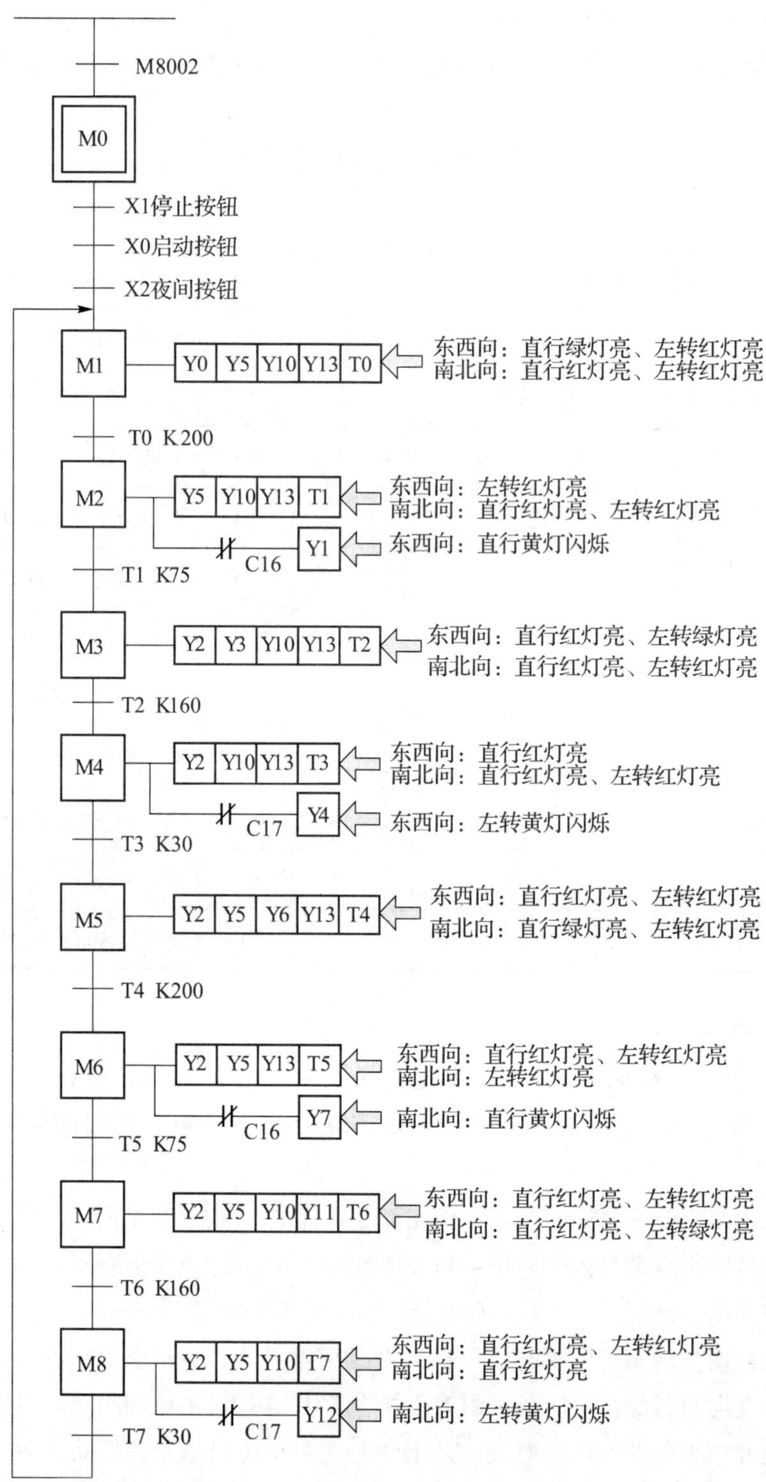


**图 2-7-4　十字路口交通灯运行状态转移流程图**

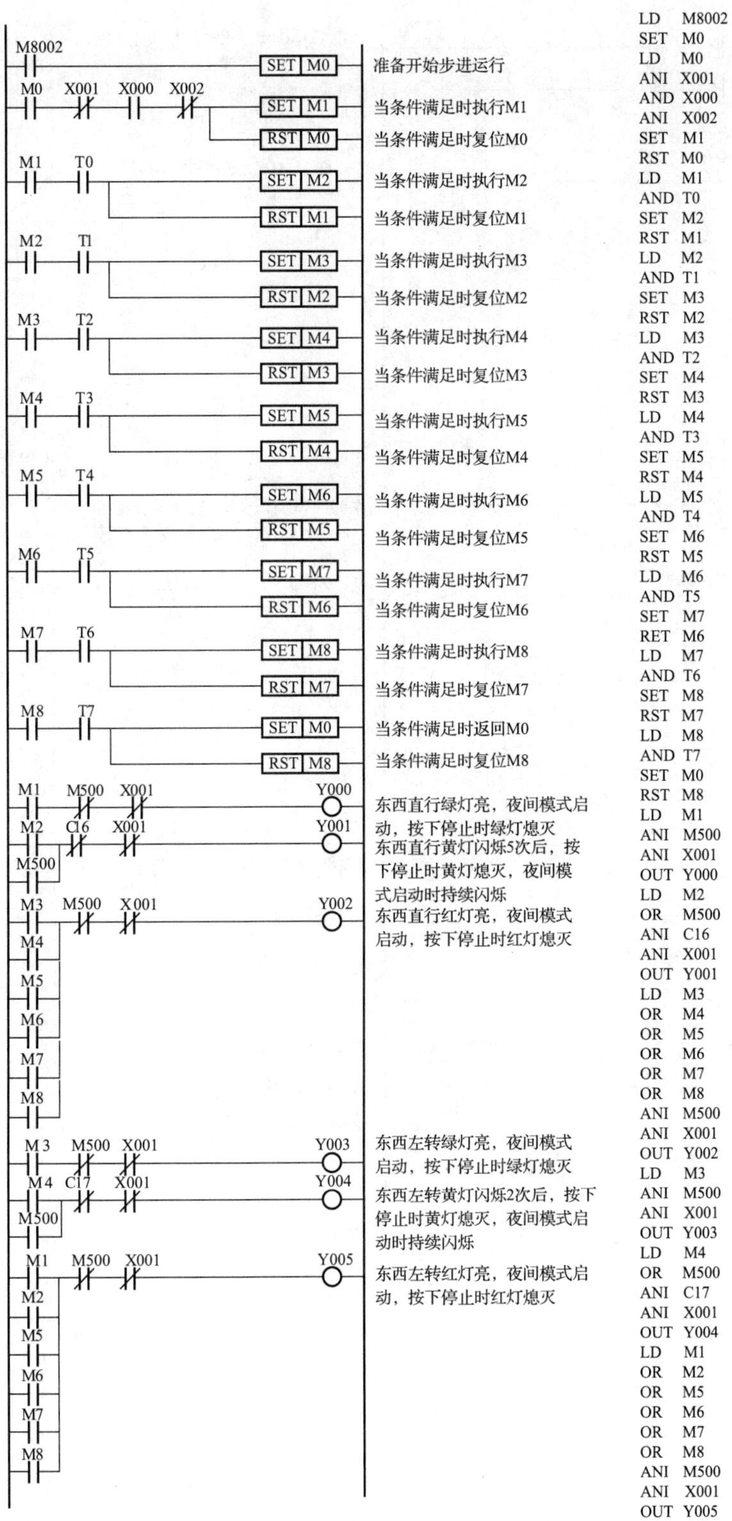


**图 2－7－5 十字路口交通灯运行控制梯形图**

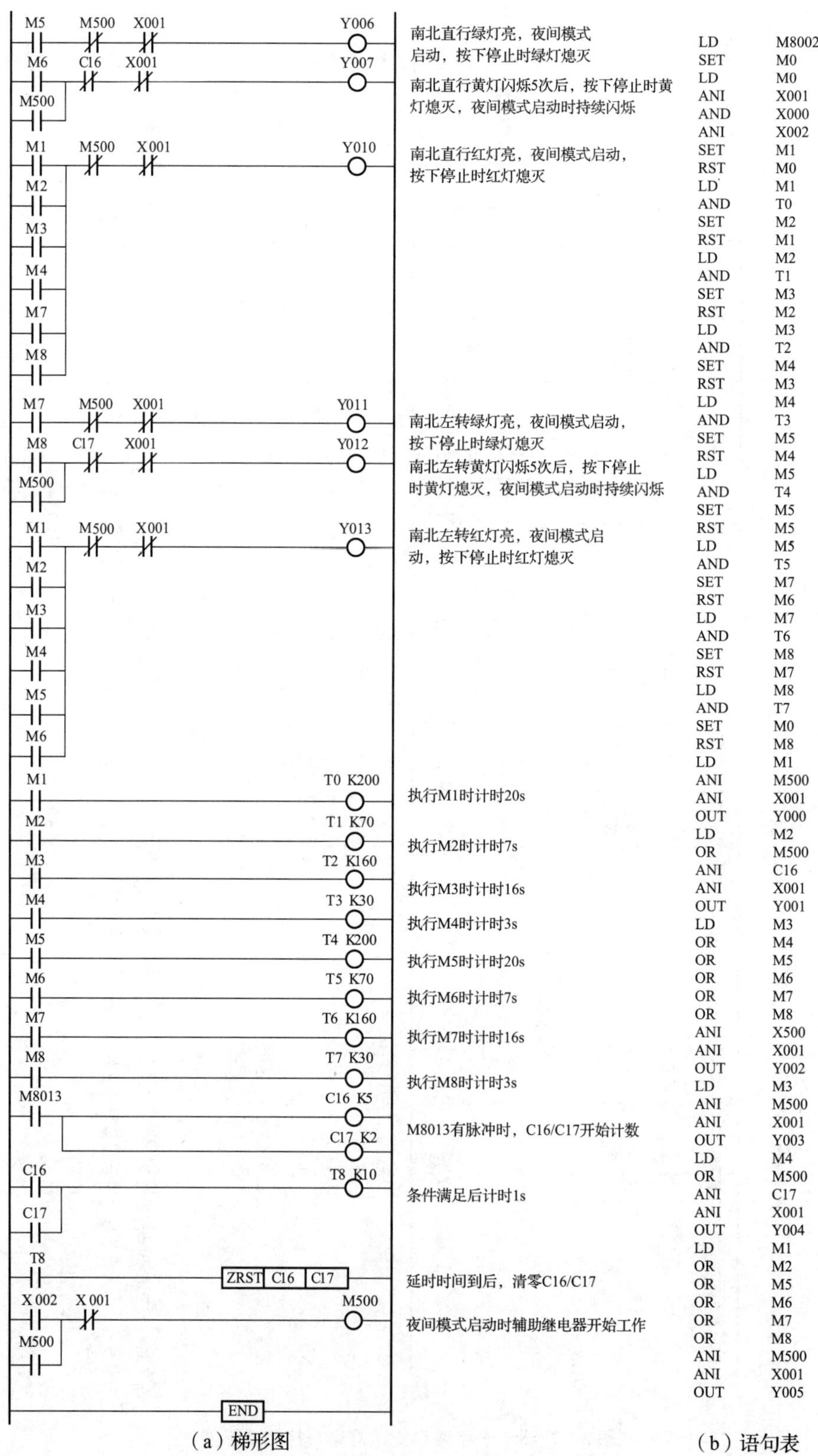


（a）梯形图

```
LD    M8002
SET   M0
LD    M0
ANI   X001
AND   X000
ANI   X002
SET   M1
RST   M0
LD    M1
AND   T0
SET   M2
RST   M1
LD    M2
AND   T1
SET   M3
RST   M2
LD    M3
AND   T2
SET   M4
RST   M3
LD    M4
AND   T3
SET   M5
RST   M4
LD    M5
AND   T4
SET   M5
RST   M5
LD    M5
AND   T5
SET   M7
RST   M6
LD    M7
AND   T6
SET   M8
RST   M7
LD    M8
AND   T7
SET   M0
RST   M8
LD    M1
ANI   M500
ANI   X001
OUT   Y000
LD    M2
OR    M500
ANI   C16
ANI   X001
OUT   Y001
LD    M3
OR    M4
OR    M5
OR    M6
OR    M7
OR    M8
ANI   X500
ANI   X001
OUT   Y002
LD    M3
ANI   M500
ANI   X001
OUT   Y003
LD    M4
OR    M500
ANI   C17
ANI   X001
OUT   Y004
LD    M1
OR    M2
OR    M5
OR    M6
OR    M7
OR    M8
ANI   M500
ANI   X001
OUT   Y005
```

（b）语句表

**图2-7-5　十字路口交通灯运行控制梯形图（续）**

程序说明：在交通灯运行控制中多采用步进指令 S0 等来实现控制，本项目中用 SET、RST 指令同样也可以实现步进控制，大家可以相互比较哪种指令设计更方便合理。

5. 状态转移分析

（1）当转移条件 M0 成立时，进入状态 M1，Y0、Y5、Y10、Y13 线圈得电，同时定时器 T0 开始计时 20s。

（2）当转移条件 T0 成立时，清除状态 M1，进入状态 M2，即 Y5、Y10、Y13 线圈得电，Y1 开始闪烁，利用 M8013 振荡周期为 1s 的脉冲作计数信号，定时器 T1 计时 7s，同时计数器 C16 开始计数 5 次。

（3）当转移条件 T1 成立时，清除状态 M2，进入状态 M3，即 Y2、Y3、Y10、Y13 线圈得电，定时器 T2 开始计时 16s。

（4）当转移条件 T2 成立时，清除状态 M3，进入状态 M4，即 Y2、Y10、Y13 线圈得电，同时定时器 T3 开始计时 3s。其中，利用计数器 C17 开始计数 2 次，Y4 闪烁。

（5）当转移条件 T3 成立时，清除状态 M4，进入状态 M5，即 Y2、Y5、Y6、Y13 线圈得电，同时定时器 T4 开始计时 20s。

（6）当转移条件 T4 成立时，清除状态 M5，进入状态 M6，即 Y2、Y5、Y13 线圈得电，同时定时器 T5 开始计时 7s，Y7 闪烁 5 次，用 C16 开始计数。

（7）当转移条件 T5 成立时，清除状态 M6，进入状态 M7，即 Y2、Y5、Y10、Y11 线圈得电，定时器 T6 开始计时 16s。

（8）当转移条件 T6 成立时，清除状态 M7，进入状态 M8，即 Y2、Y5、Y10、Y7 线圈得电，同时定时器 T7 开始计时 3s，Y12 闪烁 2 次，用 C17 开始计数。

（9）当转移条件 T7 成立时，清除状态 M8，返回状态 M0，整个程序再次运行，达到循环的目的。

（10）当按下夜间模式按钮 SB3 时，转移条件 X2 成立时，即 Y1、Y4、Y7、Y12 线圈得电，所有黄灯闪烁。

（11）当 X1 条件满足后，整个程序全部清除，交通灯停止运行。

6. 运行调试

根据原理图连接 PLC 线路，检查无误后，将程序下载到 PLC 中，运行程序，观察控制过程。如图 2－7－6 所示是十字路口交通灯运行实训台模拟调试接线图。

（1）按下外部启动按钮 SB1，X1 置 ON 状态，观察 Y0～Y12 的动作情况，包括延时后 Y0～Y12 的变化，黄灯闪烁的动作情况。

（2）按下外部停止按钮 SB2，将 X1 置 ON 状态，观察 Y0－Y12 的动作情况。

（3）将 X2 置 ON 状态，观察 Y1、Y4、Y7、Y12 的动作情况。

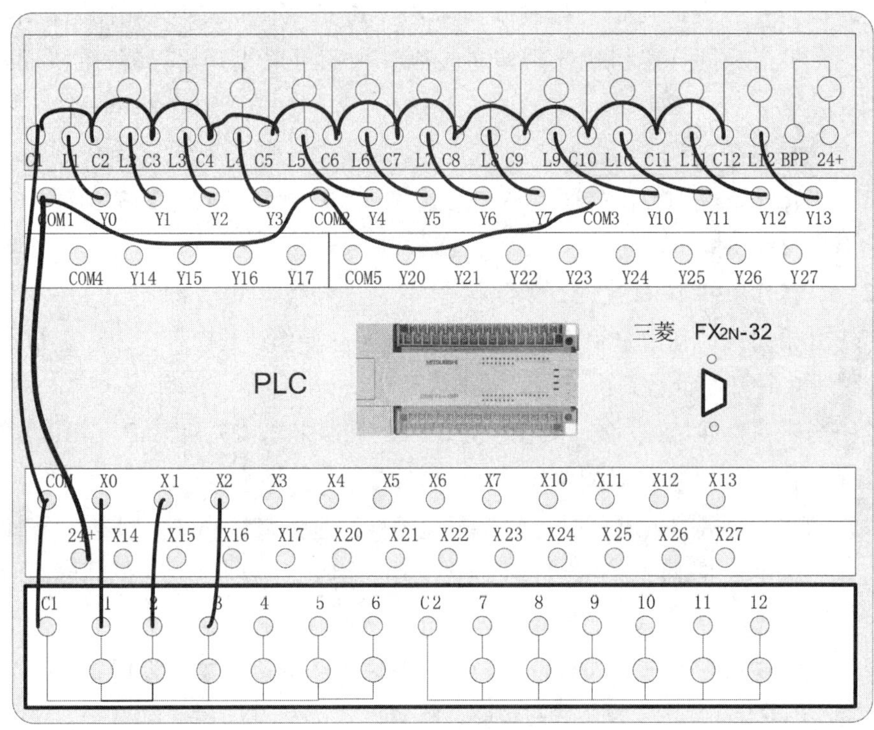


**图 2-7-6　十字路口交通灯运行实训台模拟调试接线图**

## 任务评价 > >

| 评价项目 | 评价内容 | 分值 | 评价标准 | 得分 |
| --- | --- | --- | --- | --- |
| 课堂学习能力 | 学习态度与能力 | 10 | 态度端正，学习积极 | |
| 思维拓展能力 | 拓展学习的表现与应用 | 10 | 积极拓展学习并能正确应用 | |
| 团结协作意识 | 分工协作，积极参与 | 5 | | |
| 语言表达能力 | 正确、清楚地表达观点 | 5 | | |
| 学习过程：程序编制、调试、运行、工艺 | 外部接线 | 5 | 按照接线图正确接线 | |
| | 布线工艺 | 5 | 符合布线工艺标准 | |
| | I/O 分配 | 5 | I/O 分配正确合理 | |
| | 程序设计 | 10 | 能完成控制要求 5 分<br>具有创新意识 5 分 | |
| | 程序调试与运行 | 15 | 程序正确调试 5 分<br>符合控制要求 5 分<br>能排除故障 5 分 | |
| 理论测试 | 任务内知识测评 | 10 | 正确完成测评内容 | |
| 应用拓展 | 任务内应用拓展测评 | 10 | 及时、正确地完成技术文件 | |
| 安全文明生产 | 正确使用设备和工具 | 10 | | |
| 教师签字 | | 总得分 | | |

**知识链接 > >**

## 基本指令详解：计数器指令

FX2N 中的 16 位计数器，是 16 位二进制加法计数器，它是在计数信号的上升沿进行计数，它有两个输入，一个用于变位，一个用于计数。每一个计数脉冲上升沿使原来的数值减 1，当前值减到零时停止计数，同时触点闭合，直到复位控制信号的上升沿输入时，触点才断开，设定值又写入，从而又进入计数状态。其设定值在 K1 ~ K32767 范围内有效。设定值 K0 与 K1 含义相同，即第一次计数时，其输出触点就动作。计数器规格参数如表 2 - 7 - 3 所示。

**表 2 - 7 - 3　计数器规格参数**

| 项目 | | 规格 | 备注 |
| --- | --- | --- | --- |
| 计数器 C | 一般 | 范围：0 ~ 32767　16 点 | C0 ~ C15 类型：16 位上计数器 |
| | 锁定 | 184 点（子系统） | C16 ~ C199 类型：16 位上计数器 |
| | 一般 | 范围：1 ~ 32767　20 点 | C200 ~ C299 类型：32 位双向计数器 |
| | 锁定 | 15 点（子系统） | C220 ~ C234 类型：32 位双向计数器 |
| 高速计数器 C | 单相 | 范围：- 2147483648 ~ + 2147483647 选择多达 4 个单相计数器，组合计数频率不大于 5kHz，或选择一个双相或A/B相计数器，组合计数频率不大于 2kHz。注意所有的计数器都锁定 | C235 ~ C238　4 点 |
| | 单相 C/W 起始停止输入 | | C241、C242 和 C244　3 点 |
| | 双相 | | C246、C247 和 C249　3 点 |
| | A/B 相 | | C251、C252 和 C254　3 点 |

通用与掉电保持用的计数器点数分配，可由参数设置而随意更改，长计时程序如图 2 - 7 - 7 所示。

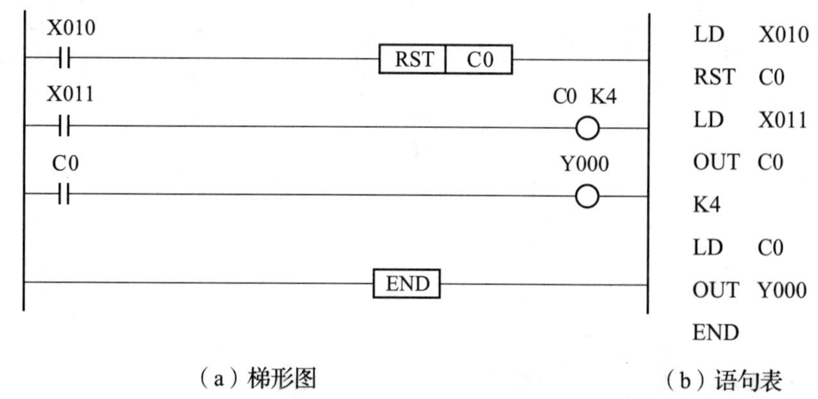


**图 2 - 7 - 7　长计时程序**

由计数输入 X011 每次驱动 T0 线圈时，计数器的当前值加 10，当第 3 次执行线圈指令时，计数器 T0 的输出触点即动作，之后即使计数器输入 X011 再动作，计数器的当前值保持不变；当复位输入 X010 接通（ON）时，执行 RST 指令，计数器的当前值为 0，输出接点也复位。应注意的是，计数器 T00 ~ T199，即使发生停电，当前值与输出触点的动作状态或复位状态也能保持。

现实生活中常利用计数器或计数器加定时器，编写长计时程序。

（1）利用计数器长计时，如图 2 -7 -8 所示。

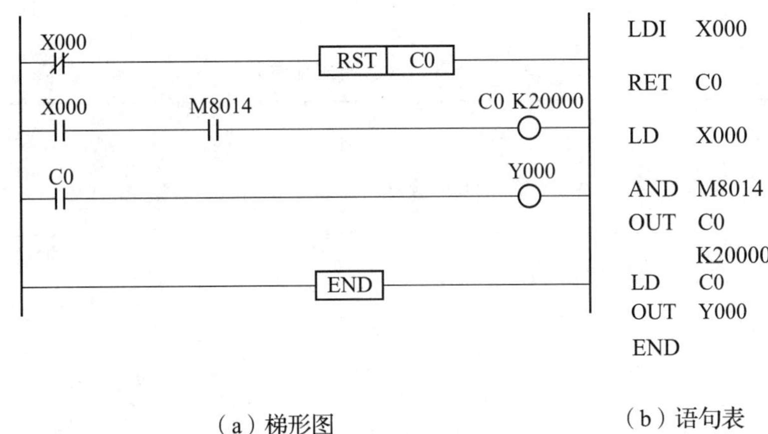


（a）梯形图　　　　（b）语句表

**图 2 -7 -8　利用计数器的长计时程序**

当输入点 X000 接通时，计数器开始计数。其中，M8014 是提供振荡周期为 1min 的脉冲，因此，计数器 C0 每分钟计一个数，数值达到 20000（20000min）时，常开触点 C0 闭合，Y000 得电，从接通到输出共经历 20000min。当 X000 没有接通时，常闭触点 X000 闭合，计数器 C0 被复位。常应用于精度要求不高的长计时场合。

（2）利用计数器和定时器长计时，如图 2 -7 -9 所示。

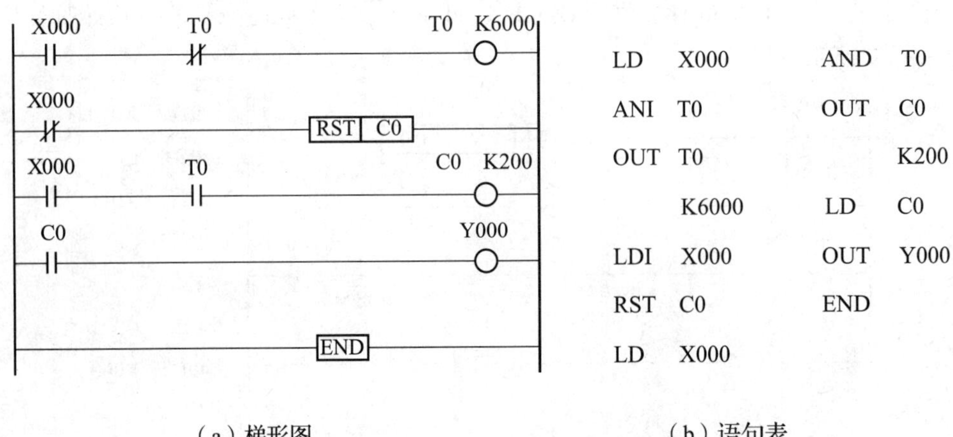


（a）梯形图　　　　（b）语句表

**图 2 -7 -9　利用计数器和定时器组合长计时程序**

除了上述方法外，还可以用 T0 定时器产生 600s 的脉冲信号，再把这个 T0 的脉冲信号当成 C0 计数器的计数信号，就可以获得更长的计时。

**任务拓展 > >**

如图 2－7－10 所示丁字路口交通灯运行仿真图，请按下列控制要求编写程序。

（1）合上空气断路器 QF 后，按下启动按钮 SB1，交通灯开始工作；按下停止按钮 SB2，交通灯停止工作。

（2）当启动信号 X0 接通后，东西向绿灯、北向红灯、北向人行横道绿灯、东西向人行横道红灯亮 15s。

（3）定时时间到后，北向红灯、东西向黄灯亮 5s，同时北向人行横道绿灯、东西向人行横道红灯闪烁 5 次，周期 1s。

（4）定时时间到后，北向右转绿灯、东西向红灯、东西向右转绿灯、东西向人行横道绿灯亮 10s。

（5）定时时间到后，北向黄灯、东西向红灯亮 5s，其中东西向人行横道绿灯闪烁 5 次，周期 1s。

（6）按以上要求循环。

（7）要求有交通管制，即可以手动控制交通灯。其中，自动/手动控制转换开关 SA，SA 处于 0 挡时为自动，SA 处于 1 挡时为手动。

请根据控制要求，完成其状态转移图。

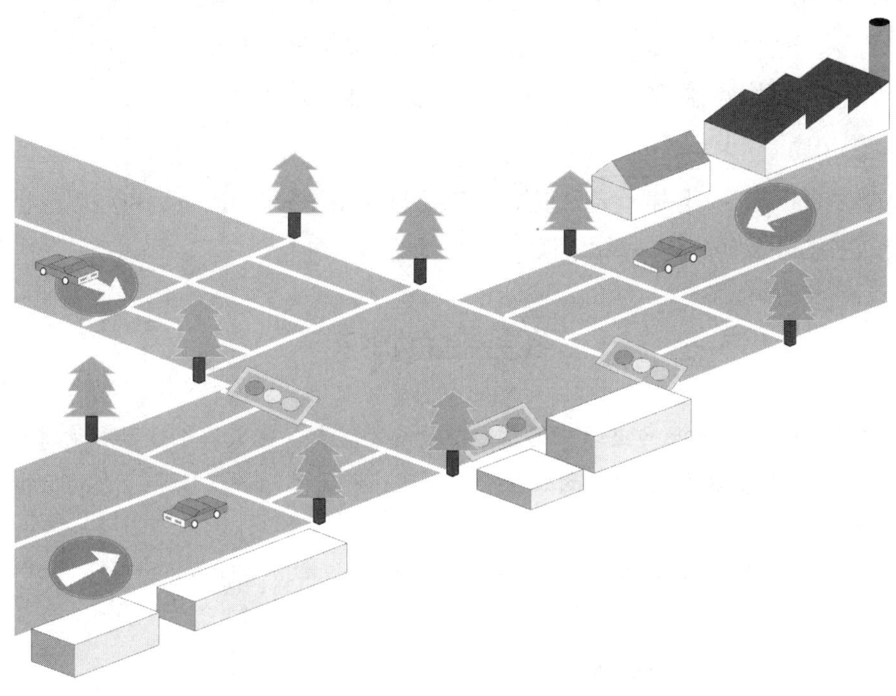

**图 2－7－10　丁字路口交通灯运行仿真图**

## 知识测评

**1. 填空题**

（1）FX2N 系列中 PLC 共有 21 点高速计数器，元件编号为________。

（2）高速计数器在 PLC 中共享 6 个高速计数器的输入端________。

（3）双向计数器是循环计数器，当前值的增减虽与输出触点的动作无关，当前值为________时，若再进行加计数，则当前值就成为________。

（4）FX2N 系列中 PLC 中 16 位内部计数器，计数数值最大可设定为________。

（5）FX2N 系列中 PLC 内部计时器有两种位数：________和________。

**2. 选择题**

（1）在 16 位的计数器中，最大计数值是（　　）。

A. 327670　　B. 3276. 7　　C. 32767　　D. 1

（2）下列属于 32 位高速可逆计数器的是（　　）。

A. C67　　B. C210　　C. C239　　D. C233

（3）C0K30 可以计数（　　）次。

A. 30　　B. 3　　C. 0. 3　　D. 300

（4）计数器的计数线圈，必须设定常数 K，也可以指定（　　）为计数器的设定值。

A. 数据寄存器 D　　B. 状态继电器 S

C. 辅助继电器 M　　D. 输出继电器 Y

**3. 应用题**

按钮 X000 第一次按下电动机正转，第二次按下正转停止，第三次按下电动机反转，第四次按下反转停止。画出满足上述条件的梯形图。

## 任务要点归纳

本工作任务通过对城市公路交通信号灯的模拟控制，完成以下学习和训练内容：

1. 介绍计数器指令（C）、置位指令（SET）和复位指令（RST）的功能和在程序中的用法；

2. 强化、巩固状态转移图编程（SFC）方法在顺序控制中的应用。

工作任务 8

# 循环彩灯控制

**任务描述 > >**

夜晚的城市到处可见霓虹彩灯，它们把城市装扮得如此绚烂，你们可知道用我们所学的 PLC 如何控制彩灯不停地循环，实现控制要求的呢？我们既可以用之前学习过的基本指令来编程，也可以用步进指令来编程。本工作任务将介绍应用指令（也称功能指令），了解它是如何实现如图 2-8-1 中 8 组灯的两种控制模式：(1) 奇数序列灯和偶数序列灯循环点亮；(2) 按正向顺序依次点亮与反向顺序依次点亮循环。

**任务目标 > >**

- 掌握功能指令的组成和表达形式。
- 能用传送指令进行程序设计。
- 能用移位指令进行程序设计。

**任务实施 > >**

## 一、工作任务

甲任务中有 8 盏彩灯，L1 ~ L8，如图 2-8-1 所示，控制要求如下：

(1) 打开开关 SA，灯 L1、L3、L5、L7 先亮。

(2) 2s 后灯 L1、L3、L5、L7 熄灭，同时灯 L2、L4、L6、L8 亮。

(3) 2s 后偶数灯熄灭，奇数灯又亮，如此循环。

(4) 用一个开关实现起停。

乙任务中有 8 盏彩灯，L1 ~ L8，如图 2-8-1 所示，控制要求如下：

(1) 接通开关，灯 L1、L2、L3、L4、L5、L6、L7、L8 每隔 1s 依次点亮一个。

(2) 当亮至灯 L8 时，又从 L8 ~ L1 每隔 1s 依次点亮，循环进行。

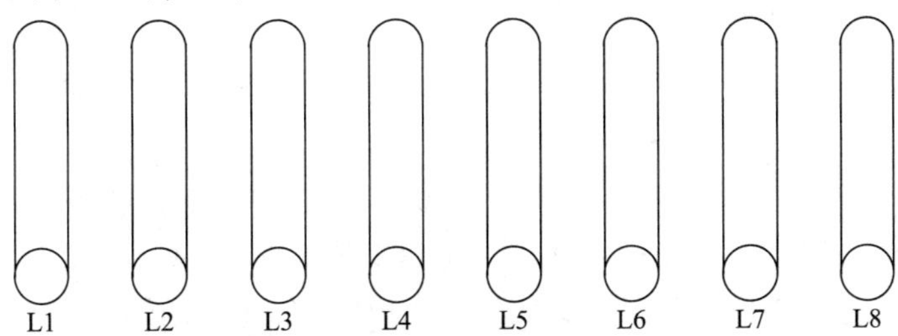


**图 2-8-1　循环彩灯模拟图**

## 二、任务分析

循环彩灯的设计很多，我们可以在基本指令中用定时器来完成，也可以先画出 SFC 图用步进指令完成，还可以用应用指令中的传送指令、移位指令等。甲任务中先设计一个 2s 接通、2s 断开的周期性振荡电路，然后再用 MOV 指令完成数据的传送，使彩灯亮。乙任务中，由于灯是依次点亮，因此我们采用移位指令。

## 三、任务实施

用 PLC 来实现彩灯循环。

### 1. 确定 I/O 点总数及地址分配

两组任务中的控制电路都是开关 SA 和彩灯 L1 ~ L8。本项目控制中输入点数应选 1 × 1.2 ≈ 2，输出点数应选 8 × 1.2 ≈ 10（继电器输出）。通过查找三菱 FX2N 系列选型表，选定三菱 FX2N – 32MR – 001（其中输入 16 点，输出 16 点，继电器输出）。PLC 的 I/O 地址分配表如表 2 – 8 – 1 所示。

**表 2 – 8 – 1　I/O 地址分配表**

| 输入信号 | | | 输出信号 | | |
|---|---|---|---|---|---|
| 1 | X0 | 开关 SA | 1 | Y0 | 彩灯 L1 |
| | | | 2 | Y1 | 彩灯 L2 |
| | | | 3 | Y2 | 彩灯 L3 |
| | | | 4 | Y3 | 彩灯 L4 |
| | | | 5 | Y4 | 彩灯 L5 |
| | | | 6 | Y5 | 彩灯 L6 |
| | | | 7 | Y6 | 彩灯 L7 |
| | | | 8 | Y7 | 彩灯 L8 |

### 2. 设备材料表

通过查找电器元件选型表，选择的元器件如表 2 – 8 – 2 所示。

**表 2 – 8 – 2　设备材料表**

| 序号 | 符号 | 设备名称 | 型号、规格 | 单位 | 数量 | 备注 |
|---|---|---|---|---|---|---|
| 1 | PLC | 可编程控制器 | FX2N – 32MR | 台 | 1 | |
| 2 | SA | 开关 | LA39 – 11 | 个 | 1 | |
| 3 | L | 彩灯 | AD16 – 22C/R | 个 | 8 | |

### 3. 程序设计

甲任务：打开开关，X0 闭合，T0 产生一个导通 2s、断开 2s 的周期性振荡电路，T0 导通时将十进制 $(K85)_{10} = (01010101)_2$ 二进制送到 K2Y0，使得彩灯 Y0、Y2、Y4、Y6 点亮，T0 断开时将十进制 $(K170)_{10} = (10101010)_2$ 二进制送到 K2Y0，使得彩灯 Y1、Y3、Y5、Y7 点亮，周期性地实现彩灯的交替点亮控制，断开 SA，所有线圈失电。

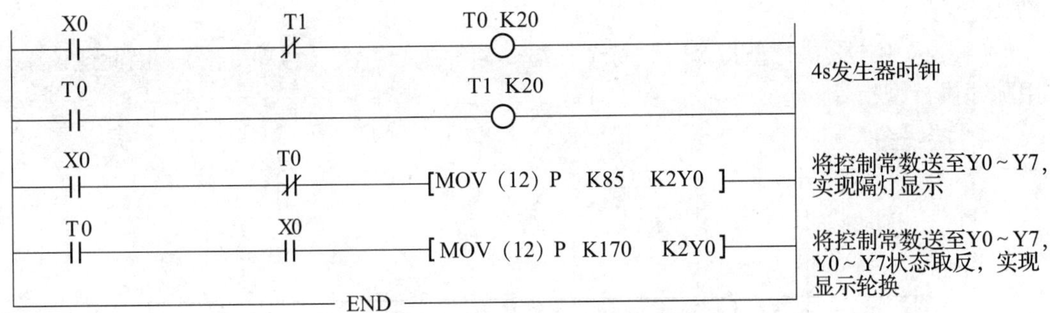


**图 2-8-2　彩灯循环甲任务梯形图程序**

程序说明：

（1）当 X0 为 ON 时，T0 线圈得电，延时 2s 后 T1 线圈得电，2s 后 T1 触头断开，T0、T1 线圈失电。

（2）当 X0 为 ON 时，十进制数据 K85 自动转换后被传送到 Y0 ~ Y7 中，2s 后，十进制数据 K170 自动转换后被传送到 Y0 ~ Y7 中。

（3）采用连续执行型指令时，每个扫描周期都执行一次，因此建议采用脉冲执行型指令。

（4）当 X0 为 OFF 时，数据不转移，保持不变。

乙任务：打开开关，X0 接通，M8002 提供初始脉冲，导通时十进制 $(K1)_{10}$ = $(10000000)_2$ 二进制送到 K2Y0，使得每次扫描灯只亮一个。当第一个灯亮时，M0 线圈得电，由于灯是从左到右的顺序依次点亮，所以采用循环左移，每次间隔 1s，既可以利用 M 辅助继电器的特殊触点 M8013，也可以用定时器来设计（本程序采用 M8013 提供的 1s 一次脉冲信号），当最后一个灯亮时，M1 线圈得电，利用循环右位指令，每隔 1s 依次亮回来，依次循环。

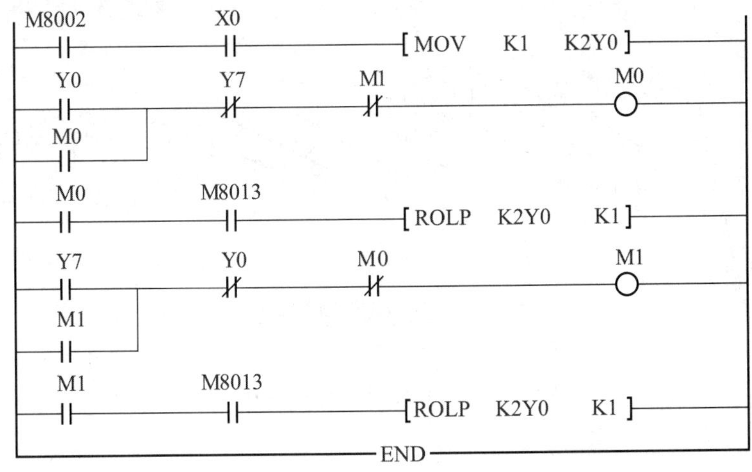


**图 2-8-3　彩灯循环乙任务梯形图程序**

程序说明：

（1）当 X0 接通时，数据传送到 K2Y0，表示 Y7 ~ Y0 的 8 位组合，Y0 为最低位。

（2）当 M0 接通时，目标数 K2Y0 中的数向左移动一位，从低位向高位移动，即从 Y0 移至 Y7。

（3）当 M1 接通时，目标数 K2Y0 中的数向右移动一位，从高位向低位移动，即从

Y7 移至 Y0。

（4）采用连续执行型指令时，每个扫描周期都执行一次（移动 1 位），因此建议采用脉冲执行型指令。

## 4. 接线图

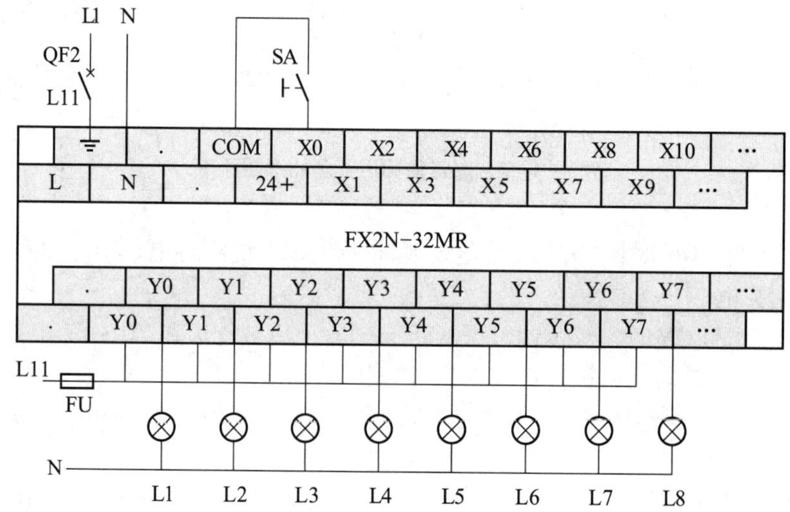


图 2-8-4　PLC 控制电路接线图

## 5. 运行调试

根据原理图连接 PLC 线路，检查无误后，将程序下载到 PLC 中，运行程序，观察控制过程。

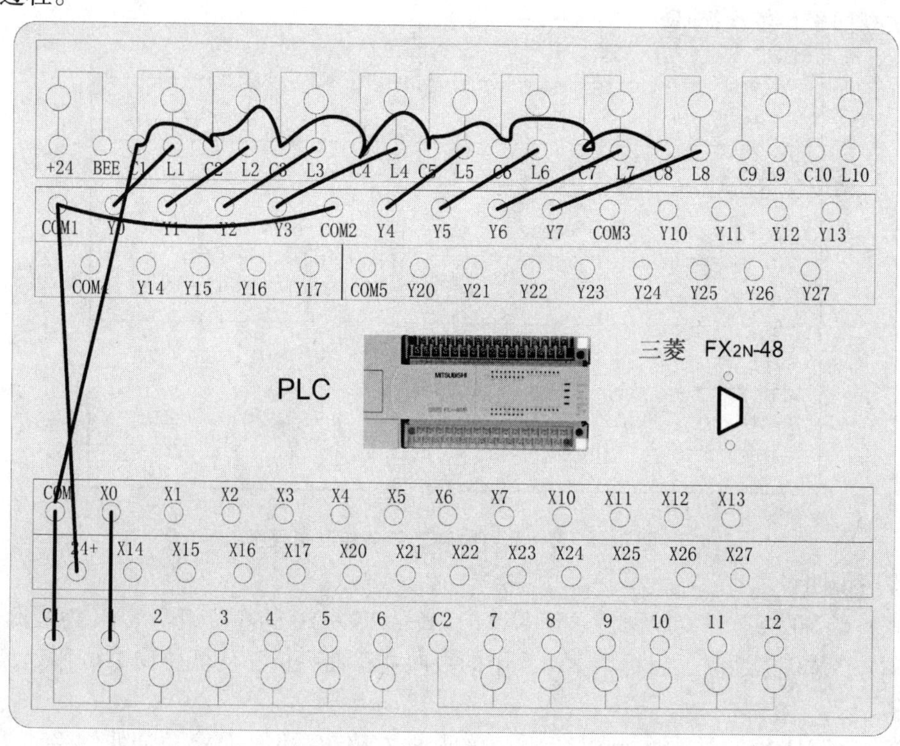


图 2-8-5　循环彩灯实训台模拟调试接线图

**任务评价＞＞**

| 评价项目 | 评价内容 | 分值 | 评价标准 | 得分 |
|---|---|---|---|---|
| 课堂学习能力 | 学习态度与能力 | 10 | 态度端正，学习积极 | |
| 思维拓展能力 | 拓展学习的表现与应用 | 10 | 积极拓展学习并能正确应用 | |
| 团结协作意识 | 分工协作，积极参与 | 5 | | |
| 语言表达能力 | 正确、清楚地表达观点 | 5 | | |
| 学习过程：程序编制、调试、运行、工艺 | 外部接线 | 5 | 按照接线图正确接线 | |
| | 布线工艺 | 5 | 符合布线工艺标准 | |
| | I/O 分配 | 5 | I/O 分配正确合理 | |
| | 程序设计 | 10 | 能完成控制要求 5 分<br>具有创新意识 5 分 | |
| | 程序调试与运行 | 15 | 程序正确调试 5 分<br>符合控制要求 5 分<br>能排除故障 5 分 | |
| 理论测试 | 任务内知识测评 | 10 | 正确完成测评内容 | |
| 应用拓展 | 任务内应用拓展测评 | 10 | 及时、正确地完成技术文件 | |
| 安全文明生产 | 正确使用设备和工具 | 10 | | |
| 教师签字 | | 总得分 | | |

**知识链接＞＞**

应用指令也称为功能指令，一般来说功能指令可分为程序流向控制指令、数据传送和比较指令、算术与逻辑运算指令、移位和循环指令、数据处理指令、方便指令及外部 I/O 处理和通信指令等。FX 系列的功能指令冠以 FNC 符号。例如 FX0N 系列 PLC，功能指令编号为 FNC00 ~ FNC67；FX1S、FX1N、FX2N、FX2NC 系列的编号为 FNC00 ~ FNC246。

### 1. 功能指令概述

功能指令由指令助记符、功能号、操作数等组成。在简易编程器中，输入功能指令时以功能号输入功能指令；在编程软件中，输入功能指令时以指令助记符输入功能指令。功能指令的表现形式见表 2－8－3 所示。

表 2-8-3　功能指令的表现形式

| 指令名称 | 助记符 | 指令代码（功能号） | 操作数 |  |  | 程序步 |
|---|---|---|---|---|---|---|
|  |  |  | S | D | n |  |
| 平均数值 | MEAN | FNC45 | KnX、KnY、KnS、KnM、T、C、D | KnX、KnY、KnS、KnM、T、C、D、V、Z | K、H n=1~64 | MEAN MEAN（P）… 7步 |

说明如下：

**（1）助记符和功能号**

由表2-8-3可见，助记符MEAN（求平均值）的功能号为FNC45，每一助记符表示一种功能指令，每一指令都有对应的功能号。

**（2）操作数（或称操作元件）**

有些功能指令只需助记符，无操作数，但大多数功能指令在助记符之后还必须有1~5个操作元件。它的组成部分有：

①源操作元件［S］，有时源不止一个，例如有［S1］、［S2］。

②目标操作元件［D］，如果不止一个目标操作元件时，用［D1］、［D2］表示。

K、H 为常数，K 表示十进制数，H 表示十六进制数。

指令助记符前加“D”的，表示处理 32 位数据；而不加“D”的，只处理 16 位数据。

**（3）指令执行形式**

指令执行形式有脉冲执行型和连续执行型，如图2-8-6所示，在指令的助记符后加“P”表示脉冲执行型，在X0从OFF→ON变化时，该指令执行一次；而在助记符后没有加“P”的表示连续执行，当执行条件X1为ON时，每个扫描周期都要执行一次。有的指令常用脉冲执行方式，如INC、DEC、NEG等。

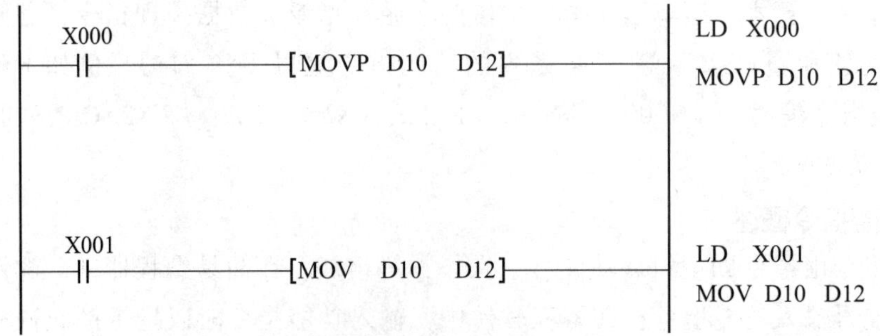


图 2-8-6　指令执行形式梯形图

**（4）位软元件、字软元件和组合位元件**

只处理ON/OFF状态的元件，称为位软元件，如X、Y、M、S等；其他处理数字数据的元件，称为字软元件，如 T、C、D、V、Z 等。

但位软元件由 Kn 加首元件号的组合，也可以处理数字数据，组成字软元件，称为组合位元件或位元件组合。组合位元件的组合规律是以 4 位为一组组合成单元。K1 ~ K4 为 16 位运算，K5 ~ K8 为 32 位运算。例如，K1X0，表示 X3 ~ X0 的 4 位，X0 为最低位；K4M10 表示 M25 ~ M10 的 16 位组合，M10 为最低；K8M100 表示 M131 ~ M100 组成的 32 位组合，M100 为最低位。

不同长度的字软元件之间的数据传送，由于数据长度的不同，在传送时，应按如下规律处理，如图 2－8－7 所示。

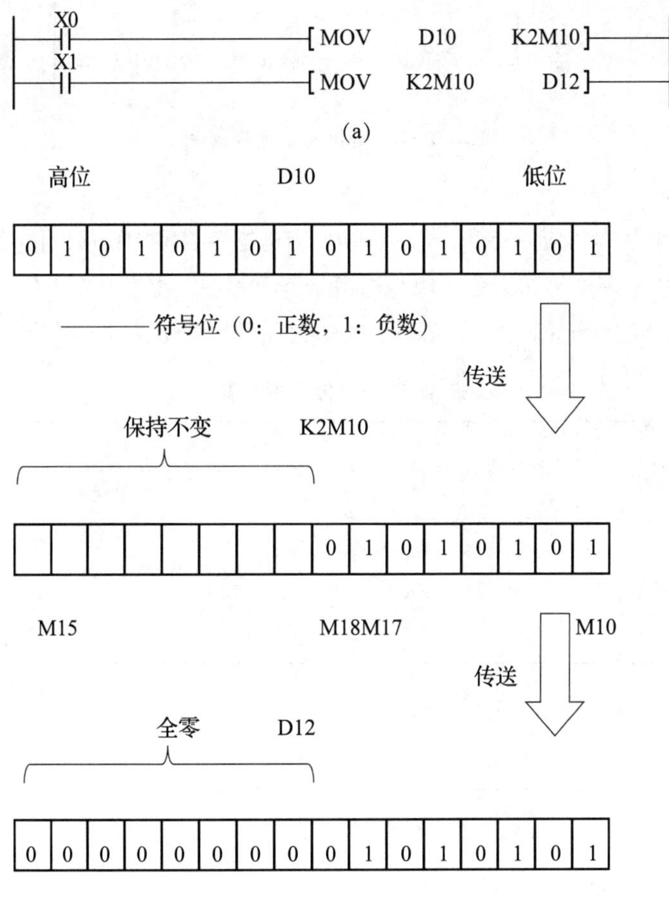


**图 2－8－7　数据传送形式**

①长字软元件→短字软元件的数据传送：长数据的高位保持不变。

②短字软元件→长字软元件的数据传送：长数据的高位全部变零。

对于 BCD、BIN 转换，算术运算、逻辑运算的数据也以这种方式传送。

**(5) 变址寄存器 V、Z**

变址寄存器是用来修改操作对象元件号的，其操作方式与普通数据寄存器一样。V

和 Z 是 16 位数据寄存器。将 V、Z 组合可进行 32 位运算，此时 V 为高位，Z 为低位，组合的结果是：（V0，Z0）、（V1，Z1）、（V2，Z2）、…、（V7，Z7）。在图 2－8－8 中，当 V0 ＝ 8、Z0＝14 时，D5V0→D10Z0 就是 D13→D24。利用变址寄存器可修改的软元件有 X、Y、M、S、P、T、C、D、K、H、KnX、KnY、KnS，但不能修改 V、Z 本身。利用 V、Z 变址寄存器可以使一些编程得到简化。

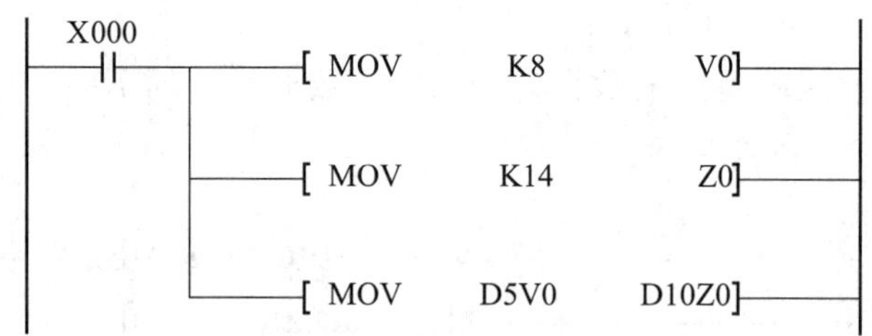


**图 2－8－8　变址寄存器梯形图**

## 2. 传送指令

传送指令属于基本的应用指令，包括 MOV 传送指令、SMOV 移位传送指令、CML 取反传送指令、FMOV 多点传送指令、块传送指令等，其中，重点介绍 MOV 传送指令。

（1）传送指令的助记符、指令代码、操作数及程序步如表 2－8－4 所示。

**表 2－8－4　传送指令表**

| 指令名称 | 助记符 | 指令代码 | 操作数 | | 程序步 |
|---|---|---|---|---|---|
| | | | S | D | |
| 传送指令 | MOV | FNC12 | K、H、KnX、KnY、KnM、KnS、T、C、D、V、Z | KnY、KnM、KnS、T、C、D、V、Z | MOV、MOVP…5 步<br>DMOV、DMOVP…9 步 |

（2）指令梯形图如图 2－8－9 所示。

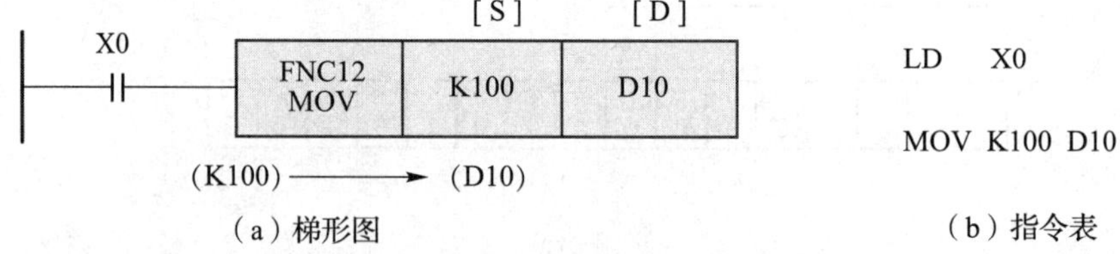


**图 2－8－9　传送指令**

（3）指令说明：

① 传送指令是将数据按原样传送的指令，当 X0 为 ON 时，常数 K100 被传送到 D10；当 X0 为 OFF 时，目标元件中的数据保持不变。

② 传送时源数据中的常数 K100 自动转化为二进制数。

## 3. 循环移位指令

这部分指令共有十条，指令代码是 FNC30～FNC39，包括：循环右移指令、循环左移指令、带进位循环右移指令、带进位循环左移指令、位右移指令、位左移指令、字右移指令、字左移指令、先入后出写入指令、先入先出读出指令。其中重点介绍循环右移指令和循环左移指令。

**(1) 循环右移指令**

①循环右移指令的助记符、指令代码、操作数及程序如表 2-8-5 所示。

**表 2-8-5　循环右移指令**

| 指令名称 | 助记符 | 指令代码 | 操作数 | | 程序步 |
|---|---|---|---|---|---|
| | | | D | n | |
| 循环右移指令 | ROR | FNC30 | K、H、KnY、KnM、KnS、T、C、D、V、Z | K、H 移位量<br>n≤16（16 位指令）<br>n≤32（32 位指令） | ROR、RORP…5 步<br>DROR、DRORP…9 步 |

②指令梯形图如图 2-8-10 所示。

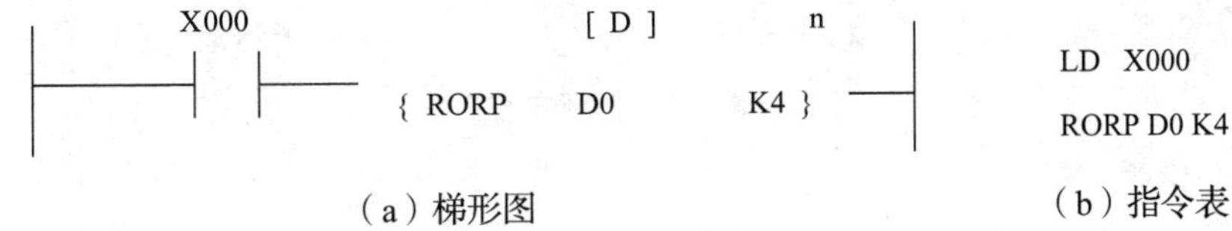


**图 2-8-10　循环右移指令**

③指令说明（图 2-8-11）：

a. 当 X0 接通一次，目标数 D0 中的数向右移动 4 位，即从高位移向低位，从低位移出而进入高位，而且最后移出的一位进入进位标记 M8022 和最高位。

b. 在连续执行型指令中，每个扫描周期都要执行一次（右移 4 位），因此建议用脉冲执行型指令。

c. 采用组合位元件作目标操作数时，位元件的个数必须是 16 或 32，否则该指令不能执行。

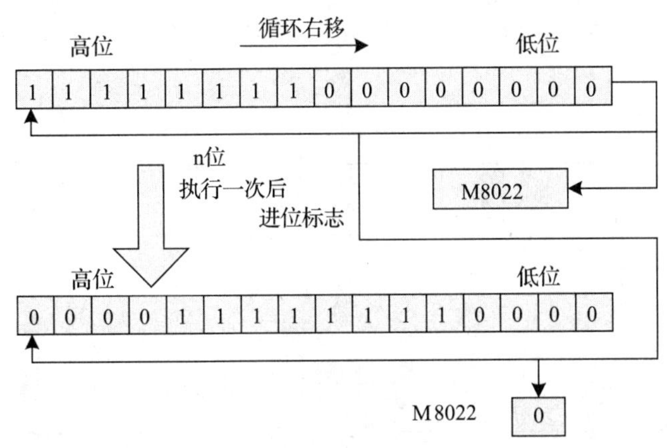


**图 2-8-11　循环右移指令执行过程**

### （2）循环左移指令

①该指令的助记符、指令代码、操作数及程序步如表 2－8－6 所示。

**表 2－8－6　循环左移指令**

| 指令名称 | 助记符 | 指令代码 | 操作数 | | 程序步 |
|---|---|---|---|---|---|
| | | | D | n | |
| 循环左移指令 | ROL | FNC31 | K、H、KnY、KnM、KnS、T、C、D、V、Z | K、H 移位量<br>n≤16（16 位指令）<br>n≤32（32 位指令） | ROL、ROLP…5 步<br>DROL、DROLP…9 步 |

②指令梯形图如图 2－8－12 所示。

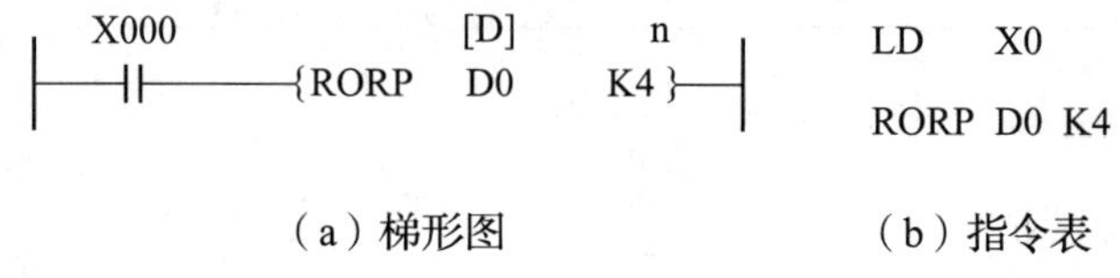


（a）梯形图　　　　（b）指令表

**图 2－8－12　循环左移指令**

③指令说明：

当 X0 接通一次，目标数 D0 中的数向左移动 4 位，即从低位移向高位，高位溢出进入低位，移动的方向和右移位指令 ROR 相反，其他特性一致，在此不再重复。

**任务拓展＞＞**

如图 2－8－13 所示，有 16 个彩灯，接在 PLC 的 Y0～Y17，现要求彩灯开始从 Y0～Y17 每隔 1s 依次点亮一个，当亮至 Y17 时，又从 Y17～Y0 依次点亮，循环进行。请编写梯形图。

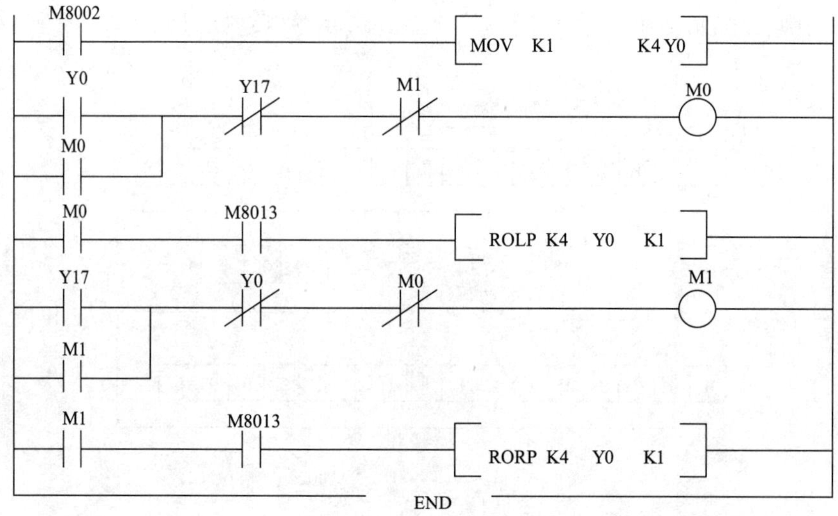


**图 2－8－13**

## 知识测评

1. **填空题**

（1）功能指令由____________、____________、____________等组成。

（2）K2Y1 表示：________________________________________________________；

K4M10 表示：________________________________________________________。

（3）移位指令包括：循环右移指令、____________、带进位循环右移指令、__________________、位右移指令、位左移指令、________、字左移指令、先入后出写入指令和________________。

（4）ROLP D0 K3 表示：________________________________________________；

ROR D0 K5 表示：________________________________________________。

（5）指令执行形式有脉冲执行型和连续执行型，在指令的助记符后加“P”表示____________，而在助记符后没有加“P”的表示__________。

2. **选择题**

（1）FX 系列 PLC 中，16 位的数值传送指令是（　　）。

A. DMOV　　B. MOV　　C. MEAN　　D. RS

（2）FX 系列 PLC 中，32 位的数值传送指令是（　　）。

A. DMOV　　B. MOV　　C. MEAN　　D. RS

（3）FX 系列 PLC 中，位右移指令应用是（　　）。

A. DADD　　B. DDIV　　C. SFTR　　D. SFTL

（4）FX 系列 PLC 中，位左移指令应用是（　　）。

A. DADD　　B. DDIV　　C. SFTR　　D. SFTL

（5）FX 系列 PLC 中，32 位除法指令应用是（　　）。

A. DADD　　B. DDIV　　C. DIV　　D. DMUL

3. **应用题**

某灯光招牌有 L1 ~ L8 八盏灯接于 K2Y0，要求 X0 为 ON 时，灯光以正序每隔 1s 轮流点亮，当 Y7 亮后，停 2s；然后以反序每隔 1s 点亮，当 Y0 再亮后，停 2s，重复以上过程。当 X1 为 ON 时，停止工作。按要求编写梯形图。

## 任务要点归纳

通过对彩灯控制任务的练习，完成了 PLC 功能指令的具体应用和学习：

1. 认识传送指令 MOV 的功能特点和指令使用形式；

2. 学习循环左移位指令ROL和循环右移位指令ROR的功能与指令梯形图在实际控制中的应用。

工作任务9

# 运料小车多工位运行控制

**任务描述 > >**

在自动化生产线上，分布有许多工位（图2-9-1），工位之间安置了输送物料的小车，用于生产过程中根据工位上操作人员的需求直线往返送料，如果采用PLC基本指令也能完成对这样工况的控制，但是编程复杂，结构化不强。为了解决这个问题，本工作任务要求采用PLC比较指令编程对小车实现多地往返运行控制，在编程中应注意工位逻辑关系的控制。

**任务目标 > >**

- 掌握比较指令和区间比较指令的格式。
- 能利用比较指令编程。
- 能利用区间比较指令编程。

**任务实施 > >**

## 一、工作任务

某自动生产线上运料小车的运动如图2-9-1所示，运料小车由一台三相异步电动机拖动，电动机正转，小车向右行；电动机反转，小车向左行。在生产线上有5个编码为1~5的站点供小车停靠，在每一个停靠站安装一个行程开关以监测小车是否到达该站点。对小车的控制除了启动按钮和停止按钮之外，还设有5个呼叫按钮开关（HJ1~HJ5）分别与5个停靠站点相对应。

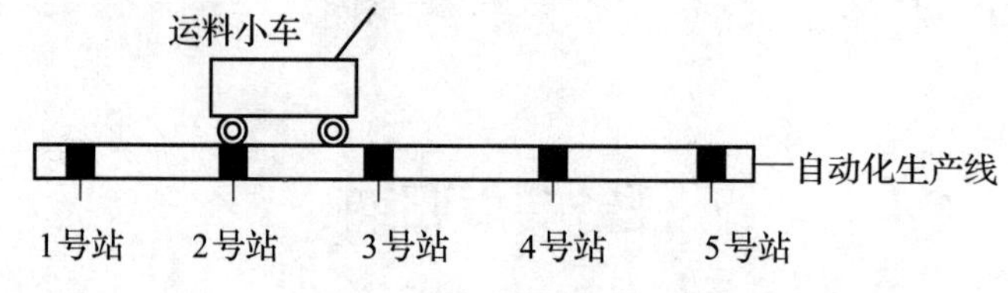


**图2-9-1 运料小车多工位运行模拟图**

（1）按下启动按钮，系统开始工作，按下停止按钮，系统停止工作；

（2）当小车当前所处停靠站的编码小于呼叫按钮 HJ 的编码时，小车向右运行，运行到呼叫按钮 HJ 所对应的停靠站时停止；

（3）当小车当前所处停靠站的编码大于呼叫按钮 HJ 的编码时，小车向左运行，运行到呼叫按钮 HJ 所对应的停靠站时停止；

（4）当小车当前所处停靠站的编码等于呼叫按钮 HJ 的编码时，小车保持不动；

（5）呼叫按钮开关 HJ1 ~ HJ5 应具有互锁功能，先按下者优先。

## 二、任务分析

小车多地往返运行，也是电动机的正、反转控制，只是在自动控制运行方面需要增加相应的行程开关或传感器，多个工位的控制可以利用比较指令。根据运料小车随机运动控制的要求，可将 5 个行程开关赋予不同的值；同时，将 5 个按钮也对应赋值。当小车碰到某个行程开关时，就将该行程开关的值送到内部辅助继电器通道。当操作者按了某个按钮时，就将该按钮的值送到内部辅助继电器通道，然后将这两个通道的值进行比较，根据比较的结果使小车做相应的运动，直到两个通道的值相等时小车才停止。

## 三、任务实施

用 PLC 来实现小车多个工位的运行控制。

### 1. 主电路设计

如图 2－9－2 所示，主电路中采用了 3 个电器元件，空气断路器 QF1 和交流接触器 KM1、KM2。其中，KM 的线圈与 PLC 的输出点连接，可以确定主电路中需要 2 个输出点。

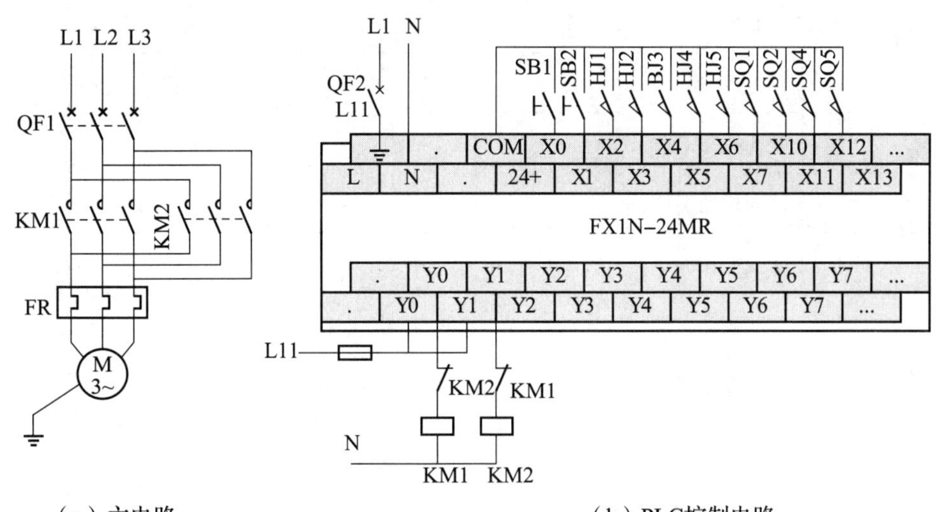


（a）主电路　　　　（b）PLC控制电路

**图 2－9－2　运料小车多工位运行 PLC 控制原理图**

### 2. 设备材料表

本项目控制中输入点数应选 12 × 1. 2 ≈ 14，输出点数应选 2 × 1. 2 ≈ 3（继电器输出）。通过查找三菱 FX1N 系列选型表，选定三菱 FX1N － 24MR － 001（其中输入 14 点，输出 10

点，继电器输出)。通过查找电器元件选型表，选择的元器件如表2－9－1所示。

**表2－9－1　设备材料表**

| 序号 | 符号 | 设备名称 | 型号、规格 | 单位 | 数量 | 备注 |
| --- | --- | --- | --- | --- | --- | --- |
| 1 | M | 电动机 | Y－112M－4 380V、15kW、1378 r/min、50Hz | 台 | 1 | |
| 2 | PLC | 可编程控制器 | FX1N－24MR－001 | 台 | 1 | |
| 3 | QF1 | 空气断路器 | DZ47－D25/3P | 个 | 1 | |
| 4 | FU | 熔断器 | RT18－32/6A | 个 | 2 | |
| 5 | KM | 交流接触器 | CJX2（LCI－D）－12　线圈电压220 V | 个 | 2 | |
| 6 | SB | 按钮 | LA39－11 | 个 | 2 | |
| 7 | SQ | 霍尔行程开关 | VH－MD12A－10N1 | 个 | 5 | |
| 8 | HJ | 呼叫按钮 | KB－A1/KB－A2/KB－A3 | 个 | 5 | |

### 3. 确定I/O点总数及地址分配

控制电路中有启动按钮SB1，停止按钮SB2，五个行程开关SQ1、SQ2、SQ3、SQ4、SQ5，五个呼叫按钮HJ1、HJ2、HJ3、HJ4、HJ5。控制系统总数输入点为12个，输出点为2个。PLC的I/O地址分配如表2－9－2所示。

**表2－9－2　I/O地址分配表**

| 输入信号 | | | 输出信号 | | |
| --- | --- | --- | --- | --- | --- |
| 1 | X0 | 启动按钮SB1 | 1 | Y0 | 左行交流接触器KM1 |
| 2 | X1 | 停止按钮SB2 | 2 | Y1 | 右行交流接触器KM2 |
| 3 | X2 | 呼叫按钮HJ1 | | | |
| 4 | X3 | 呼叫按钮HJ2 | | | |
| 5 | X4 | 呼叫按钮HJ3 | | | |
| 6 | X5 | 呼叫按钮HJ4 | | | |
| 7 | X6 | 呼叫按钮HJ5 | | | |
| 8 | X7 | 行程开关SQ1 | | | |
| 9 | X10 | 行程开关SQ2 | | | |
| 10 | X11 | 行程开关SQ3 | | | |
| 11 | X12 | 行程开关SQ4 | | | |
| 12 | X13 | 行程开关SQ5 | | | |

### 4. 控制电路

运料小车多工位控制原理图如图 2－9－2 所示。

X0　X1　M0
M0
X7　[MOV　K10　D0]
X10　[MOV　K1　D0]
X11　[MOV　K2　D0]
X12　[MOV　K3　D0]
X13　[MOV　K4　D0]

（a）小车启动、停止以及5个站的行程开关传递数据到存储器

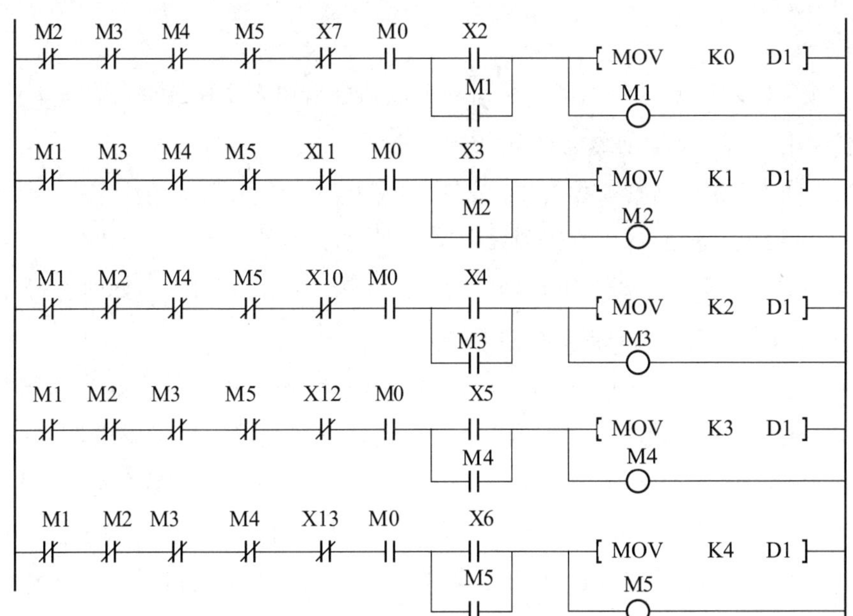


（b）5个呼叫按钮把数据传输到存储器

M0　[CMP　D0　D1　M6]

（c）数据比较

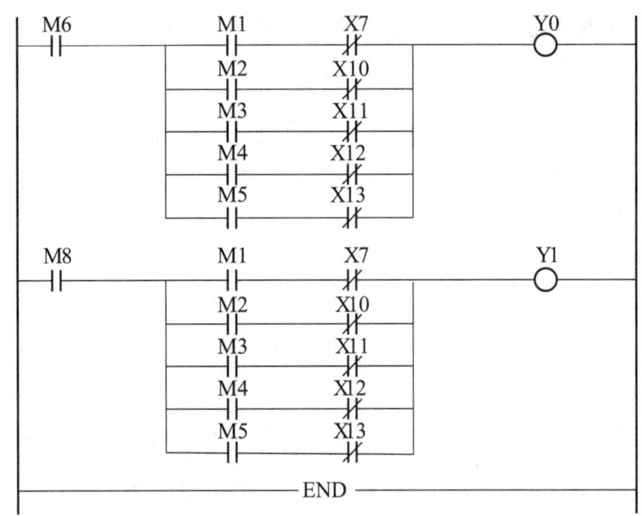


（d）小车左行和小车右行

**图 2－9－3　运料小车多工位运行控制梯形图**

### 5. 程序设计

程序说明：

（1）当按下启动按钮时，小车开始运动，该辅助继电器 M0 得电；当按下停止按钮时，小车停止运动，该辅助继电器 M0 失电。

（2）在程序中，5 个站的行程开关分别用数字 0～4 来表示，当小车在 1 号站时，行程开关 X007 得电，将数字 0 传送到数据寄存器 D0；当小车在 2 号站时，行程开关 X010 得电，将数字 1 传送到数据寄存器 D0；以此类推，当小车在 5 号站时，行程开关 X007 得电，将数字 4 传送到数据寄存器 D0。

（3）在程序中，5 个站的呼叫按钮分别用数字 0～4 来表示，而且由于 5 个呼叫按钮开关 HJ1～HJ5 具有互锁功能，先按下者优先，因此需要 5 个辅助继电器 M1～M5。当按下 1 号站呼叫按钮开关时，行程开关 X002 得电，数字 0 传送到数据寄存器 D1，同时 1 号按钮开关辅助继电器得电；当按下 2 号站呼叫按钮开关时，行程开关 X003 得电，数字 1 传送到数据寄存器 D1，同时 2 号按钮开关辅助继电器得电；以此类推，当按下 5 号站呼叫按钮开关时，行程开关 X006 得电，数字 4 传送到数据寄存器 D1，同时 5 号按钮开关辅助继电器得电。

（4）按下启动按钮和呼叫按钮后，开始对行程开关数据寄存器 D0 和呼叫按钮数据寄存器 D1 中的数据进行比较。当 D0 > D1 时，即小车当前所处停靠站的编码大于呼叫按钮的编码时，M6 得电，小车向左运行；当 D0 = D1 时，即小车当前所处停靠站的编码等于呼叫按钮的编码时，M7 得电，小车停止不动；当 D0 < D1 时，即小车当前所处停靠站的编码小于呼叫按钮的编码时，M8 得电，小车向右

运行。

(5) 小车当前所处停靠站的编码大于呼叫按钮的编码时，小车向左运行，运行到呼叫按钮所对应的停靠站时停止；小车当前所处停靠站的编码小于呼叫按钮的编码时，小车向右运行，运行到呼叫按钮所对应的停靠站时停止。

### 6. 运行调试

根据原理图连接 PLC 线路，检查无误后，将程序下载到 PLC 中，运行程序，观察控制过程。如图 2-9-4 所示是小车多工位间运行实训台模拟调试接线图。

(1) 按下外部启动按钮 SB1，将 X0 置 ON 状态，任意按下一个呼叫按钮，观察 Y0、Y1 的动作情况，观察小车的运行。

(2) 当小车运行到该呼叫按钮对应的行程开关时，观察小车是否停止在该位置。

(3) 重复上述动作，任意按下另外一个呼叫按钮，观察小车是否在对应的位置停止。

(4) 按下外部停止按钮 SB2，将 X1 置 ON 状态，任意按下一个呼叫按钮，小车停止，没有动作。

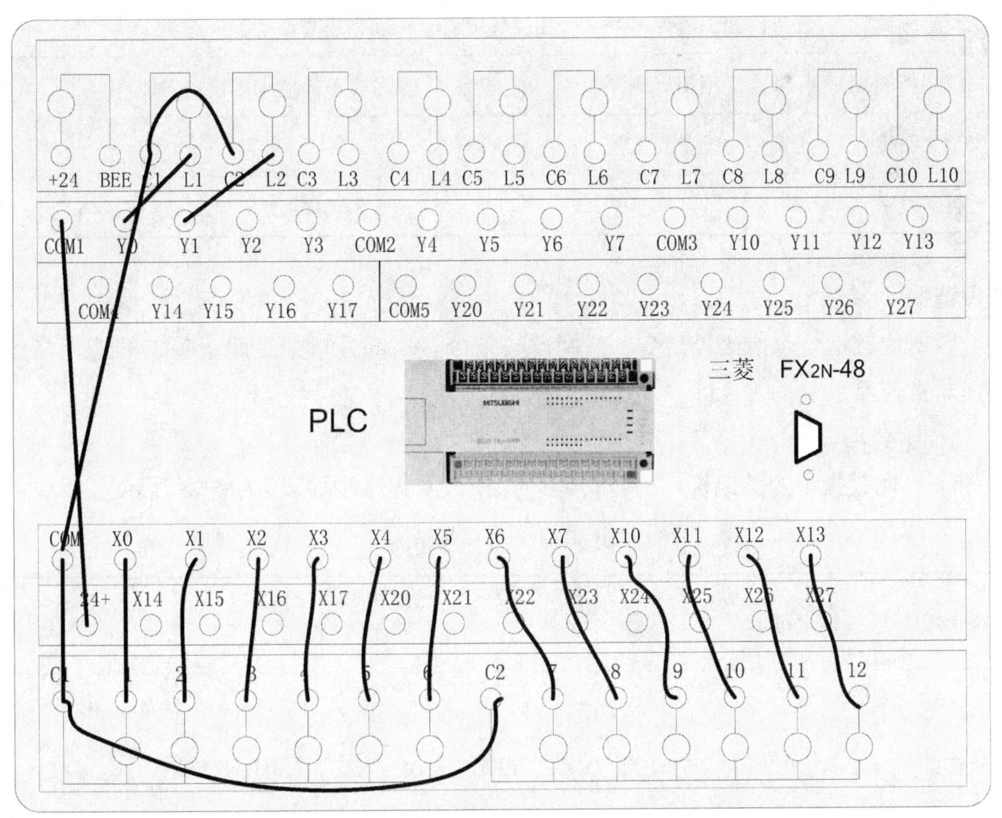


**图 2-9-4　小车多工位间运行实训台模拟调试接线图**

**任务评价 > >**

| 评价项目 | 评价内容 | 分值 | 评价标准 | 得分 |
| --- | --- | --- | --- | --- |
| 课堂学习能力 | 学习态度与能力 | 10 | 态度端正，学习积极 | |
| 思维拓展能力 | 拓展学习的表现与应用 | 10 | 积极拓展学习并能正确应用 | |
| 团结协作意识 | 分工协作，积极参与 | 5 | | |
| 语言表达能力 | 正确、清楚地表达观点 | 5 | | |
| 学习过程：程序编制、调试、运行、工艺 | 外部接线 | 5 | 按照接线图正确接线 | |
| | 布线工艺 | 5 | 符合布线工艺标准 | |
| | I/O 分配 | 5 | I/O 分配正确合理 | |
| | 程序设计 | 10 | 能完成控制要求 5 分<br>具有创新意识 5 分 | |
| | 程序调试与运行 | 15 | 程序正确调试 5 分<br>符合控制要求 5 分<br>能排除故障 5 分 | |
| 理论测试 | 任务内知识测评 | 10 | 正确完成测评内容 | |
| 应用拓展 | 任务内应用拓展测评 | 10 | 及时、正确地完成技术文件 | |
| 安全文明生产 | 正确使用设备和工具 | 10 | | |
| 教师签字 | | 总得分 | | |

**知识链接 > >**

数据比较指令包括比较指令、区间比较指令。这部分指令是属于基本的应用指令，使用非常普及。

### 1. 比较指令

（1）比较指令的助记符、指令代码、操作数及程序步如表 2-9-3 所示。

**表 2-9-3　比较指令**

| 指令名称 | 助记符 | 指令代码 | 操作数 | | | 程序步 |
| --- | --- | --- | --- | --- | --- | --- |
| | | | S1 | S2 | D | |
| 比较指令 | CMP | FNC10 | K、H<br>KnX、KnY、KnM、KnS、<br>T、C、D、V、Z | | Y、M、S | CMP、CMPP …7 步<br>DCMP、DCMPP …13 步 |

（2）比较指令梯形图，如图 2 -9 -5 所示。

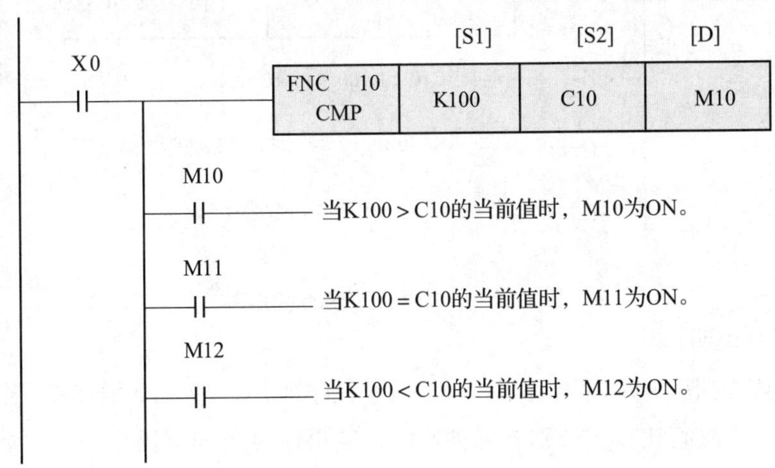


**图 2 -9 -5　比较指令梯形图**

（3）指令说明：

①该指令中两个源操作数 S1、S2 是字元件，一个目标操作数 D 是位元件。前面两个源操作数进行比较，有三种结果，通过目标操作数的三个连号的位元件表达出来，表达方式如图 2 -9 -5 所示。

②所有的源操作数均按二进制数进行处理。

③H 为操作数，如指定 M1 时，则 M10、M11、M12 三个连号的位元件被自动占用。该指令执行时，这三个位元件有且只有一个会置 ON。在 X0 断开即使不执行 CMP 指令时，M10 ~ M2 也保持 X0 断开前的状态。

④要清除比较的结果时，采用复位指令。

## 2. 区间比较指令

（1）区间比较指令的助记符、指令代码、操作数及程序步见表 2 -9 -4 所示。

**表 2 -9 -4　区间比较指令**

| 指令名称 | 助记符 | 指令代码 | 操作数 | | | | 程序步 |
|---|---|---|---|---|---|---|---|
| | | | S1 | S2 | S3 | D | |
| 区间比较指令 | ZCP | FNC11 | K、H、KnX、KnY、KnM、KnS、TC、D、V、Z | | | Y、M、S | ZCP、ZCPP…9 步<br>DZCP、DZCPP …17 步 |

（2）区间比较指令梯形图如图 2 -9 -6 所示。

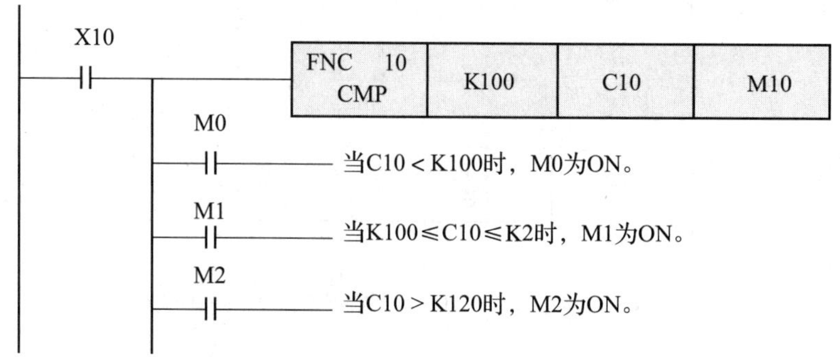


**图 2-9-6　区间比较指令梯形图**

（3）指令说明：

① 区间比较指令有四个操作数，前面两个操作数 S1、S2 把数轴分成三个区间，S3 在这三个区间中进行比较，分别有三种情况，结果通过第四个操作数的三个连号的位元件表达出来。

② 第一个操作数 S1 要小于第二个操作数 S2。

③ 区间比较不会改变源操作数的内容。

④ 区间比较后的结果具有记忆功能。

⑤ 要清除比较的结果时，采用复位指令。

**例**　根据 X0、X1 状态变化的梯形图，画出 Y0、Y1、Y2 状态变化的波形图。

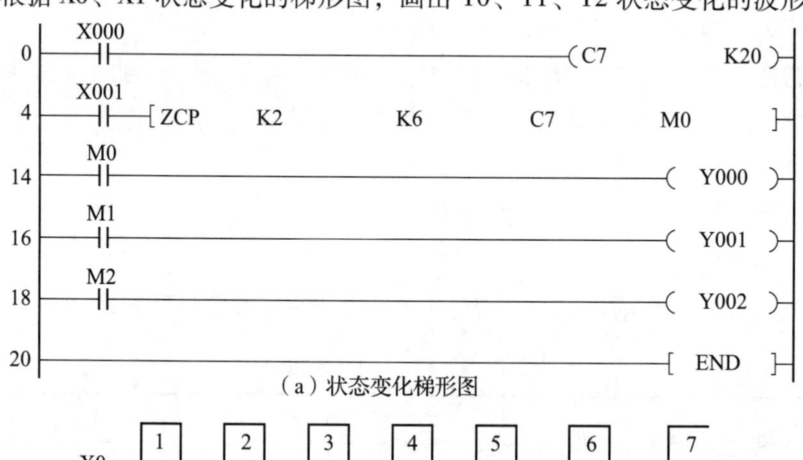


（a）状态变化梯形图

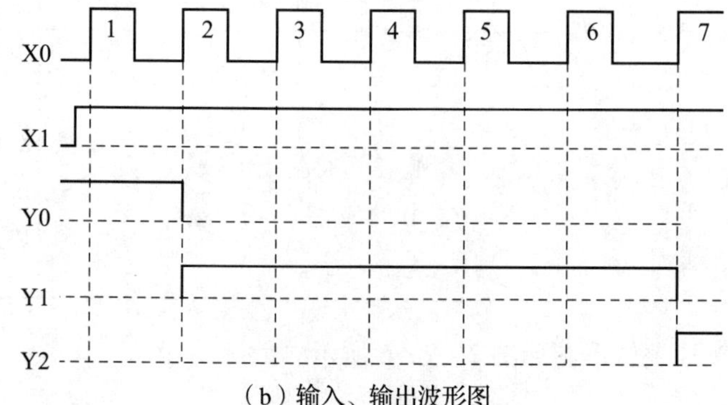


（b）输入、输出波形图

**图 2-9-7**

**任务拓展 > >**

某生产线要求小车执行以下控制：初始状态下，小车停在行程开关 ST1 的位置，且行程开关 ST1 被压合。第一次按下按钮 SB1 后，小车前进至行程开关 ST2 处停止，5s 后退回行程开关 ST1 处停止。第二次按下按钮 SB1 后，小车前进到行程开关 ST3 处停止，5s 后退回到行程开关 ST1 处停止。第三次按下按钮 SB1 后，小车前进到行程开关 ST4 处停止，5s 后退回至行程开关 ST1 处停止。再按下按钮 SB1，重复以上过程。生产流水线小车运动示意图如图 2-9-8 所示。

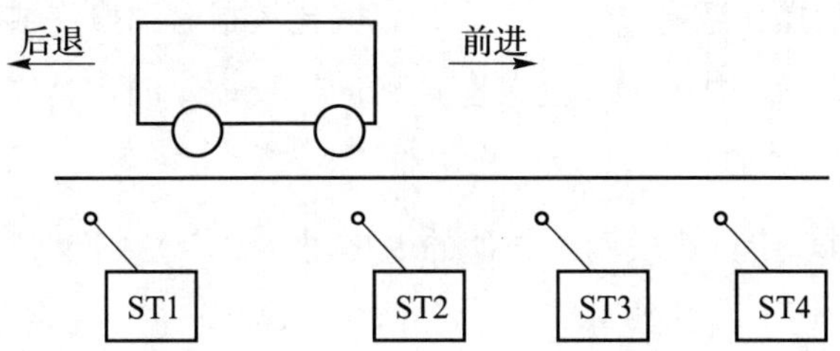


**图 2-9-8 生产流水线小车运动示意图**

请按工艺流程设计出相应的 PLC 程序梯形图。

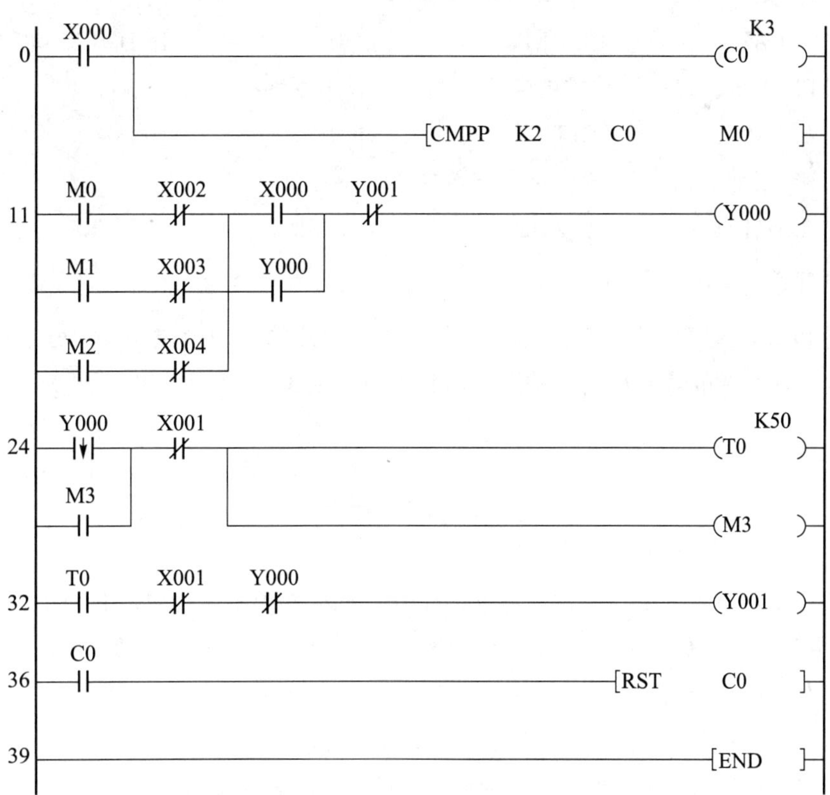


**图 2-9-9 采用区间比较指令的梯形图（供参考）**

# 知识测评

1. **填空题**

（1）数据比较指令包括________、________。

（2）在比较指令和区间比较指令中，要清除比较的结果时，采用________。

（3）在比较指令中，所有的源操作数均按________进行处理。

（4）比较指令的操作数有________个，区间比较指令的操作数有________个。

（5）比较指令的指令代码是________，区间比较指令的指令代码是________。

2. **选择题**

（1）FX 系列 PLC 中，比较两个数值的大小用（　　）指令。

A. TD　　B. TM　　C. TRD　　D. CMP

（2）FX 系列 PLC 中，16 位乘法指令应用（　　）。

A. DADD　　B. ADD　　C. MUL　　D. DMUL

（3）FX 系列 PLC 中，16 位除法指令应用（　　）。

A. DADD　　B. DDIV　　C. DIV　　D. DMUL

（4）FX 主机，写入特殊扩展模块数据，应采用哪种指令？（　　）

A. FROM　　B. TO　　C. RS　　D. PID

（5）FX 系列 PLC 中，16 位加法指令应用（　　）。

A. DADD　　B. ADD　　C. SUB　　D. MUL

3. **应用题**

利用 PLC 实现密码锁控制。密码锁有 3 个置数开关（12 个按钮），分别代表 3 个十进制数，如所拨的数据与密码锁设定值相等时，则 3s 后开锁，20s 后重新上锁。

# 任务要点归纳

通过对送料小车多地往返控制任务的学习，完成以下知识的学习和训练：

1. 学习比较指令和区间比较指令的功能和用法，它在逻辑控制中具有较强的优势，具有语句简单清晰、程序编制较容易、语句结构化强的特点；

2. 在该任务中同时运用了传送指令，加强了对其功能的认识；

3. 学习使用 PLC 对三相交流异步电动机的正、反转控制方法；

4. 加深外部电器（行程开关和呼叫按钮等）的连接应用。

# 单元三

# 变频器的基本控制

变频器是对交流电动机进行速度调节和方向控制的重要装置，是电力拖动设备和过程控制中转速和方向控制不可或缺的基本元件，本单元将以三菱 A/E700 型通用变频器为例，让学生学会其基本的操作和控制。其中：

工作任务 1：通过 A/E700 面板的基本操作，学会如何设置参数，理解各参数的作用和含义，同时掌握通用变频器的结构组成和基本工作原理。

工作任务 2：学会如何通过 A/E700 面板操作完成正、反转控制，手动设置参数对三相交流电动机的加、减速时间进行控制。

工作任务 3：本任务将通过 PLC 对在变频器 EXT 模式下的控制，完成对皮带输送机的方向、速度大小的控制和调节，介绍变频器与外部开关、PLC 等设备的控制功能和操作使用方法，同时让学生掌握变频器控制电路各端子的接线与功能。

工作任务 1

# 变频器的面板操作

**任务描述 > >**

变频器是一种利用半导体器件的通、断作用将固定频率的交流电变换为连续可调的交流电的装置，在自动化控制系统中具有重要的作用。本工作任务将了解变频器的外形结构特点，实际操作变频器频率设定和参数变更，通过练习，可以更直观地体会面板上按钮的功能和指示灯变化情况，同时学习调速的基本原理，为后续学习变频器的实际应用做好准备。变频器的面板操作是变频器中的基本操作，也是参数设定的基础。

**任务目标 > >**

- 能够正确识别变频器的外形结构。
- 能够对变频器的面板进行简单操作。
- 能够掌握变频器的基本理论。

**任务实施 > >**

## 一、工作任务

本任务中要求认识变频器的外形结构，并熟悉变频器面板的基本操作。要求如下：

（1）认识变频器的外形结构。

（2）熟悉变频器面板各个按钮的功能。

（3）熟悉变频器面板各个指示灯的功能。

（4）对 FR - AE700 变频器进行锁定操作。

（5）设定频率。

（6）变更参数设定值操作。

（7）参数清除操作。

## 二、任务分析

三菱 A700 型变频器是一种常用的变频器，其操作简单、功能强大。面板控制是 A700 型变频器的基本功能，通过面板上的按钮能对变频器进行各种控制模式的切换和参数的设定，这些操作是变频器使用的必需操作。

## 三、任务实施

### 1. 变频器面板介绍

变频器上端盖如图 3－1－1 所示。变频器的数字操作面板如图 3－1－2 所示。

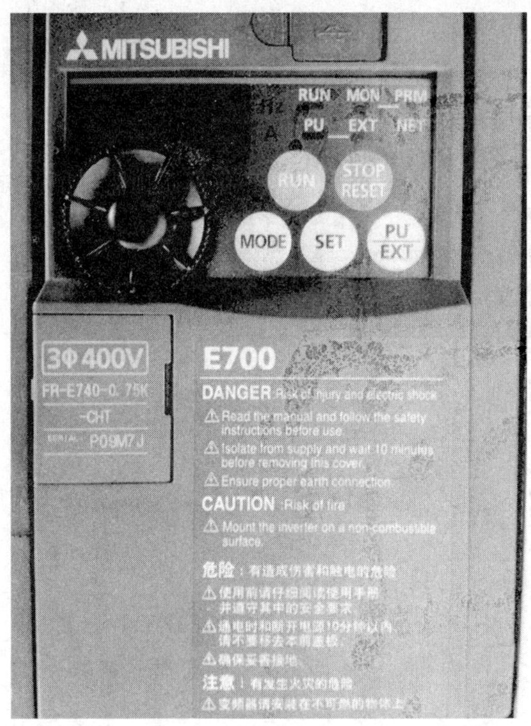


图 3－1－1　变频器上端盖

### 2. LED 监视器

LED 监视器由 7 段 LED 4 位显示，显示设定频率、输出频率等各种监视数据以及报警代码等。LED 监视器指示信号主要有三种功能：

（1）显示运行状态：正转运行时，FWD 灯亮；反转运行时，REV 灯亮；停止时，STOP 灯亮。

（2）显示选择的运行模式：PU 运行模式时，PU 灯亮；EXT 模式时，EXT 灯亮。

（3）单位显示：显示频率时，Hz 灯亮；显示电流时，A 灯亮；显示电压时，V 灯亮。

### 3. 操作按键

操作按键用于更换画面、变更数据和设定频率等。

（1）MODE 键：模式转换按键，用于更改工作模式，由现行画面转换为菜单画面，如显示、运行及程序设定模式等。

（2）旋钮：用于快速增加或减小数据。

（3）PU/EXT 键：运行模式切换键，用于切换 PU 与 EXT 模式。

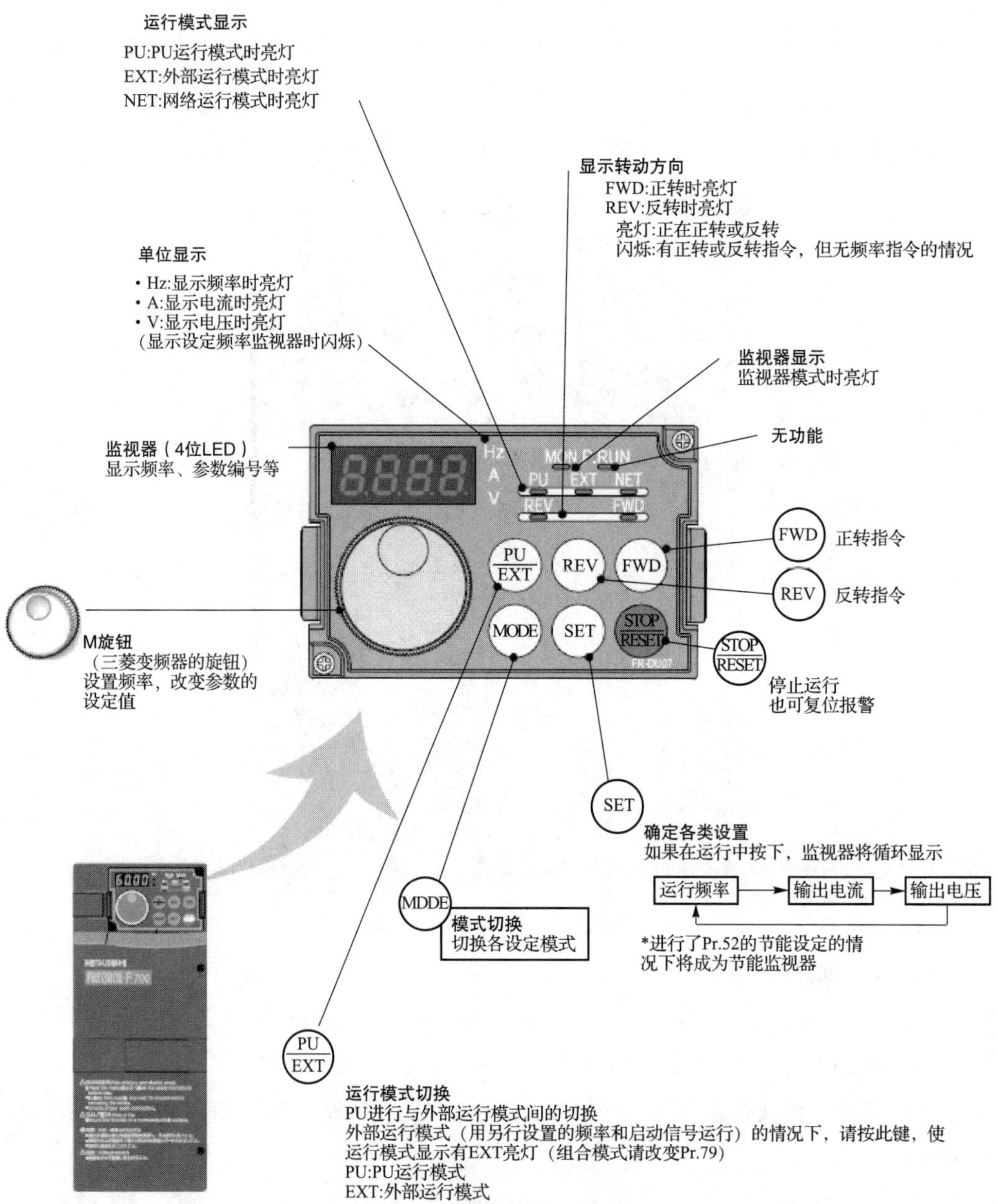


**图3-1-2　变频器的数字操作面板**

（4）SET键：用于确定各类设置。如果在运行中按下，监视器将循环显示：

运行频率⟶输出电流⟶输出电压

（5）STOP/RESET键：用于停止运行，也可报警复位。

（6）FWD键：正转运行。

（7）REV键：反转运行。

### 4. 键盘面板操作体系

基本操作包括监视器和频率设定、参数设定及报警历史等，如图3-1-3所示。

(1) 锁定操作：可以防止参数变更或防止发生意外启动或停止，使操作面板上的旋钮、键盘操作无效化。

①Pr. 161 设置为“10”或“11”，然后按住 MODE 键 2s 左右，此时旋钮与键盘操作均无效，之后面板会显示“HOLD”字样。

②按住 MODE 键 2s 左右可解除锁定。

注意：操作锁定未解除时，无法通过按键操作来实现 PU 停止的解除。

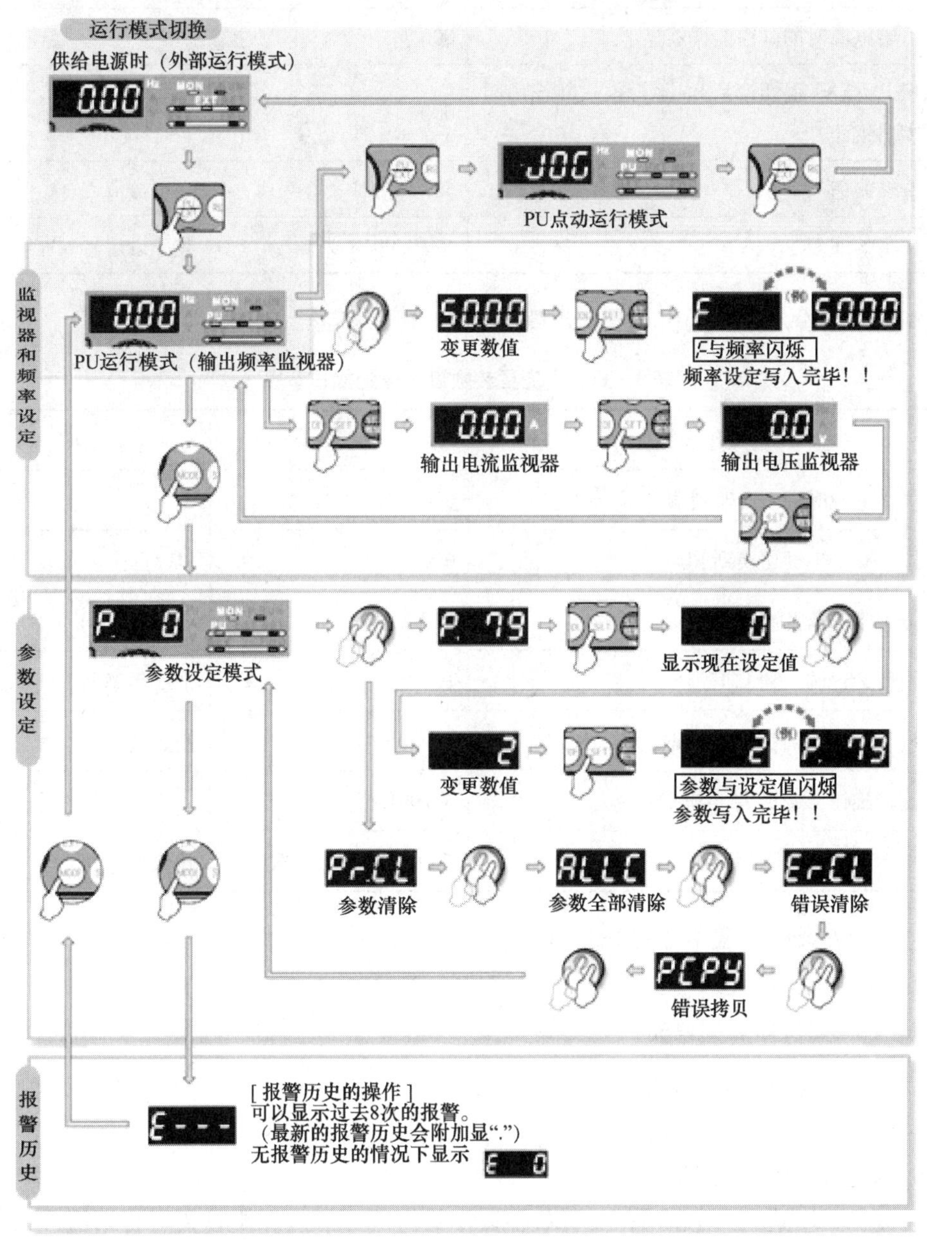


图 3-1-3　变频器参数设定示意图

（2）监视模式切换：在监视器模式中按 SET 键可以循环显示输出频率、输出电压和输出电流。

（3）频率设定：在 PU 模式下旋转旋钮直接设定频率，操作步骤如表 3-1-1 所示。

**表 3-1-1　频率设定操作步骤**

| | 操作步骤 | 显示结果 | 注释 |
|---|---|---|---|
| 1 | 供给电源时的画面监视器显示 | 000 | |
| 2 | 按 PU/EXT 键切换到 PU 运行模式（输出频率监视器） | 000 | PU 灯亮 |
| 3 | 旋转旋钮 | 50.00Hz | 变更数值 |
| 4 | 按下 SET 键 | F/50.00Hz 闪烁 | 频率设定写入完毕 |

变更参数设定值的操作。操作步骤如表 3-1-2 所示。

**表 3-1-2　变更参数设定值的操作步骤**

| | 操作步骤 | 显示结果 | 注释 |
|---|---|---|---|
| 1 | 供给电源时的画面监视器显示 | 000 | |
| 2 | 按 PU/EXT 键切换到 PU 运行模式 | 000 | PU 灯亮 |
| 3 | 按 MODE 键切换到参数设定模式 | P.0 | |
| 4 | 旋转旋钮调节到 P.1 | P.001 | 上限频率 P.1 |
| 5 | 按下 SET 键，读取当前设定值 | 120.0Hz | 初始值 |
| 6 | 旋转旋钮，变更为 50.00Hz | 50.00Hz | |
| 7 | 按下 SET 键进行写入 | 50.00Hz/P.1 闪烁 | 参数设定完毕 |

注意：在操作过程中如有 Er1～Er4，则表示下列错误：

Er1——禁止写入错误；

Er2——运行中写入错误；

Er3——校正错误；

Er4——模式指定错误。

### 5. 参数清除和全部清除

通过 Pr.CL 进行参数清除，ALLC 参数设置为“1”，使参数恢复为初始值。操作步骤如表 3-1-3 所示。

表3-1-3　参数清除及参数恢复初始值的操作步骤

| | 操作步骤 | 显示结果 | 注释 |
|---|---|---|---|
| 1 | 供给电源时画面监视器显示 | 000 | |
| 2 | 按 PU/EXT 键切换到 PU 运行模式 | 000 | PU 灯亮 |
| 3 | 按 MODE 键切换到参数设定模式 | P. 0 | |
| 4 | 旋转旋钮调节到 Pr. CL 或 ALLC | Pr. CL/ALLC | 参数清除/参数全部清除 |
| 5 | 按下 SET 键，读取当前设定值 | 0 | 初始值 |
| 6 | 旋转旋钮，变更为“1” | 1 | |
| 7 | 按下 SET 键进行写入 | 1/Pr. CL/ALLC 闪烁 | 参数设定完毕 |

## 任务评价＞＞

| 评价项目 | 评价内容 | 分值 | 评价标准 | 得分 |
|---|---|---|---|---|
| 课堂学习能力 | 学习态度与能力 | 10 | 态度端正，学习积极 | |
| 思维拓展能力 | 拓展学习的表现与应用 | 10 | 积极拓展学习并能正确应用 | |
| 团结协作意识 | 分工协作，积极参与 | 5 | | |
| 语言表达能力 | 正确、清楚地表达观点 | 5 | | |
| 学习过程：程序编制、调试、运行、工艺 | 外部接线 | 5 | 按照接线图正确接线 | |
| | 布线工艺 | 5 | 符合布线工艺标准 | |
| | I/O 分配 | 5 | I/O 分配正确合理 | |
| | 程序设计 | 10 | 能完成控制要求 5 分<br>具有创新意识 5 分 | |
| | 程序调试与运行 | 15 | 程序正确调试 5 分<br>符合控制要求 5 分<br>能排除故障 5 分 | |
| 理论测试 | 任务内知识测评 | 10 | 正确完成测评内容 | |
| 应用拓展 | 任务内应用拓展测评 | 10 | 及时、正确地完成技术文件 | |
| 安全文明生产 | 正确使用设备和工具 | 10 | | |
| 教师签字 | | 总得分 | | |

## 知识链接＞＞

变频器是将固定频率的交流电变换为频率连续可调的交流电的装置。随着微电子学、电力电子技术、计算机技术和自动控制理论等的发展，变频器技术也在不断发展，其应用也越来越普遍。

### 1. 变频器的结构

通用变频器由主电路和控制电路组成，其基本结构如图 3 - 1 - 4 所示。主电路包括整流器、中间环节和逆变器。控制电路由运算电路、检测电路、控制信号的输入/输出电路和驱动电路组成。

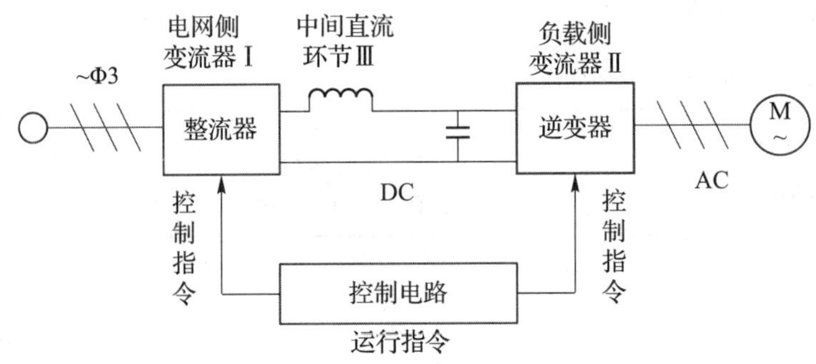


图 3 - 1 - 4　通用变频器的基本结构

#### (1) 主电路

①整流电路：把三相交流电转变成直流电，为逆变电路提供所需的直流电源。按使用的器件不同，整流电路可分为不可控整流电路和可控整流电路。

②滤波及限流电路：由限流电阻和短路开关组成限流电路，当变频器接入电源瞬间，将有一个很大的冲击电流经整流桥流向滤波电容，整流桥可能因电流过大而在接入电源瞬间受到损坏，而限流电路可以削弱该冲击电流，起到保护整流桥的作用。

③直流中间电路：由整流电路可以将电网的交流电源整流成直流电压或直流电流，但这种电压或电流含有电压或电流波纹，将影响直流电压或直流电流的质量。为了减小这种电压或电流波动，需要加电容器或电感器作为直流中间环节。

④逆变电路：逆变电路是变频器最主要的部分之一，它的功能是在控制电路的控制下，将直流中间电路输出的直流电转换为电压、频率均可调的交流电，实现对异步电动机的变频调速控制。

#### (2) 控制电路

为变频器的主电路提供通、断控制信号的电路称为控制电路。其主要任务是完成对逆变器开关器件的开、关控制和提供多种保护功能，主要由以下几部分组成：

①运算电路：将外部的速度、转矩等指令信号同检测电路的电流、电压信号进行比较运算，决定变频器的输出频率和电压。

②信号检测电路：将变频器和电动机的工作状态反馈至微处理器，并由微处理器按事先确定的算法进行处理后为各部分电路提供所需的控制或保护信号。

③驱动电路：为变频器中逆变电路的换流器件提供驱动信号。当逆变电路换流器

件为晶体管时，称为基极驱动电路；当逆变电路的换流器件为可控硅（SCR）、IGBT 或 GTO 时，称为门极驱动电路。

④保护电路：对检测电路中得到的各种信号进行运算处理，以判断变频器本身或系统是否出现异常。当检测到出现异常时，保护电路进行各种必要的处理，如使变频器停止工作或抑制电压、电流值等。

### 2. 变频器的基本工作原理

异步电动机的同步转速，即旋转磁场的转速为

$$n = 60f/p$$

式中　$n$——同步转速，r/min；

$f$——定子电流频率，Hz；

$p$——极对数。

异步电动机的轴转速为

$$n = 60f/p(1 - s)$$

改变异步电动机的供电频率，可以改变其同步转速，实现调速运行。

### 3. 变频器的种类

#### （1）按变频的原理分类

①交—交变频器。它只用一个变换环节就把恒压、恒频（CVCF）的交流电变换为变压、变频（VVVF）的电源，因此称为直接变频器，或称为交—交变频器。

②交—直—交变频器，又称为间接变频器。基本组成电路有整流电路和逆变电路两部分，整流电路将工频交流电整流成直流电，逆变电路再将直流电逆变成频率可调节的交流电。

#### （2）按变频电源的性质分类

①电压型变频器。

在中间直流环节采用大电容滤波，直流电压波形比较平直，使施加于负载上的电压值基本不受负载的影响，而基本保持恒定，类似电压源，因而称为电压型变频器。如图 3-1-5 所示。

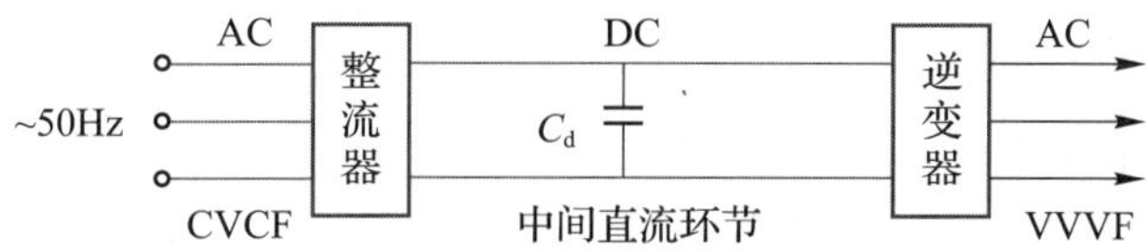


**图 3-1-5　电压型变频器**

由于电压型变频器是作为电压源向交流电动机提供交流电功率的，主要优点是运行几乎不受负载功率因素或换流的影响；缺点是当负载出现短路或在变频器运行状态下投入负载，都易出现过电流，所以必须在极短的时间内施加保护措施。

②电流型变频器。

电流型变频器与电压型变频器在主电路结构上相似，所不同的是电流型变频器的中

间环节采用大电感滤波，直流电流比较平直，使施加在负载上的电流值稳定不变，基本不受负载影响，其特性类似电流源，所以称之为电流型变频器。如图3-1-6所示。

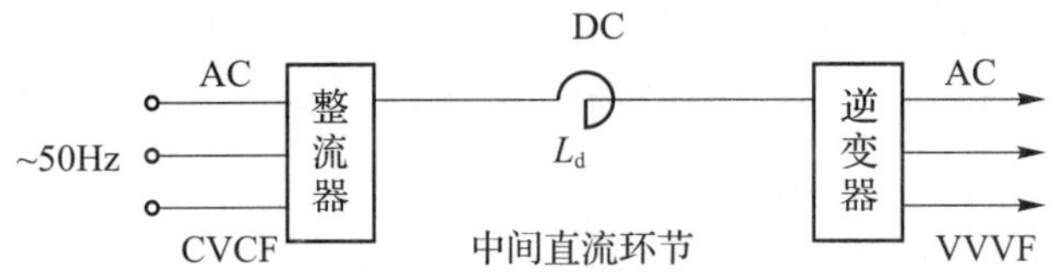


**图3-1-6　电流型变频器**

电流型变频器由于电流的可控性较好，可以限制因逆变装置换流失败或负载短路等引起的过电流，保护的可靠性较高，所以多用于要求频繁加、减速或四象限运行的场合。

**(3) 按调压的方式分类**

①脉冲幅值调制。

脉冲幅值调制方式（Pulse Amplitude Modulation），简称PAM方式，是通过改变直流电压的幅值进行调压的方式。在此类变频器中，逆变器只负责调节输出频率，而输出电压的调节则由相控整流器或直流斩波器通过调节直流电压去实现。

②脉冲幅值宽度调制方式。

脉冲幅值宽度调制方式（Pulse Width Modulation），简称PWM方式。变频器输出电压的大小是通过改变输出脉冲的占空比来实现的。

**(4) 按用途分类**

①通用变频器。

通用变频器的特点是其具有通用性。随着变频器技术的发展和市场需求的不断扩大，通用变频器也在朝着两个方向发展：一是低成本的简易型通用变频器；二是高性能的多功能变频器。它们分别具有以下特点。

简易型通用变频器是一种以节能为主要目的而简化了一些系统功能的通用变频器。它主要应用于水泵、鼓风机等对于系统调速性能要求不高的场合，并具有体积小、价格低等方面的优势。

高性能的通用变频器在设计过程中充分考虑了在变频器应用中可能出现的各种需要，并为满足这些需要在系统软件和硬件方面都做了相应的准备。在使用时，用户可以根据负载特性选择算法并对变频器的各种参数进行设定，也可以根据系统的需要选择厂家所提供的各种备用选件来满足系统的特殊需要。高性能的多功能通用变频器除了可以应用于简易型变频器的所有应用场合之外，还可以广泛应用于电梯、数控机床、电动车辆等对调速系统的性能有较高要求的场合。

②专用变频器、高性能专用变频器。

随着控制理论、交流调速理论和电力电子技术的发展，异步电动机的VC得到发展，VC变频器及其专用电动机构成的交流伺服系统已经达到并超过了直流伺服系统的水平。此外，由于异步电动机还具有环境适应性强、维护简单等许多直流伺服电动机所不具备的优点，因此在要求高速、高精度的控制中，这种高性能交流伺服变频器正在逐步代替直流伺服系统。

**任务拓展 > >**

试将变频器进行全部参数清除并将它的 P. 4 设置为 60Hz。

# 知识测评

**1. 填空题**

（1）变频器是将固定频率的交流电变换为__________交流电的装置。

（2）变频器的控制电路由________、________、________、________四部分组成。

（3）在主电路中整流电路的主要作用是把________转变成直流电，为逆变电路提供所需的直流电源。

（4）逆变电路是变频器最主要的部分之一，它的功能是在控制电路的控制下，将直流中间电路输出的直流电转换为______________________________。

（5）________________调制方式简称 PWM 方式。变频器输出电压的大小是通过改变输出脉冲的占空比来实现的。

**2. 选择题**

（1）MODE键的作用是（　　）。

A. 运行模式　　B. 操作选择　　C. 正转　　D. 反转

（2）正转运行时，（　　）灯亮；反转运行时，REV 灯亮；停止时，STOP 灯亮。

A. FWD　　B. REV　　C. RUN　　D. STOP

（3）变频器面板锁定操作参数是（　　）。

A. Pr. 160　　B. Pr. 161　　C. Pr. 162　　D. Pr. 163

（4）在监视器模式中按（　　）键可以循环显示运行频率、输出电压和输出电流。

A. FWD　　B. STOP　　C. SET　　D. MODE

（5）通过 Pr. CL 进行参数清除，ALLC 参数设置为（　　），使参数恢复为初始值。

A. 0　　B. 1　　C. 2　　D. 3

**3. 简答题**

（1）变频器通常由哪几部分组成？

（2）什么是电压型变频器和电流型变频器？各有什么特点？

（3）说说变频器在生活中的应用。

## 任务要点归纳

本工作任务以三菱 A/E700 为例，完成了以下操作训练和知识的学习：

1. 通过对面板按钮的操作，介绍了如何修改参数、如何设定频率以及在运行过程中面板显示灯的状态；

2. 学习电动机调速最常用的变频调速基本原理和方法；

3. 变频器由主电路和控制电路组成，主电路包括整流器、中间环节和逆变器；控制电路由运算电路、检测电路、控制信号的输入/输出电路和驱动电路组成。

工作任务 2

# 变频器 PU 模式正、反转控制

**任务描述 > >**

变频器在实际应用中经常用来控制各类电动机的正、反转。例如生产线传送带的前进、后退，电梯的上升、下降等，都需要电动机的正、反转运行。在传统电气控制中经常使用改变相序的方式对交流电动机进行正、反转控制，本工作任务将使用变频器 FWD 和 REV 功能来实现交流电动机的正反转控制，同时设置不同频率来控制电动机正转和反转时的转速。

**任务目标 > >**

- 熟悉变频器的参数设定。
- 掌握变频器正、反转的基本操作。
- 掌握变频器常用参数含义。

**任务实施 > >**

### 一、工作任务

有一台三相异步电动机，功率为 1.1kW、额定电流为 2.52A、额定电压为 380V、额定频率为 60Hz。现需用 PU 模式（操作面板）进行正、反转控制，通过参数设置来改变变频器的正、反转运行输出频率从而进行调速控制。其具体控制要求如下：

（1）能够用操作面板实现正、反转。

（2）正转频率为30Hz，反转频率为50Hz。

（3）设定频率时，最大不得超过100Hz，最小不得低于10Hz。

（4）电动机的加速时间为6s，减速时间为3s。

## 二、任务分析

本任务是由变频器控制电动机的正、反转运行，其中电动机的正、反转在PU模式下可直接由面板上的FWD和REV按键来实现，而其他的控制要求如加、减速时间，运行频率的大小等则必须通过变频器的参数设定来实现，所以熟悉和掌握各参数的含义和设定方法，是完成本任务的重点。具体参数如表3-2-1所示。

**表3-2-1　变频器的参数设定**

| 参数编号 | 设定值 | 说明 |
|---|---|---|
| Pr. 0 | 7 | 转矩提升（根据情况进行设定） |
| Pr. 1 | 120Hz | 上限频率 |
| Pr. 2 | 10Hz | 下限频率 |
| Pr. 3 | 60Hz | 基准频率 |
| Pr. 7 | 6s | 加速时间 |
| Pr. 8 | 3s | 减速时间 |
| Pr. 9 | 2. 52A | 电子过流 |
| Pr. 79 | 1 | 操作模式 |

## 三、任务实施

### （一）主电路的连接

1. 输入端子R、S、T分别接三相电源L1、L2、L3。

2. 输出端子U、V、W接到电动机的绕组。接线图如图3-2-1所示。

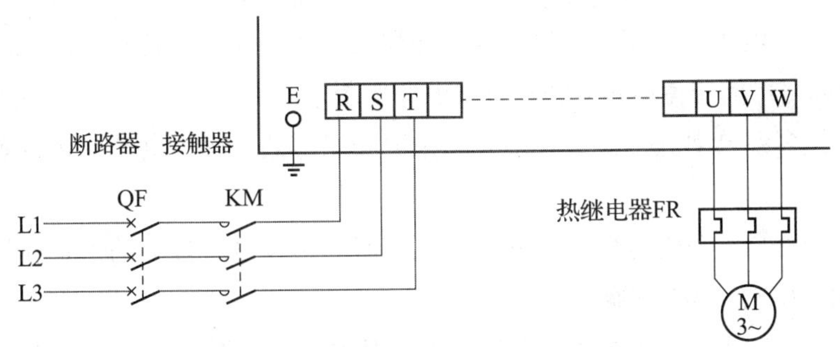


**图3-2-1　主电路接线图**

注意：变频器的输入端和输出端是绝对不允许接错的。万一将电源进线端接到了 U、V、W 端，则不管哪个逆变管导通，都将引起两相间的短路而将逆变管迅速烧坏。

## （二）参数设定

### 1. 用变频器对电动机进行热保护

为了防止电动机温度过高，请把电动机的额定电流设定到 Pr. 9 电子过电流保护。具体见表 3－2－2。

**表 3－2－2　Pr. 9 电子过电流保护设置**

| 参数编号 | 名称 | 初始值 | 设定范围 | | 内容 |
|---|---|---|---|---|---|
| Pr. 9 | 电子过电流保护 | 变频器额定输出电流 | 55kW 以下 | 0～500A | 设定电动机的额定电流 |
| | | | 75kW 以上 | 0～3600A | |

电动机的额定电流为 2. 52A，所以应把 Pr. 9 电子过电流保护设为 2. 52A。具体操作如表 3－2－3 所示。

**表 3－2－3　电子过流操作步骤**

| | 操作步骤 | 显示结果 | 注释 |
|---|---|---|---|
| 1 | 供给电源时的画面监视器显示 | 0. 00 | |
| 2 | 按 PU/EXT 键切换到 PU 运行模式 | 0. 00 | PU 灯亮 |
| 3 | 按 MODE 键切换到参数设定模式 | P. 0 | |
| 4 | 旋转旋钮调节到 P. 9 | P. 9 | 电子过电流保护参数 |
| 5 | 按下 SET 键，读取当前设定值 | 8. 00A | 初始值 |
| 6 | 旋转旋钮，变更为“2. 52” | 2. 52A | |
| 7 | 按下 SET 键进行写入 | 2. 52A/P. 009 闪烁 | 参数设定完毕 |

注意：（1）电子过电流保护功能在变频器的电源复位及复位信号输入后恢复到初始状态，所以尽可能避免不必要的复位或电源切断。

（2）连接多台电动机时，电子过电流保护功能无效，每个电动机请设置外部热继电器。

（3）变频器与电动机的容量差较大，设置值变小时电子过流的保护作用降低，这种情况下请使用外部热继电器。

（4）特殊电动机不能用电子过电流来进行保护，请使用外部热继电器。

### 2. 电动机的基准频率设定

基准频率也叫基本频率，一般以电动机的额定频率为基准频率给定值。本次使用的电动机频率为 60Hz，所以应把 Pr. 3 设置为 60Hz。Pr. 3 具体内容见表 3－2－4。

**表 3－2－4　基准频率的设定**

| 参数编号 | 名称 | 初始值 | 设定范围 | 内容 |
|---|---|---|---|---|
| Pr. 3 | 基准频率 | 50Hz | 0～400Hz | 设定电动机在额定转矩时的频率 |

具体操作步骤如表 3－2－5 所示。

**表 3－2－5　基准频率设置操作步骤**

| | 操作步骤 | 显示结果 | 注释 |
|---|---|---|---|
| 1 | 供给电源时的画面监视器显示 | 0. 00 | |
| 2 | 按PU/EXT键切换到 PU 运行模式 | 0. 00 | PU 灯亮 |
| 3 | 按MODE键切换到参数设定模式 | P. 0 | |
| 4 | 旋转旋钮调节到 P. 3 | P. 3 | 基准频率参数 |
| 5 | 按下SET键，读取当前设定值 | 50. 00Hz | 初始值 |
| 6 | 旋转旋钮，变更为“60” | 60. 00Hz | |
| 7 | 按下SET键进行写入 | 60. 00Hz/P. 003 闪烁 | 参数设定完毕 |

### 3. 提高启动时的转矩

在“施加负载后电动机不转动”或“出现警报‘［OL］/［OC1］’跳闸”的情况下，进行 Pr. 0 转矩操作的设定具体内容见表 3－2－6。

**表 3－2－6　Pr. 0 转矩操作的设定**

<table>
<tr><th>参数编号</th><th>名称</th><th colspan="2">初始值</th><th>设定范围</th><th>内容</th></tr>
<tr><td rowspan="5">Pr. 0</td><td rowspan="5">转矩提升</td><td>0. 4～0. 75kW</td><td>6%</td><td rowspan="5">0%～30%</td><td rowspan="5">可以根据负载情况，提高低频时电动机的启动转矩</td></tr>
<tr><td>1. 5～3. 7kW</td><td>4%</td></tr>
<tr><td>5. 5～7. 5kW</td><td>3%</td></tr>
<tr><td>11～55kW</td><td>2%</td></tr>
<tr><td>75kW 以上</td><td>1%</td></tr>
</table>

例如：加上负载后观察电动机的动作，每次把 Pr. 0 的设定值提高 1%（最多每次提高 10%），具体操作如表 3－2－7 所示。

表 3-2-7 Pr.0 转矩提升设置操作步骤

| | 操作步骤 | 显示结果 | 注释 |
|---|---|---|---|
| 1 | 供给电源时的画面监视器显示 | 0.00 | |
| 2 | 按[PU/EXT]键切换到PU运行模式 | 0.00 | PU灯亮 |
| 3 | 按[MODE]键切换到参数设定模式 | P.0 | |
| 4 | 旋转旋钮调节到P.0 | P.0 | 转矩提升参数 |
| 5 | 按下[SET]键，读取当前设定值 | 6.0 | 初始值 |
| 6 | 旋转旋钮，变更为“7.0” | 7.0 | |
| 7 | 按下[SET]键进行写入 | 7.0/P.000闪烁 | 参数设定完毕 |

注意：(1) 如果设定值过大，可能引起过热状态过电流切断电源。

(2) 保护功能动作时，取消启动指令，每次把Pr.0的设定值下降1%再试。

### 4. 设置输出频率的上、下限

设置输出频率的上、下限可以限制电动机的速度。输出频率的上、下限操作的设定Pr.1、Pr.2具体内容如表3-2-8所示。

表 3-2-8 输出频率上、下限设定

| 参数编号 | 名称 | 初始值 | 设定范围 | 设定范围 | 内容 |
|---|---|---|---|---|---|
| Pr.1 | 上限频率 | 55kW以下 | 120Hz | 0~120Hz | 设定输出频率上限 |
| | | 75kW以上 | | | |
| Pr.2 | 下限频率 | 0Hz | 60Hz | 0~120Hz | 设定输出频率下限 |

输出频率参数设定步骤如表3-2-9所示。

表 3-2-9 输出频率参数设定

| | 操作步骤 | 显示结果 | 注释 |
|---|---|---|---|
| 1 | 供给电源时的画面监视器显示 | 0.00 | |
| 2 | 按[PU/EXT]键切换到PU运行模式 | 0.00 | PU灯亮 |
| 3 | 按[MODE]键切换到参数设定模式 | P.0 | |
| 4 | 旋转旋钮调节到P.1（P.2） | P.0 | 输出频率上、下限参数 |
| 5 | 按下[SET]键，读取当前设定值 | 120Hz（0Hz） | 初始值 |
| 6 | 旋转旋钮，变更为“100Hz”（10Hz） | 100Hz（10Hz） | |
| 7 | 按下[SET]键进行写入 | 100Hz（10Hz）/P.000闪烁 | 参数设定完毕 |

注意：(1) 设定频率在 Pr. 2 以下的情况下也只会输出 Pr. 2 设定的值（不会变为 Pr. 2 以下）。

(2) 设定 Pr. 1 后，旋转旋钮也不能设定比 Pr. 1 更高的值。

### 5. 改变加速时间、减速时间

(1) 加速时间 Pr. 7。如果想慢慢加速就把时间设定得长些，如果想快点加速就把时间设定得短些。

(2) 减速时间 Pr. 8。如果想慢慢减速就把时间设定得长些，如果想快点减速就把时间设定得短些。

具体改变加速时间和减速时间操作的设定 Pr. 7、Pr. 8 内容见表 3－2－10。

**表 3－2－10　加、减速时间设定**

| 参数编号 | 名称 | 初始值 | | 设定范围 | 内容 |
|---|---|---|---|---|---|
| Pr. 7 | 加速时间 | 7.5kW 以下 | 5s | 0～360s | 设定电动机的加速时间 |
| | | 11kW 以上 | 15s | | |
| Pr. 8 | 减速时间 | 7.5kW 以下 | 5s | 0～360s | 设定电动机的减速时间 |
| | | 11kW 以上 | 15s | | |

根据任务要求，具体操作步骤如表 3－2－11 所示。

**表 3－2－11　Pr. 7、Pr. 8 加、减速时间操作步骤**

| | 操作步骤 | 显示结果 | 注释 |
|---|---|---|---|
| 1 | 供给电源时的画面监视器显示 | 0.00 | |
| 2 | 按 PU/EXT 键切换到 PU 运行模式 | 0.00 | PU 灯亮 |
| 3 | 按 MODE 键切换到参数设定模式 | P.0 | |
| 4 | 旋转旋钮调节到 P.7 (P.8) | P.0 | 加、减速时间设定参数 |
| 5 | 按下 SET 键，读取当前设定值 | 5s | 初始值 |
| 6 | 旋转旋钮，变更为“100Hz”(10Hz) | 6s (3s) | |
| 7 | 按下 SET 键进行写入 | 1s (3s) /P.007 (P.8) 闪烁 | 参数设定完毕 |

### 6. 操作模式选择

Pr. 79 设置启动指令和频率指令场所的具体内容如表 3－2－12 所示。

表3-2-12 Pr. 79启动指令和频率指令场所的选择

| 参数编号 | 名称 | 初始值 | 设定范围 | 内容 |
|---|---|---|---|---|
| Pr. 79 | 操作模式选择 | 0 | 0 | PU/EXT切换模式（可通过PU/EXT键切换PU与EXT模式） |
| | | | 1 | PU运行模式固定 |
| | | | 2 | EXT模式固定 |
| | | | 3 | PU/EXT组合模式1，PU设定频率，外部控制启动 |
| | | | 4 | PU/EXT组合模式2，外部设定频率，面板控制启动 |
| | | | 6 | 切换模式，可以切换PU、EXT、SET模式 |

根据任务要求，正、反转的控制由面板操作来完成，因此将Pr. 79设置为“1”，具体操作步骤如表3-2-13所示。

表3-2-13 Pr. 79操作模式参数设定

| | 操作步骤 | 显示结果 | 注释 |
|---|---|---|---|
| 1 | 供给电源时的画面监视器显示 | 0. 00 | |
| 2 | 按PU/EXT键切换到PU运行模式 | 0. 00 | PU灯亮 |
| 3 | 按MODE键切换到参数设定模式 | P. 0 | |
| 4 | 旋转旋钮调节到P. 79 | P. 79 | 操作模式设定参数 |
| 5 | 按下SET键，读取当前设定值 | 0 | 初始值 |
| 6 | 旋转旋钮，变更为“1” | 1 | |
| 7 | 按下SET键进行写入 | 1/P. 0079闪烁 | 参数设定完毕 |

### 7. 运行频率设定

在PU模式下，运行频率可以直接用旋钮来设定，操作步骤如表3-2-14所示。

表3-2-14 运行频率设定步骤

| | 操作步骤 | 显示结果 | 注释 |
|---|---|---|---|
| 1 | 供给电源时的画面监视器显示 | 0. 00 | |
| 2 | 按PU/EXT键切换到PU运行模式 | 0. 00 | PU灯亮 |
| 3 | 旋转旋钮直接设定频率 | 30. 00Hz | 闪烁5s左右 |
| 4 | 数值闪烁时按SET键进行写入 | 30. 00Hz/F闪烁 | 设定完毕 |

此时正、反转PU模式操作相关功能参数设定完毕，即可进行正、反转运行操作。

### （三）电动机正、反转运行操作

1. 正转：按下 FWD 键，电动机将按照第一次设定的频率值（30Hz），逐渐加速并在正转 30Hz 连续运行状态下工作。按下 STOP/RESET 键，电动机逐渐减速直至停止。

2. 反转：按下 REV 键，电动机将按照第一次设定频率值（30Hz），逐渐加速并在反转 30Hz 工作，此时应在运行操作模式下，监视器显示频率时，旋动旋钮改变频率的设定值为 50Hz，按下 SET 键确认，电动机便会改变频率至 50Hz 反转连续运行状态。按下 STOP/RESET 键，电动机逐渐减速直至停止。

**任务评价 > >**

| 评价项目 | 评价内容 | 分值 | 评价标准 | 得分 |
| --- | --- | --- | --- | --- |
| 课堂学习能力 | 学习态度与能力 | 10 | 态度端正，学习积极 | |
| 思维拓展能力 | 拓展学习的表现与应用 | 10 | 积极拓展学习并能正确应用 | |
| 团结协作意识 | 分工协作，积极参与 | 5 | | |
| 语言表达能力 | 正确、清楚地表达观点 | 5 | | |
| 学习过程：程序编制、调试、运行、工艺 | 外部接线 | 5 | 按照接线图正确接线 | |
| | 布线工艺 | 5 | 符合布线工艺标准 | |
| | I/O 分配 | 5 | I/O 分配正确合理 | |
| | 程序设计 | 10 | 能完成控制要求 5 分<br>具有创新意识 5 分 | |
| | 程序调试与运行 | 15 | 程序正确调试 5 分<br>符合控制要求 5 分<br>能排除故障 5 分 | |
| 理论测试 | 任务内知识测评 | 10 | 正确完成测评内容 | |
| 应用拓展 | 任务内应用拓展测评 | 10 | 及时、正确地完成技术文件 | |
| 安全文明生产 | 正确使用设备和工具 | 10 | | |
| 教师签字 | | 总得分 | | |

**知识链接 > >**

变频器控制电动机运行，其各种性能和运行方式均是通过许多的参数设定来实现的。不同的参数都定义着某一功能，不同的变频器，其参数的多少是不一样的。总体来说，有基本功能参数、运行参数、定义控制端子功能参数、附加功能参数、运行模式参数等。理解这些参数的含义，是应用变频器的基础。

#### 1. 给定频率

给定频率即用户根据生产工艺的需求所设定的变频器输出频率。例如本次任务中正转和反转要求的运行频率。给定频率的方式有三种可供用户选择。

（1）面板给定方式。通过面板上的键盘设置给定频率。

（2）外接给定方式。通过外部的模拟量或数字输入给定端口，将外部频率给定信号输入变频器。

（3）通信接口给定方式。由计算机或其他控制器通过通信接口进行给定。

### 2. 输出频率

输出频率即变频器的实际输出频率。当电动机所带的负载变化时，为使拖动系统稳定运行，变频器的输出频率会根据系统情况不断调整，因此输出频率是在给定频率附近经常变化的。

### 3. 基准频率

基准频率也叫基本频率（Pr. 3），一般以电动机的额定频率作为基准频率的给定值。

### 4. 上限频率和下限频率

上限频率和下限频率（Pr. 1/Pr. 2）是指变频器输出的最高、最低频率。根据拖动系统所带的负载不同，有时要对电动机的最高、最低转速予以限制，以保证拖动系统的安全运行和产品的质量。另外，对于由操作面板的误操作及外部指令型号的误动作引起的频率过高或过低，设置上限频率和下限频率可起到保护作用。常用的方法就是给变频器的上限频率和下限频率赋值。当变频器的给定频率高于上限频率或者是低于下限频率时，变频器的输出频率将被限制在所设定的上限频率或下限频率上。

### 5. 点动频率

点动频率（Pr. 15）是指变频器在点动时的给定频率。生产机械在调试以及每次新的加工过程开始前常需要进行点动，以观察整个拖动系统各部分的运转是否良好。为防止意外，大多数点动运转的频率都较低。如果每次点动前都将给定频率修改成点动频率是很麻烦的，所以一般的变频器都提供了预置点动频率的功能。如若预置了点动频率，则每次点动时，只需要将变频器的运行模式切换至点动运行模式即可。

### 6. 启动频率

启动频率是指电动机开始启动时的频率，这个频率可以从 0 开始，但是对于惯性较大或摩擦转矩较大的负载需加大启动转矩，使实际启动频率增加，此时启动电流也较大。一般的变频器都可以预置启动频率（Pr. 13），一旦预置该频率，变频器对小于启动频率的运行频率将不予理睬。

给定频率的启动原则是：在启动电流不超过允许值的前提下，拖动系统能够顺利启动为宜。

### 7. 多挡转速频率

由于工艺上的要求，很多生产机械在不同的阶段需要在不同的转速下运行，为方便这种负载，大多数变频器均提供了多挡频率控制功能。它是通过几个开关的通、断组合来选择不同的运行频率。

### 8. 转矩提升

此参数主要用于设定电动机启动时的转矩大小，通过设定此参数（Pr. 0），补偿电动机绕组上的电压降，改善电动机低速时的转矩性能。设定过小启动力矩不够，一般最大值设定为10%。

9. 简单模式参数

简单模式参数可以在初始设定值不做任何改变的状态下，实现单纯的变频器可变速运行。根据负荷或运行规格等设定必要的参数。可以在控制面板进行参数的设定、变更及操作。

通过 Pr. 160 用户参数组读取选择的设定，仅显示简单模式参数（初始设定将显示全部的参数）。根据需要进行 Pr. 160 用户参数组读取选择的设定。Pr. 160 用户参数组见表 3－2－15。

**表 3－2－15　Pr. 160 用户参数组**

| Pr. 160 | 内容 |
|---|---|
| 9999 | 只能显示简单模式参数 |
| 0（初始值） | 可以显示简单模式参数和扩展模式参数 |
| 1 | 可以显示用户参数组中登录的参数 |

简单模式参数见表 3－2－16。

**表 3－2－16　简单模式参数**

| 参数编号 | 名称 | 初始值 | 范围 |
|---|---|---|---|
| Pr. 0 | 转矩提升 | 6%/4%/3%/2%/1% | 0% ~30% |
| Pr. 1 | 上限频率 | 120Hz | 0 ~ 120Hz |
| Pr. 2 | 下限频率 | 0Hz | 0 ~ 120Hz |
| Pr. 3 | 基准频率 | 50Hz | 0 ~ 400Hz |
| Pr. 4 | 3 速设定（高速） | 50Hz | 0 ~ 400Hz |
| Pr. 5 | 3 速设定（中速） | 30Hz | 0 ~ 400Hz |
| Pr. 6 | 3 速设定（低速） | 10Hz | 0 ~ 400Hz |
| Pr. 7 | 加速时间 | 50s | 0 ~ 360s |
| Pr. 8 | 减速时间 | 5s | 0 ~ 360s |
| Pr. 9 | 电子过流保护器 | 变频器额定输出电流 | 0 ~ 360A |
| Pr. 79 | 运行模式选择 | 0 | 0,1,2,3,4,6,7 |
| Pr. 125 | 端子 2 频率设定增益频率 | 50Hz | 0 ~ 400Hz |
| Pr. 126 | 端子 4 频率设定增益频率 | 50Hz | 0 ~ 400Hz |
| Pr. 160 | 用户参数组读取选择 | 1 | 0，1，9999 |

**任务拓展 > >**

一台三相异步电动机，功率为 1.1kW、额定电流为 2.5A、额定电压为 380V。先需用 PU 模式（操作面板）进行点动控制，通过参数设置来改变变频器的电动输出频率和加、减速时间，从而进行调速和定位控制。在运行操作中点动运行频率为 10Hz。

操作步骤如下：

（1）将电源与变频器及电动机连接好。

（2）经检查无误后，方可通电。

（3）按下 MODE 键，进入参数设置菜单画面并按表 3－2－17 所示参数进行设定。

（4）参数设置完毕后再次按 MODE 键切换为运行监视模式，在此状态下按下 PU/EXT键，将其切换到 JOG 电动模式，观察 LED 监视显示为 JOG，切换结束即可进入点动运行。

（5）按下面板 FWD 键，电动机将按照第一次设定频率 10Hz 在正转、逐渐加速、点动状态下工作；松开 FWD 键，电动机将逐步减速停止运行。

（6）按下面板 REV 键，电动机将按照第一次设定频率 10Hz 在反转、逐渐加速、点动状态下工作；松开 REV 键，电动机将逐步减速停止运行。

（7）LED 监视器所显示值应为 10Hz，加、减速时间由 Pr. 16 的值决定。可根据实际情况要求而定。

**表 3－2－17　电动控制设定参数**

| 参数编号 | 名称 | 初始值 | 范围 |
|---|---|---|---|
| Pr. 0 | 转矩提升 | 6%/4%/3%/2%/1% | 0% ~30% |
| Pr. 1 | 上限频率 | 120Hz | 0 ~ 120Hz |
| Pr. 2 | 下限频率 | 0Hz | 0 ~ 120Hz |
| Pr. 3 | 基准频率 | 50Hz | 0 ~ 400Hz |
| Pr. 9 | 电子过流保护器 | 变频器额定输出电流 | 0 ~ 360A |
| Pr. 15 | 点动频率 | 5Hz | 0 ~ 400Hz |
| Pr. 16 | 点动加、减速时间 | 5s | 0 ~ 360s |
| Pr. 79 | 运行模式选择 | 0 | 0,1,2,3,4,6,7 |
| Pr. 291 | JOG 端子模式选择 | 0 | 0，1 |

## 知识测评

**1. 填空题**

（1）给定频率即用户根据生产工艺的需求所设定的变频器输出频率。给定频率的方式有____________、____________、____________三种供用户选择。

（2）设定电动机启动时的转矩大小，通过设定此参数________，补偿电动机绕组上的电压降，改善电动机低速时的转矩性能。

（3）________参数可以在初始设定值不做任何改变的状态下，实现单纯的变频器可变速运行。

（4）基准频率也叫基本频率，一般以电动机的________作为基准频率的给定值。

（5）通过参数 Pr. 13 可以设定电动机____________频率。

**2. 选择题**

（1）为了防止电动机温度过高，请把电动机的额定电流设定到（　　）电子过电流保护。

A. Pr. 7　　B. Pr. 8　　C. Pr. 9　　D. Pr. 10

（2）设置输出频率的上、下限可以限制电动机的速度，其设定范围是（　　）。

A. 0 ~ 50Hz　　B. 0 ~ 120Hz

C. 20 ~ 120Hz　　D. 60 ~ 120Hz

（3）操作模式通过参数（　　）设置。

A. Pr. 79　　B. Pr. 80　　C. Pr. 81　　D. Pr. 82

（4）在参数设定中用（　　）键读取当前设定值。

A. SET　　B. MODE

C. FWD　　D. PU/EXT

（5）在（　　）模式下可以用 FWD/REV 键进行正、反转操作。

A. 电流监视　　B. 参数设定

C. EXT　　D. PU

**3. 简答题**

（1）画出变频器主电路接线图，并讲述接线注意事项。

（2）为什么要设置变频器输出的上限频率和下限频率？

## 任务要点归纳

本工作任务完成以下内容的学习：

1. 在变频器 PU 模式下，利用 FWD 和 REV 按键实现交流电动机正、反转控制；
2. 学习了电子过流保护 Pr. 9 参数的设置方法；
3. 学习如何进行电动机基本频率设定，正、反转运行频率设定；
4. 学习电动机加速和减速时间的设置。

工作任务 3

# 变频器外部模式控制

**任务描述 > >**

变频器的EXT模式即外部模式控制是变频器的基本控制功能之一，在EXT模式下，变频器能够与外部开关、PLC等设备实现更为复杂的控制要求。本任务通过完成调试手动调速的皮带输送机的过程熟悉在EXT模式下变频器的控制功能和操作方法。

**任务目标 > >**

- 熟悉变频器控制电路端子功能。
- 掌握变频器EXT模式下的操作方法。
- 掌握变频器的开关控制方法。

**任务实施 > >**

## 一、工作任务

某生产线上的皮带输送机由一台三相异步电动机来拖动，电动机功率为1.1kW、额定电流为2.52A、额定电压为380V、额定频率为60Hz。现需在EXT模式（外部控制）下利用变频器控制电动机方向和频率，实现对皮带输送机的控制。其具体控制要求如下：

（1）皮带输送机能以15Hz、25Hz、35Hz三种频率正转或反转运行。

（2）皮带输送机能平稳启动，启动时间为3s；还能准确定位停止，停止时间为0.5s。

（3）设定频率时，最大不得超过100Hz，最小不得低于10Hz。

（4）变频器的速度和方向的启动由外部开关控制。

## 二、任务分析

本任务是由变频器控制电动机运行方向和频率，其中电动机的正、反转在EXT模式下可直接由外部的按钮开关来实现，而其他的控制要求，如加、减速时间，运行频率的大小等则必须通过变频器的参数设定来实现，具体参数设定如表3-3-1所示。

**表 3-3-1　参数设定**

| 参数编号 | 设定值 | 说明 |
|---|---|---|
| Pr. 0 | 7 | 转矩提升（根据情况进行设定） |
| Pr. 1 | 120Hz | 上限频率 |
| Pr. 2 | 10Hz | 下限频率 |
| Pr. 3 | 60Hz | 基准频率 |
| Pr. 4 | 35Hz | 高速 |
| Pr. 5 | 25Hz | 中速 |
| Pr. 6 | 15Hz | 低速 |
| Pr. 7 | 6s | 加速时间 |
| Pr. 8 | 3s | 减速时间 |
| Pr. 9 | 2. 52A | 电子过流 |
| Pr. 79 | 1 | 操作模式 |

### 1. 变频器控制电路的连接

（1）输入端子 R、S、T 分别接三相电源 L1、L2、L3。

（2）输出端子 U、V、W 接到电动机的绕组。

（3）外部按钮开关连接，如图 3-3-1 所示。

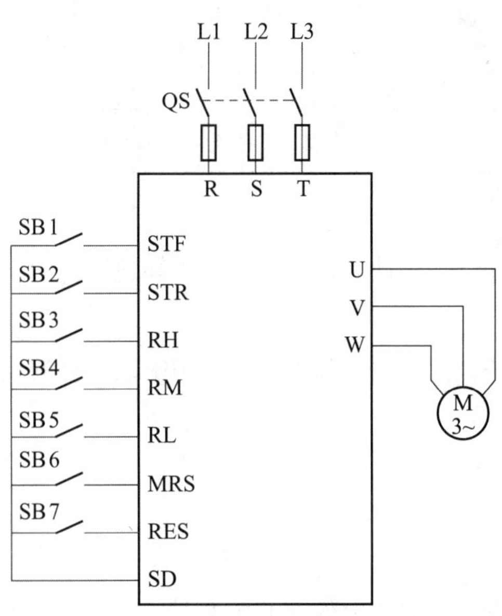


**图 3-3-1　变频器控制电路接线**

安装电路前首先要确认电源开关处于断开状态，安装结束后进行通电检查，保证电路连接正确。

## 2. 参数设定

由于变频器负载回路已经连接好，如果在接通电源时未将控制回路输入端断开，则变频器可能会输出信号使三相异步电动机运行，从而造成危险，因此需要先将控制回路输入端都置于断开位置，再接通变频器电源。电源接通后，变频器电源指示灯亮，此时才可以进行下一步工作。

恢复出厂设置：由于变频器已被使用过，变频器的某些参数被修改过，但不知道哪些参数被修改过，因此在设置变频器参数前应先将其参数恢复至出厂设置。恢复出厂设置方法参见工作任务 1 内容。

根据表 3-3-1 进行变频器参数设定，所有参数设置完后，再逐一进行检查确认设置是否有效。其中 Pr. 4、Pr. 5、Pr. 6 参数设定方法如表 3-3-2 所示。

**表 3-3-2　3 段速参数设定**

| | 操作步骤 | 显示结果 | 注释 |
|---|---|---|---|
| 1 | 供给电源时的画面监视器显示 | 0.00 | |
| 2 | 按 PU/EXT 键切换到 PU 运行模式 | 0.00 | PU 灯亮 |
| 3 | 按 MODE 键切换到参数设定模式 | P.0 | |
| 4 | 旋转旋钮调节到 P.4/P.5/P.6 | P.4/5/6 | 高速/中速/低速频率设定 |
| 5 | 按下 SET 键，读取当前设定值 | 50/30/10Hz | 初始值 |
| 6 | 旋转旋钮，变更为“35/25/15” | 35/25/15Hz | |
| 7 | 按下 SET 键进行写入 | 35/25/15Hz　P.4/5/6 闪烁 | 参数设定完毕 |

说明：

(1) Pr. 4 多段速（高速）。此参数为多段速中高速运行的设定频率，即设定 RH 接通时的频率值。

(2) Pr. 5 多段速（中速）。此参数为多段速中中速运行的设定频率，即设定 RM 接通时的频率值。

(3) Pr. 6 多段速（低速）。此参数为多段速中低速运行的设定频率，即设定 RL 接通时的频率值。

## 3. 操作模式选择

本次任务变频器的频率和方向由外部开关来控制，因此操作模式应选择 EXT 外部控制模式，设定步骤如表 3-3-3 所示。

表3-3-3　操作模式参数设定

| | 操作步骤 | 显示结果 | 注释 |
|---|---|---|---|
| 1 | 供给电源时的画面监视器显示 | 0.00 | |
| 2 | 按 PU/EXT 键切换到 PU 运行模式 | 0.00 | PU 灯亮 |
| 3 | 按 MODE 键切换到参数设定模式 | P. 0 | |
| 4 | 旋转旋钮调节到 P. 79 | P. 79 | 操作模式设定参数 |
| 5 | 按下 SET 键，读取当前设定值 | 0 | 初始值 |
| 6 | 旋转旋钮，变更为“1” | 2 | |
| 7 | 按下 SET 键进行写入 | 2/P. 0079 闪烁 | 参数设定完毕 |

注意：（1）在 EXT 模式下可以通过操作面板来设定频率，但不能通过 FWD 键和 REV 键来发出启动信号，只能通过外部端子型号来控制。

（2）端子 STF 为 ON 时，变频器输出为正转。

（3）端子 STR 为 ON 时，变频器输出为反转。

4. 操作运行

（1）按下 MODE 键进入运行监视模式界面，此时 MON 灯亮。观察 LED 显示内容，可根据相应要求按下 SET 键监视输出频率、输出电流、输出电压。

（2）正转运行：

①按下按钮 SB1 接通 STF 并按下按钮 SB3 接通 RH，电动机将在正转 35Hz 连续运行状态下工作。

②按下按钮 SB1 接通 STF 并按下按钮 SB4 接通 RM，电动机将在正转 25Hz 连续运行状态下工作。

③按下按钮 SB1 接通 STF 并按下按钮 SB5 接通 RL，电动机将在正转 15Hz 连续运行状态下工作。

④断开 SB1 或断开 SB3/SB4/SB5，电动机将逐渐减速至停止。

（3）反转运行：

①按下按钮 SB2 接通 STR 并按下按钮 SB3 接通 RH，电动机将在反转 35Hz 连续运行状态下工作。

②按下按钮 SB1 接通 STR 并按下按钮 SB4 接通 RM，电动机将在反转 25Hz 连续运行状态下工作。

③按下按钮 SB1 接通 STR 并按下按钮 SB5 接通 RL，电动机将在反转 15Hz 连续运行状态下工作。

④断开 SB2 或断开 SB3/SB4/SB5，电动机将逐渐减速至停止。

### 5. 调试设备

按表3－3－4要求依次调节各个开关，观察皮带输送机的运行速度、方向以及启动、停止时间，并做好记录。

**表3－3－4 调试记录表**

| | 1 | 2 | 3 | 4 | 5 | 6 | 7 | 8 | 10 | 11 | 12 |
|---|---|---|---|---|---|---|---|---|---|---|---|
| 正转启动SB1 | 通 | 通 | 通 | 通 | 通 | 断 | 断 | 断 | 通 | 断 | 断 |
| 反转启动SB2 | 断 | 断 | 通 | 断 | 断 | 通 | 通 | 通 | 通 | 通 | 断 |
| 高速SB3 | 断 | 断 | 断 | 断 | 通 | 通 | 断 | 断 | 通 | 断 | 通 |
| 中速SB4 | 断 | 断 | 断 | 通 | 断 | 断 | 通 | 断 | 断 | 断 | 断 |
| 低速SB5 | 断 | 通 | 通 | 断 | 断 | 断 | 断 | 通 | 断 | 断 | 断 |
| 皮带输送机运行速度和方向 | | | | | | | | | | | |
| 启动时间 | | | | | | | | | | | |
| 停止时间 | | | | | | | | | | | |

根据调试结果，说明变频器设置能否让皮带输送机达到工作任务中的调速要求，总结变频器开关的状态与皮带输送机运行状态之间的关系，完成表3－3－5。

**表3－3－5 变频器控制端开关状态和电动机运行状态关系表**

| | 35Hz正转 | 35Hz反转 | 25Hz正转 | 25Hz反转 | 15Hz正转 | 15Hz反转 |
|---|---|---|---|---|---|---|
| 正转启动SB1 | | | | | | |
| 反转启动SB2 | | | | | | |
| 高速SB3 | | | | | | |
| 中速SB4 | | | | | | |
| 低速SB5 | | | | | | |

## 任务评价＞＞

| 评价项目 | 评价内容 | 分值 | 评价标准 | 得分 |
|---|---|---|---|---|
| 课堂学习能力 | 学习态度与能力 | 10 | 态度端正，学习积极 | |
| 思维拓展能力 | 拓展学习的表现与应用 | 10 | 积极拓展学习并能正确应用 | |
| 团结协作意识 | 分工协作，积极参与 | 5 | | |
| 语言表达能力 | 正确、清楚地表达观点 | 5 | | |
| 学习过程：参数的选择、设定、调试、运行 | 外部接线 | 5 | 按照接线图正确接线 | |
| | 参数的选择 | 10 | 根据任务正确选择参数 | |
| | 参数的设定 | 10 | 能按正确步骤设定参数 | |
| | 变频器运行与调试 | 15 | 能实现控制任务10分<br>能排除故障5分 | |
| 理论测试 | 任务内知识测评 | 10 | 正确完成测评内容 | |
| 应用拓展 | 任务内应用拓展测评 | 10 | 及时、正确地完成技术文件 | |
| 安全文明生产 | 正确使用设备和工具 | 10 | | |
| 教师签字 | | 总得分 | | |

**知识链接 > >**

变频器的外部接口电路通常包括逻辑控制指令电路、频率指令输入/输出电路、过程参数监测型号输入/输出电路和数字信号输入/输出电路等。而变频器和外部型号的连接需要通过相应的接口进行，如图 3－3－2 所示。

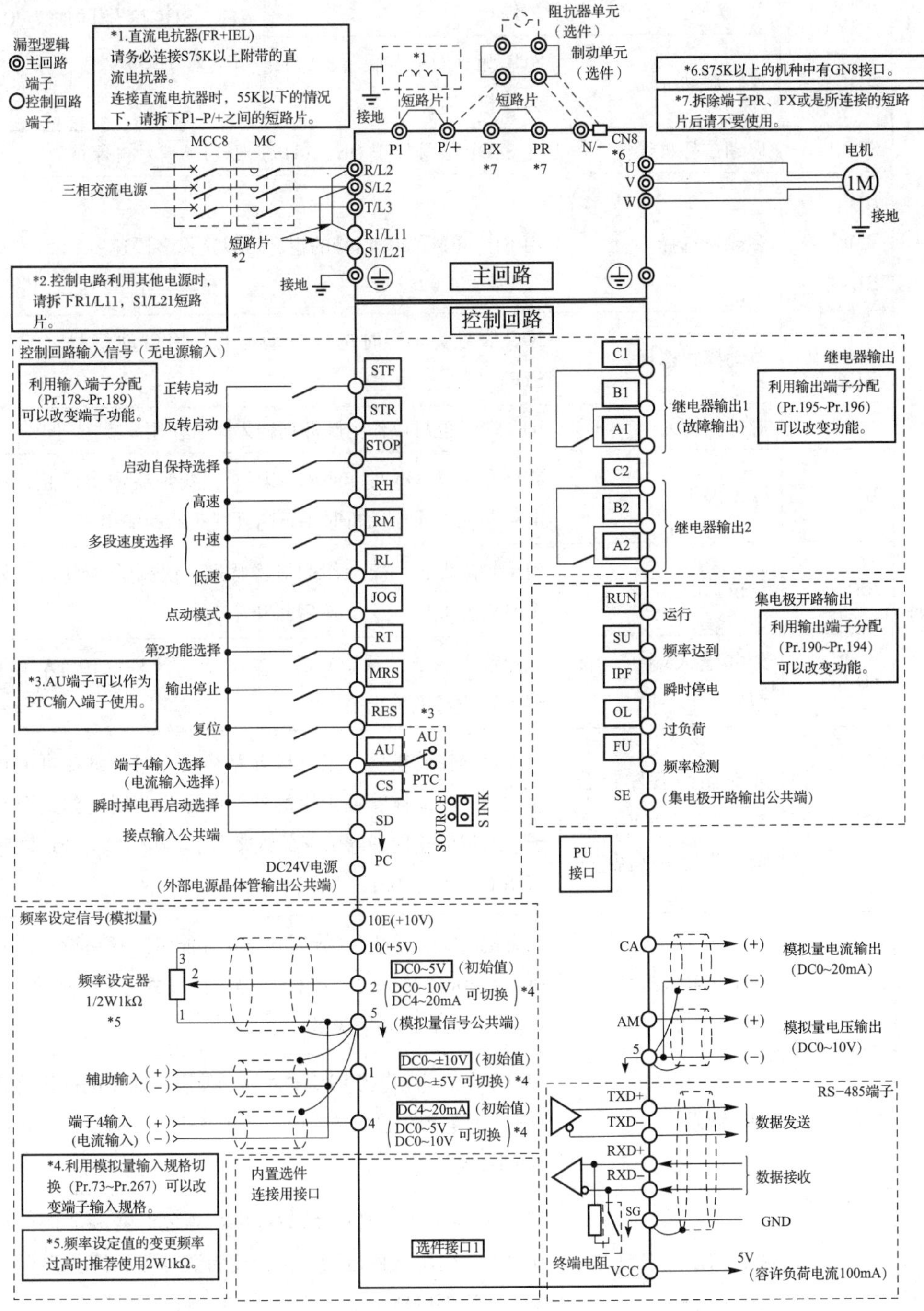


图 3－3－2　变频器外部接口示意图

## 1. 控制电路输入端子功能见表 3-3-6

**表 3-3-6 控制电路输入端子的功能**

<table>
<tr><th>分类</th><th>端子标记</th><th>端子名称</th><th colspan="2">说 明</th></tr>
<tr><td rowspan="14">触点输入</td><td>STF</td><td>正转启动</td><td>STF 信号 ON 为正转，OFF 为停止</td><td rowspan="2">STF、STR 信号同时为 ON 时变成停止指令</td></tr>
<tr><td>STR</td><td>反转启动</td><td>STR 型号 ON 为反转，OFF 为停止</td></tr>
<tr><td>STOP</td><td>启动信号自保持</td><td colspan="2">使 STOP 信号处于 ON，可以选择启动信号自保持</td></tr>
<tr><td>RH<br>RM<br>RL</td><td>多段速选择</td><td colspan="2">用 RH、RM、RL 信号的组合可以选择多段速度</td></tr>
<tr><td rowspan="2">JOG</td><td>电动模式选择</td><td colspan="2">JOG 信号为 ON 时选择电动运行，用启动信号（STR、STF）可以点动运行</td></tr>
<tr><td>脉冲列输入</td><td colspan="2">JOG 端子也可以作为脉冲列输入端子使用</td></tr>
<tr><td>MRS</td><td>输出停止</td><td colspan="2">MRS 信号为 ON 时（20ms 以上），变频器输出停止，用电磁制动停止电动机时用于断开变频器的输出</td></tr>
<tr><td>RES</td><td>复位</td><td colspan="2">用于解除保护回路动作的保持状态，使端子 RES 信号处于 ON 在 0.1s 以上，然后断开</td></tr>
<tr><td>SD</td><td>公共输入端子（漏型）</td><td colspan="2">节点输入端子（漏型）的公共端子。DC24V、0.1A（PC 端子）电源的输出公共端</td></tr>
<tr><td>PC</td><td>外部晶闸管输出公共端，DC 24V 电源接入公共端（源型）</td><td colspan="2">当连接晶体管输出（集电极开路输出）时，例如可编程控制器，将晶体管输出用的外部电源公共端接到这个端子，可以防止因漏电引起的误动作，端子 PC 至 SD 之间可用 DC 24V、0.1A 电源输出</td></tr>
<tr><td rowspan="2">AU</td><td>端子 4 输入选择</td><td colspan="2">只有把 AU 信号置为 ON 时端子 4 才能用（频率设定信号 DC 4~20mA 之间可以操作）。AU 信号置为 ON 时端子 2（电压输入）的功能无效</td></tr>
<tr><td>PTC 输入</td><td colspan="2">AU 端子也可以作为 PTC 输入端子使用（保护电动机的温度），用作 PTC 输入端子时，要把 AU/PTC 切换开关切换到 PTC 侧</td></tr>
<tr><td>CS</td><td>瞬停再启动选择</td><td colspan="2">CS 信号预先处于 ON，瞬时停电再恢复时变频器便可自动启动，但用这种运行必须设定有关参数，因为出厂设定为不能再启动</td></tr>
</table>

续表

| 分类 | 端子标记 | 端子名称 | 说　明 |
| --- | --- | --- | --- |
| 频率设定 | 10 | 频率设定用电源 | DC 5V，允许负荷电流为 10mA |
| | 2 | 频率设定（电压） | 输入 0～5V（或 0～10V）时，5V（或 10V）对应最大输出频率。输入、输出成比例。两者的切换用 Pr. 73 进行。输入阻抗 10kΩ |
| | 4 | 频率设定（电流） | 输入 DC 4～20mA 时，20mA 对应最大输出频率，输入、输出成比例。只在端子 AU 信号为 ON 时，该输入信号有效 |
| | 5 | 频率设定公共端 | 频率设定信号（端子 2、1 或 4）和模拟输出端子 AM 的公共端子。请不要接地 |

## 2. 控制电路输出端子功能见表 3－3－7

**表 3－3－7　控制电路输出端子功能**

| 分类 | 端子标记 | 端子名称 | 说　明 |
| --- | --- | --- | --- |
| 触电输出 | A<br>B<br>C | 继电器输出 | 指示变频器因保护功能动作时输出停止的转换触电 |
| 集电极开路 | RUN | 变频器正在运行 | 变频器输出频率为启动频率（初始值 0.5Hz）以上时为低电平，正在停止或正在直流制动时为高电平 |
| | SU | 频率到达 | 输出频率达到设定频率的 ±10%（出厂时为低电平） |
| | OL | 过负载报警选择 | 当失速保护功能动作时为低电平，当失速保护功能解除时为高电平 |
| | 1PT | 瞬时停电 | 瞬时停电，电压不足保护动作时为低电平 |
| | FU | 频率检测 | 输出频率为任意设定值的检测频率以上时为低电平，未达到时为高电平 |
| | SE | 集电极开路输出公共端 | 端子 RUN、SU/OL/1PF/FU 的公共端子 |
| 脉冲输出 | CA | 模拟电流输出 | 可以从多种监视项目中选一种为输出信号，输出信号与监视项目的大小成正比 |
| 模拟输出 | AM | 模拟信号输出 | |

### 3. 通信端子功能如表 3-3-8 所示

**表 3-3-8　通信端子功能**

<table>
<tr><th>分类</th><th colspan="2">端子标记</th><th>端子名称</th><th>说　明</th></tr>
<tr><td rowspan="6">RS-485</td><td colspan="2">—</td><td>PU 接口</td><td>通过 PU 接口，进行 RS-485 通信（仅 1 对 1 连接）</td></tr>
<tr><td rowspan="5">RS-485 端子</td><td>TXD+</td><td rowspan="2">变频器传输端子</td><td rowspan="5">通过 RS-485 端子，进行 RS-485 通信，遵守标准：E1A-485（RS-485），通信方式：多站点通信，通信速率：300～38 400bit/s，最长距离：500m</td></tr>
<tr><td>TXD-</td></tr>
<tr><td>RXD+</td><td rowspan="2">变频器接收端子</td></tr>
<tr><td>RXD-</td></tr>
<tr><td>SG</td><td>接地</td></tr>
<tr><td>USB</td><td colspan="2">—</td><td>USB 连接器</td><td>与个人电脑通过 USB 连接后，可以实现 FR-Configurator 的操作，接口：支持 USB1.1，传输速度：12Mbit/s，连接器：USB B 连接口（B 插口）</td></tr>
</table>

**任务拓展＞＞**

有一运料小车，在生产线上往返运料，有时高速、有时中速，还有时低速，其运行曲线如图 3-3-3 所示。

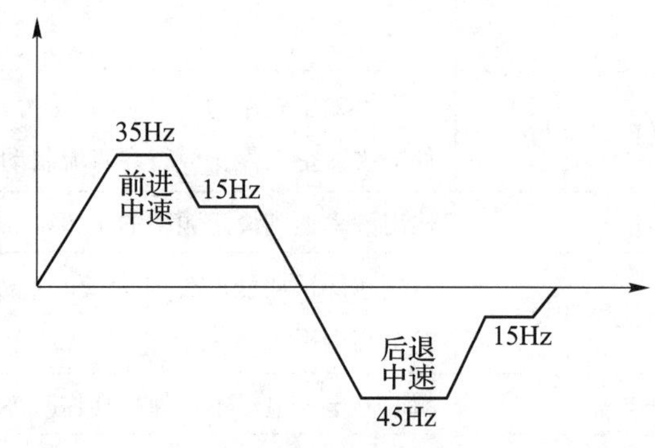


**图 3-3-3　操作曲线图**

图中正方向是装载时的运行速度，反方向是放下重物空载返回的速度，前进、后退的加、减速时间由变频器的加、减速参数来设定，当前进到接近放下重物的位置时，减速到 10Hz 运行，以减小停止的惯性；同样，当后退到接近装载的位置时，减速到 10Hz 运行，减小停止的惯性。请根据任务进行变频器的电路接线和参数设定。

## 知识测评

### 1. 填空题

（1）STF、STR 信号同时为 ON 时变成________指令。

（2）在 EXT 模式下可以通过操作面板来设定频率，但不能通过FWD键和REV键来发出启动信号，只能通过________来控制。

（3）按下 MODE 键进入运行监视模式界面，此时 MON 灯亮。观察 LED 显示内容，可根据相应要求按下____________键监视输出频率、输出电流、输出电压。

（4）安装电路前首先要确认电源开关处于________状态，安装结束后进行通电检查，保证电路连接正确。

（5）在使用变频器之前由于变频器已被使用过，变频器的某些参数被修改过，但不知道哪些参数被修改过，因此在设置变频器参数前应先进行________操作。

**2. 选择题**

（1）Pr. 5 参数为（　　）运行的设定频率，即设定 RM 接通时的频率值。

A. 高速　　B. 中速　　C. 低速　　D. 基准速度

（2）端子 STR 为 ON 时，变频器输出为（　　）。

A. 正转　　B. 反转　　C. 匀速　　D. 点动

（3）控制模式参数 Pr. 79 设定为（　　）时，是 EXT 外部控制模式。

A. 0　　B. 1　　C. 2　　D. 3

（4）变频器的（　　）输入端子为复位信号。

A. STF　　B. STR　　C. MRS　　D. RES

（5）Pr. 4 参数的初始值为（　　）。

A. 30Hz　　B. 40Hz　　C. 50Hz　　D. 60Hz

**3. 简答题**

（1）请描述变频器 PU 模式与 EXT 模式的特点。

（2）在安装好电路、接通电源开关后，若变频器的电源指示灯不亮，可能是什么原因造成的？应如何查找故障？

## 任务要点归纳

通过本工作任务的练习操作，完成以下内容学习和操作训练：

1. 使用外接电器按钮来控制 STF（正转端子）、STR（反转端子）实现电动机正、反转控制；

2. 使用外接电器按钮来控制 RH（高速端子）、RM（中速端子）、RL（低速端子）实现电动机高、中、低三种速度的运行控制。

# 单元四

# PLC 与变频器综合应用

在现代生活和生产过程中，人们对被控对象提出了更高的要求和更多的需求，而对机电控制系统而言，系统也就越来越复杂，很难采用 PLC 和变频器单独完成任务需要，因此本单元我们将以生产过程控制中的典型案例介绍如何采用 PLC 与变频器的综合应用完成复杂机电控制系统的设计和控制。

工作任务 1：通过 PLC 对变频器的多段速控制，介绍生产过程控制中的节拍问题，适应生产过程自动控制需求，在程序设计中应该注意变频器中参数设置匹配问题。

工作任务 2：主要解决在多种输入、输出开关量和模拟量下，通过引入 PID 调节器控制，实现对恒压供水系统的控制，具有手动/自动操作转换、泵站的工作状态指示、泵站工作异常的报警以及系统的自检功能，实现高可靠性、高效率、节能效果显著、动态响应速度快的系统要求。

工作任务 1

# PLC 与变频器 7 段速运行控制

## 任务描述 > >

采用 PLC、变频器实现对电动机的 7 种不同运行频率的控制。

如图 4-1-1 所示为某药品加工生产线工作示意图，药品生产加工包括两道工序，由一台电动机的正、反转进行控制。第一道加工工序包括 3 个加工步骤由电动机正转拖动，第二道加工工序包括 4 个加工步骤由电动机反转拖动，每个加工步骤的运行时间为 10s。按下启动按钮，变频器每 10s 改变一次频率带动电动机正转，按 10Hz、30Hz、45Hz 频率依次进行第一道工序的加工，第一道加工工序结束之后，自动进入第二道工序的加工，变频器每 10s 改变一次频率带动电动机反转，按 20Hz、15Hz、40Hz、50Hz 频率依次进行第二道工序的加工。

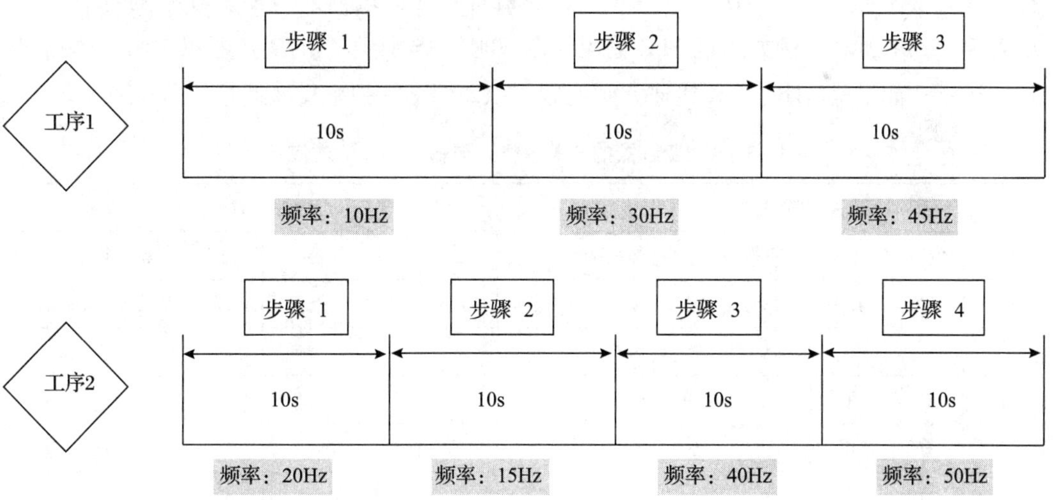


**图 4-1-1　某药品加工生产线工作示意图**

## 任务目标 > >

- 能熟练掌握变频器的多种运行方式及参数的设置。
- 能灵活应用 PLC 控制变频器的多段速运行控制。
- 进一步掌握 PLC 应用设计的步骤。

**任务实施 > >**

## 一、工作任务

本任务要求三相异步电动机能正、反转运行，控制要求如下：

（1）按下启动按钮 SB1，变频器每 10s 改变一次频率带动电动机正转，按 10Hz、30Hz、45Hz 频率依次进行第一道工序的加工。

（2）第一道加工工序结束之后，自动进入第二道工序的加工，变频器每 10s 改变一次频率带动电动机反转，按 20Hz、15Hz、40Hz、50Hz 频率依次进行第二道工序的加工。

（3）一次加工结束之后自动停止，再次按下启动按钮 SB1 重新进入加工过程。

（4）按下停止按钮 SB2，变频器无论在什么段速运行，都停止输出。

## 二、任务分析

在变频器 7 段速控制中，首先需要对相应的参数进行设置（Pr. 4 ~ Pr. 6、Pr. 24 ~ Pr. 27）。设置完成后，PLC 主要起到顺序控制的作用，顺序接通或断开变频器的外部控制开关（STF、STR、RH、RM、RL）。变频器的开关量输入与输出频率的对应关系如表 4-1-1 所示。例如通过 PLC 输出控制 STF、RH 接通，则变频器以 10 Hz 的频率正转运行；如果是 STR、RM 接通，则变频器以 30 Hz 的频率反转运行。

**表 4-1-1　变频器的开关量输入与输出频率的对应关系**

| 变频器开关量输入 | | | | | 变频器 7 段速输出/Hz | | | | | | | |
|---|---|---|---|---|---|---|---|---|---|---|---|---|
| 正转 | 反转 | 7 段速选择 | | | 停止 | 1 | 2 | 3 | 4 | 5 | 6 | 7 |
| STF | STR | RH | RM | RL | | Pr. 4 | Pr. 5 | Pr. 6 | Pr. 24 | Pr. 25 | Pr. 26 | Pr. 27 |
| 0 | 0 | 0 | 0 | 0 | 0 | | | | | | | |
| 1 | 0 | 1 | 0 | 0 | | 10 | | | | | | |
| 1 | 0 | 0 | 1 | 0 | | | 30 | | | | | |
| 1 | 0 | 0 | 0 | 1 | | | | 45 | | | | |
| 0 | 1 | 0 | 1 | 1 | | | | | 20 | | | |
| 0 | 1 | 1 | 0 | 1 | | | | | | 15 | | |
| 0 | 1 | 1 | 1 | 0 | | | | | | | 40 | |
| 0 | 1 | 1 | 1 | 1 | | | | | | | | 50 |

## 三、任务实施

### 1. 主电路设计

如图 4-1-2 所示主电路图，因变频器具有缺相、过流等多项保护措施，主电路中采用一个断路器作为隔离、保护器件即可。在应用变频器时，需要注意的是电源的输入侧与变频器输出侧不能接反，否则会引起故障或事故。

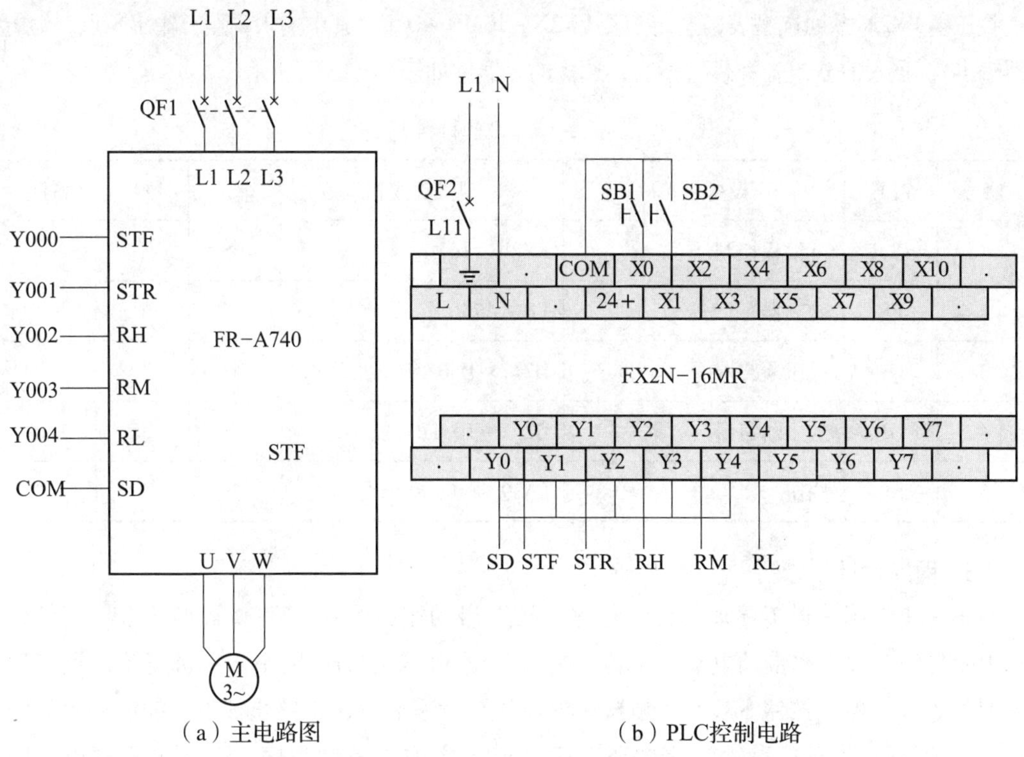


（a）主电路图　　（b）PLC控制电路

**图 4-1-2　PLC、变频器多段速控制原理图**

## 2. I/O 点总数及地址分配

在控制电路中，控制变频器的运行需要 5 个输出信号，分别控制电动机的正、反转和多段速选择；输入信号为 2 个。PLC 的 I/O 地址分配表如表 4-1-2 所示。

**表 4-1-2　I/O 地址分配表**

| 输入信号 | | | 输出信号 | | |
|---|---|---|---|---|---|
| 1 | X000 | 启动按钮 SB1 | 1 | Y000 | STF 正转启动 |
| 2 | X001 | 停止按钮 SB2 | 2 | Y001 | STR 反转启动 |
| | | | 3 | Y002 | RH（多段速选择） |
| | | | 4 | Y003 | RM（多段速选择） |
| | | | 5 | Y004 | RL（多段速选择） |

## 3. 控制电路

根据 I/O 地址分配表，绘制 PLC、变频器多段速控制原理图。控制电路接线原理图如图 4-1-2 所示。

### 4. 设备材料表

本项目控制中输入点数应选2×1.2≈3，输出点数应选5×1.2≈6（继电器输出）。通过查找三菱FX2N系列选型表，选定三菱FX2N－16MR－001（其中输入8点，输出8点，继电器输出）。通过查找电器元件选型表，选择的元器件如表4－1－3所示。

表4－1－3 设备材料表

| 序号 | 符号 | 设备名称 | 型号、规格 | 单位 | 数量 | 备注 |
|---|---|---|---|---|---|---|
| 1 | PLC | 可编程控制器 | FX2N－16MR | 台 | 1 | |
| 2 | FR | 变频器 | FR－A740 | 台 | 1 | |
| 3 | QF | 低压断路器 | DZ47－D40/3P | 个 | 1 | |
| 4 | QF | 低压断路器 | DZ47－10/1P | 个 | 1 | |
| 5 | SB | 按钮 | LA39 － 11 | 个 | 2 | |

### 5. 程序设计

第一步：第一道工序加工控制程序，按下启动按钮SB1，X000触点闭合。变频器每10s改变一次频率带动电动机正转，按10Hz、30Hz、45Hz频率依次进行第一道工序的加工。按下停止按钮SB2，变频器无论在什么段速运行，都停止加工。控制程序如图4－1－3所示。由于在后续程序中还有第二道工序加工控制程序，存在重复输出的问题，所以这一程序中先输出给辅助继电器M。

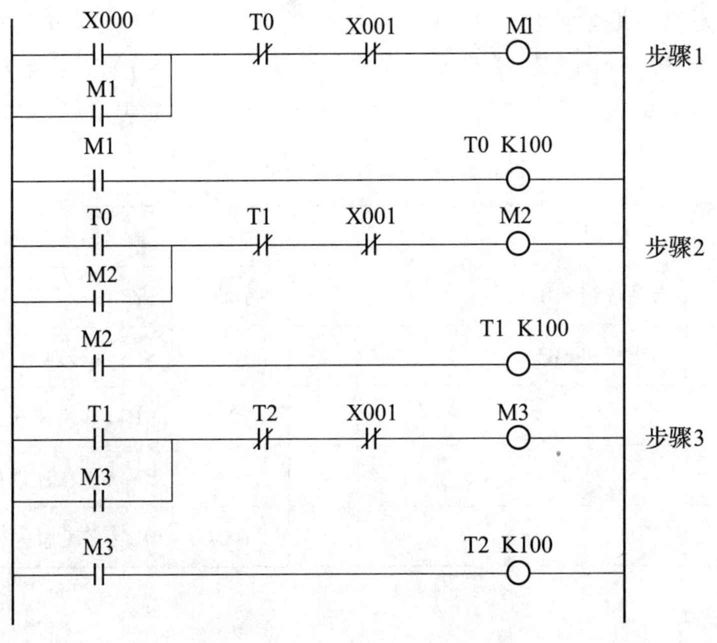


图4－1－3 第一道工序加工控制程序

第二步：第一道工序加工结束之后，自动进入第二道工序加工过程，变频器每 10s 改变一次频率带动电动机反转，按 20Hz、15Hz、40Hz、50Hz 频率依次进行第二道工序的加工，加工结束之后自动停止。按下停止按钮 SB2，变频器无论在什么段速运行，都停止加工。控制程序如图 4 - 1 - 4 所示。由于在前面程序中还有第一道工序加工控制程序，存在重复输出的问题，所以这一程序中也先输出给辅助继电器 M。

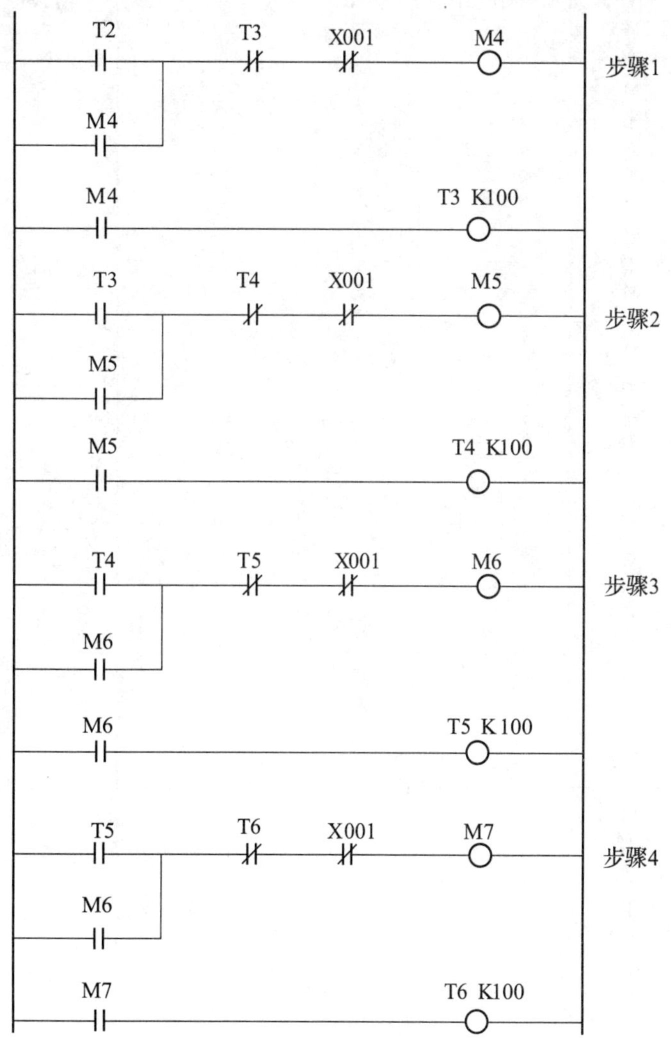


**图 4 - 1 - 4　第二道工序加工控制程序**

第三步：变频器输出控制程序，参考表 4 - 1 - 1 变频器的开关量输入与输出频率的对应关系表，并结合图 4 - 1 - 3 第一道工序加工控制程序和图 4 - 1 - 4 第二道工序加工控制程序，得出变频器输出控制程序，如图 4 - 1 - 5 所示。

注：图 4 - 1 - 3 第一道工序加工控制程序、图 4 - 1 - 4 第二道工序加工控制程序和图 4 - 1 - 5 变频器输出控制程序结合在一起，即是该任务的多段速控制程序。

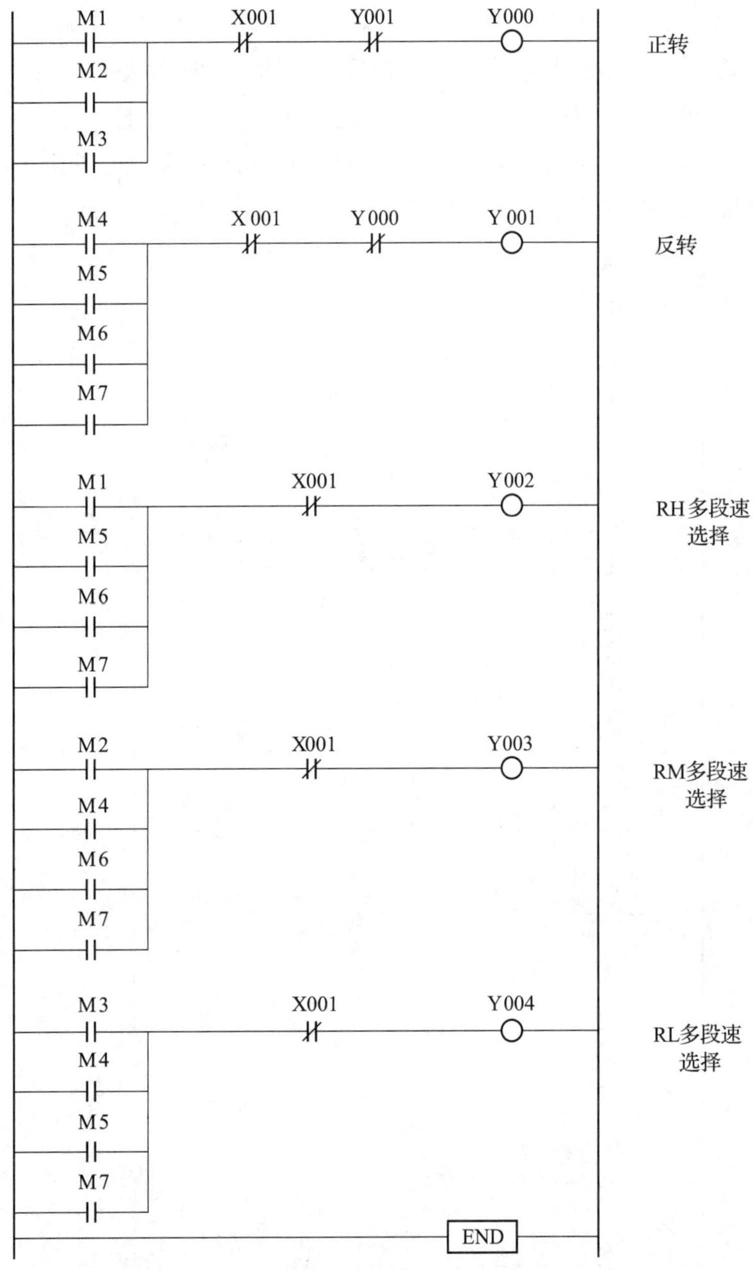


图4-1-5 变频器输出控制程序

### 6. 运行调试

根据接线原理图连接PLC、变频器线路，进行模拟调试，检查接线无误后，将程序下载传送到PLC中，运行程序。按以下步骤进行操作，并观察控制过程。PLC与变频器7段速运行控制实训台模拟调试接线图如图4-1-6所示。

#### (1) 变频器参数的设置

第一步：进入变频器帮助模式的RLLC界面下，通过设置参数（0设置成1）清除变频器所有参数。

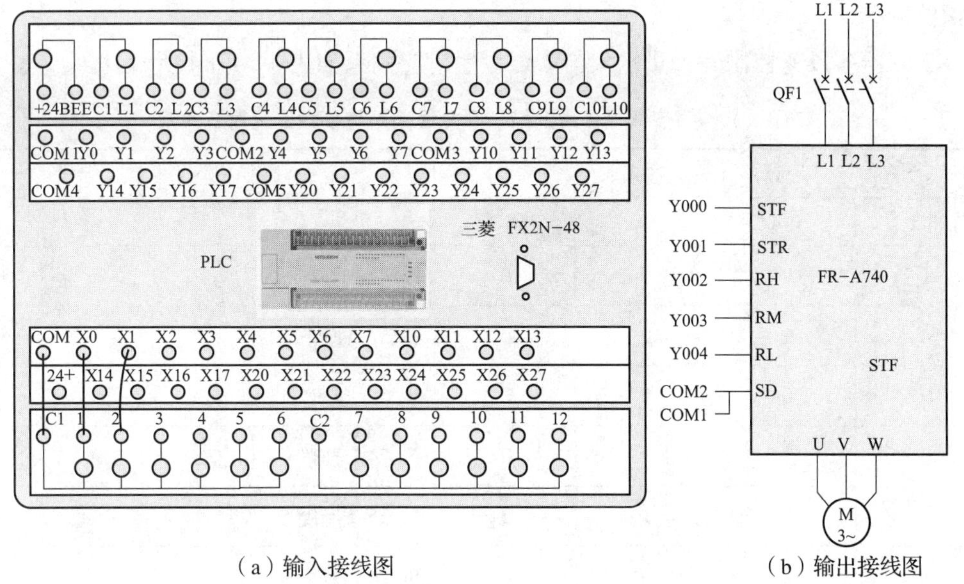


（a）输入接线图　　　　（b）输出接线图

**图 4-1-6　PLC 与变频器 7 段速运行控制实训台模拟调试接线图**

第二步：设置相关频率参数。进入变频器参数设定模式界面下，设置参数 Pr. 79 = 2Hz、Pr. 4 = 10Hz、Pr. 5 = 30Hz、Pr. 6 = 45Hz、Pr. 24 = 20Hz、Pr. 25 = 15Hz、Pr. 26 = 40Hz、Pr. 27 = 50Hz。

**（2）按下启动按钮 SB1，观察变频器输出频率的变化情况，按下停止按钮 SB2**

## 任务评价 > >

| 评价项目 | 评价内容 | 分值 | 评价标准 | 得分 |
|---|---|---|---|---|
| 课堂学习能力 | 学习态度与能力 | 10 | 态度端正，学习积极 | |
| 思维拓展能力 | 拓展学习的表现与应用 | 10 | 积极拓展学习并能正确应用 | |
| 团结协作意识 | 分工协作，积极参与 | 5 | | |
| 语言表达能力 | 正确、清楚地表达观点 | 5 | | |
| 学习过程：参数的选择、设定、调试、运行 | 外部接线 | 5 | 按照接线图正确接线 | |
| | 参数的选择 | 10 | 根据任务正确选择参数 | |
| | 参数的设定 | 10 | 能按正确步骤设定参数 | |
| | 变频器运行与调试 | 15 | 能实现控制任务 10 分<br>能排除故障 5 分 | |
| 理论测试 | 任务内知识测评 | 10 | 正确完成测评内容 | |
| 应用拓展 | 任务内应用拓展测评 | 10 | 及时、正确地完成技术文件 | |
| 安全文明生产 | 正确使用设备和工具 | 10 | | |
| 教师签字 | | 总得分 | | |

**知识链接 > >**

变频器多段速控制开关量输入与参数设置对应关系如表4-1-4所示。

**表4-1-4 变频器多段速控制开关量输入与参数设置对应关系**

| 变频器开关量输入 | | | | 对应参数设置 |
|---|---|---|---|---|
| RH | RM | RL | REX | |
| 1 | 0 | 0 | 0 | Pr. 4 速度1 |
| 0 | 1 | 0 | 0 | Pr. 5 速度2 |
| 0 | 0 | 1 | 0 | Pr. 5 速度3 |
| 0 | 1 | 1 | 0 | Pr. 24 速度4 |
| 1 | 0 | 1 | 0 | Pr. 25 速度5 |
| 1 | 1 | 0 | 0 | Pr. 26 速度6 |
| 1 | 1 | 1 | 0 | Pr. 27 速度7 |
| 0 | 0 | 0 | 1 | Pr. 232 速度8 |
| 0 | 0 | 1 | 1 | Pr. 233 速度9 |
| 0 | 1 | 0 | 1 | Pr. 234 速度10 |
| 0 | 1 | 1 | 1 | Pr. 235 速度11 |
| 1 | 0 | 0 | 1 | Pr. 236 速度12 |
| 1 | 0 | 1 | 1 | Pr. 237 速度13 |
| 1 | 1 | 0 | 1 | Pr. 238 速度14 |
| 1 | 1 | 1 | 1 | Pr. 239 速度15 |

注：多段速变频器运行控制仅在外部操作模式Pr. 79 = 2或PU调频外部启停模式Pr. 79 = 3下有效。

**任务拓展 > >**

用PLC、变频器实现对电动机的4种不同运行频率的控制，控制要求如下：

（1）按下启动按钮SB1，变频器每5s改变一次输出频率，带动电动机正转，输出频率为10 Hz、20 Hz；之后变频器每8s改变一次输出频率，带动电动机反转，输出频率为30Hz、40 Hz。如此循环，直到按下停止按钮。

（2）按下停止按钮SB2，变频器无论在什么段速运行，都停止输出。

注：输入/输出地址分配参考表4-1-2 I/O地址分配表。

参考程序如图4-1-7所示。

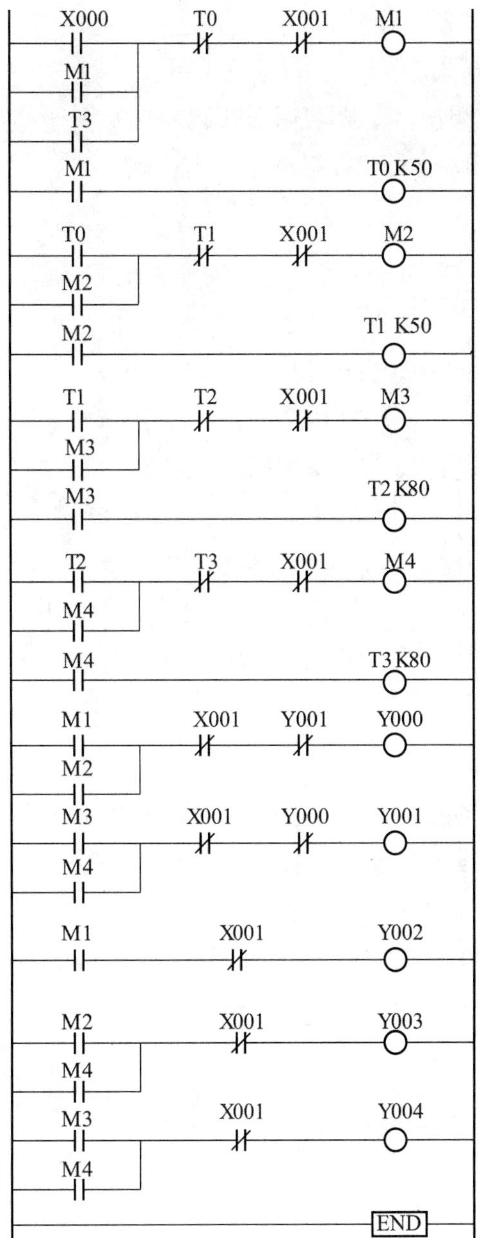


**图 4－1－7　变频器 4 段速自动循环控制程序**

# 知识测评

1. **填空题**

(1) FR－A740 变频器外部操作键中，正转启动操作键为____________，反转启动操作键为____________。

(2) FR－A740 变频器电源输入端子为____________________，电源输出端子为____________。

（3）FR－A740 变频器操作模式有__________、__________、__________、__________四种操作模式。

（4）用 PLC 控制变频器，变频器应该接到 PLC 的________________上。

（5）FR－A740 变频器多段速控制最多可以实现__________段速度的控制。

**2. 选择题**

（1）多段速控制信号采用的是（　　）编码的方式。

A. 二进制　　B. 八进制　　C. 十进制　　D. 十六进制

（2）FR－E540 变频器中，模式选择键为（　　）。

A. STF　　B. MODE　　C. SET　　D. MOOD

（3）FR－E540 变频器中，参数设置确认键为（　　）。

A. STF　　B. MODE　　C. SET　　D. MOOD

（4）FR－E540 变频器中，操作模式通过参数（　　）设置。

A. Pr. 4　　B. Pr. 5　　C. Pr. 79　　D. Pr. 78

（5）FR－E540 变频器外部操作键中，高速控制输入端子是（　　）。

A. RH　　B. RM　　C. RL　　D. SD

**3. 应用题**

程序设计：按下启动按钮 SB1，电动机以频率 25Hz 正转运行，10s 后转为频率 15Hz 正转运行，再过 10s 后以速度转换开关（X2、X3、X4）所选择的速度（10Hz、20Hz、30Hz）最终运行。按下停止按钮 SB2，电动机停止运行。根据以上控制要求，完成变频器参数的设置和 PLC 程序的设计和调试。I/O 地址分配如下：

| 输入信号 | | 输出信号 | |
|---|---|---|---|
| 1 | 启动按钮 SB1：X000 | 1 | STF 正转启动：Y000 |
| 2 | 停止按钮 SB2：X001 | 2 | RH（多段速选择）：Y001 |
| 3 | 运行速度 3：X002 | 3 | RM（多段速选择）：Y002 |
| 4 | 运行速度 4：X003 | 4 | RL（多段速选择）：Y004 |
| 5 | 运行速度 5：X004 | | |

## 任务要点归纳

通过使用 PLC 和变频器对生产线的电动机模拟控制，完成以下内容的学习：

1. 利用 PLC 程序输出信号到变频器外部端子 STF 和 STR 端子实现对电动机的正、反转控制；

2. 利用 PLC 程序输出信号到 RH、RM、RL 端子满足电动机 7 种速度的运行控制，本类型变频器可以满足 15 种频率（速度）的设定；

3. 进一步练习了变频器频率参数的设定。

工作任务 2

# 恒压变频供水系统控制

**任务描述 > >**

随着社会的进步，能源短缺成为当前经济发展的瓶颈。为了降低系统能耗，改善环保性能，提高系统自动化程度，使之适应现代高层建筑向智能化方向发展的需要，采用 PLC、变频器、压力传感器等控制器件设计高楼恒压变频供水控制系统。为了保证供水系统长期稳定地工作，通常需要两台或两台以上的水泵交替运行。

**任务目标 > >**

- 会使用外部设备运算控制指令 PID。
- 能对 PLC、变频器进行综合应用设计。
- 能根据设计进行 PLC 编程和变频器参数设定。

**任务实施 > >**

## 一、工作任务

控制要求：用 PLC、变频器构成一个两台水泵的恒压供水系统，每台水泵功率为 22kW。设定一个压力值后，启动系统，其中一台泵变频启动，当工作频率达到 50Hz 并且当前压力值没有达到设定压力值时，这台泵变频切换到工频，同时另一台泵变频启动。如果当前压力值等于设定压力值时，保持当前状态。如果用水量减少，当前压力值有高于设定压力值的趋势，变频泵频率降低；如果频率降低到低于 10Hz，当前压力值仍然有高于设定压力值的趋势，停掉工频泵，变频泵升高频率，直到调节到当前压力值等于设定压力值。如果用水量加大，当前压力值有低于设定压力值的趋势，升高频率，当升到 50Hz 时，若当前压力值仍然有低于设定压力值的趋势，则当前变频泵切换到工频，另一台泵变频启动。

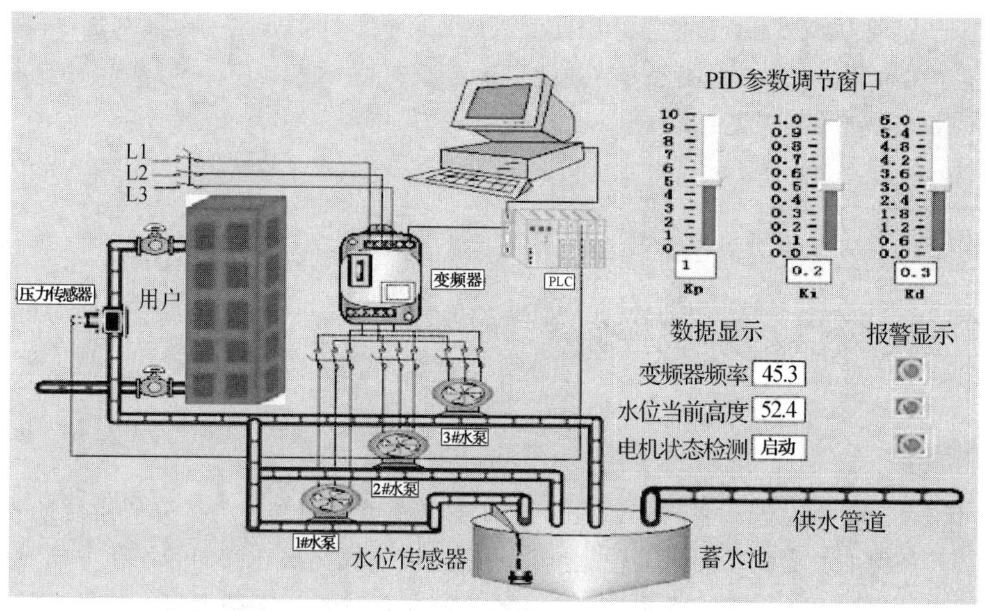


图 4－2－1　恒压变频供水系统仿真图

图 4－2－2　恒压变频供水设备实物图

## 二、任务分析

变频启动，实质上就是通过变频器实现运行控制。工频启动，实质上就是利用 50Hz 的工频电源实现运行控制。控制过程如下：

### 1. 手动控制状态

自动/手动转换开关 SA1 在手动位置，主要起检修调试作用。

当#1 变频/#2 变频转换开关 SA2 在#1 变频控制位置时，选择#1 泵，SB1 和 SB2 分别控制它的变频启动和停止。

当#1 变频/#2 变频转换开关 SA2 在#2 变频控制位置时，选择#2 泵，SB3 和 SB4 分别控制它的变频启动和停止。

注意：此时变频器频率不自动调节，会一直升高到频率设定上限。

### 2. 自动控制状态

当 SA1 在自动位置时系统会自动运行，不需要启动按钮，PLC 根据内部压力设定值与压力传感器测得的实际值进行比较，交替控制两台水泵之间的变频调节与工频切换控制。控制过程可以分为以下五种工作状态：

（1）工作状态一：#1 泵变频运行，#2 泵停止。此时说明用水量不大，#1 泵工作频率在 10～50Hz 之间。

若当前值小于设定值，则#1 泵工作频率会上升，如果工作频率上升到 50Hz，则进入工作状态二。

若当前值与设定值相等，则保持#1 泵工作状态。

若当前值大于设定值，则#1 泵工作频率会下降，如果工作频率下降到 10Hz，则#1 泵停止，进入工作状态五。

（2）工作状态二：#1 泵由变频切换为工频，#2 泵变频启动。

若当前值与设定值相等，则保持#1 泵、#2 泵工作状态。

若当前值大于设定值，则#2 泵工作频率下降，当频率为 10Hz 时，#1 泵停止，#2 泵变频调节运行。进入工作状态三。

（3）工作状态三：#2 泵变频运行，#1 泵停止，此时说明用水量不大，#2 泵工作频率在 10～50Hz 之间。

若当前值小于设定值，则#2 泵工作频率会上升，如果工作频率上升到 50Hz，则进入工作状态四。

若当前值与设定值相等，则保持#2 泵工作状态。

若当前值大于设定值，则#2 泵工作频率会下降，如果工作频率下降到 10Hz，则#2 泵停止，进入工作状态五。

（4）工作状态四：#2 泵由变频切换为工频，#1 泵变频启动。

若当前值与设定值相等。则保持#1 泵与#2 泵工作状态。

若当前值大于设定值，则#1 泵工作频率下降，当频率为 10Hz 时，#2 泵停止，#1 泵变频调节运行，进入工作状态三。

（5）工作状态五：一台水泵变频工作频率低于 10Hz 时，停止运行。

若当前值小于设定值，交替启动#1 泵或#2 泵，并进入相应工作状态。

## 三、任务实施

根据 PLC 系统设计步骤，按照项目分析的要求，对高楼的供水系统设计如下：

## 1. 主电路设计

主电路中一台变频器启动控制两台电动机，需要解决变频器在两个水泵电路之间的切换和变频与工频运行之间的切换问题。每台电动机需要两个交流接触器，KM11 接通时，#1 泵通过变频器运行控制；KM12 接通时，#1 泵与工频电源接通并运行。#2 泵的两个交流接触器分别为 KM21 和 KM22。整个控制系统的主电路设计如图 4-2-3 所示。

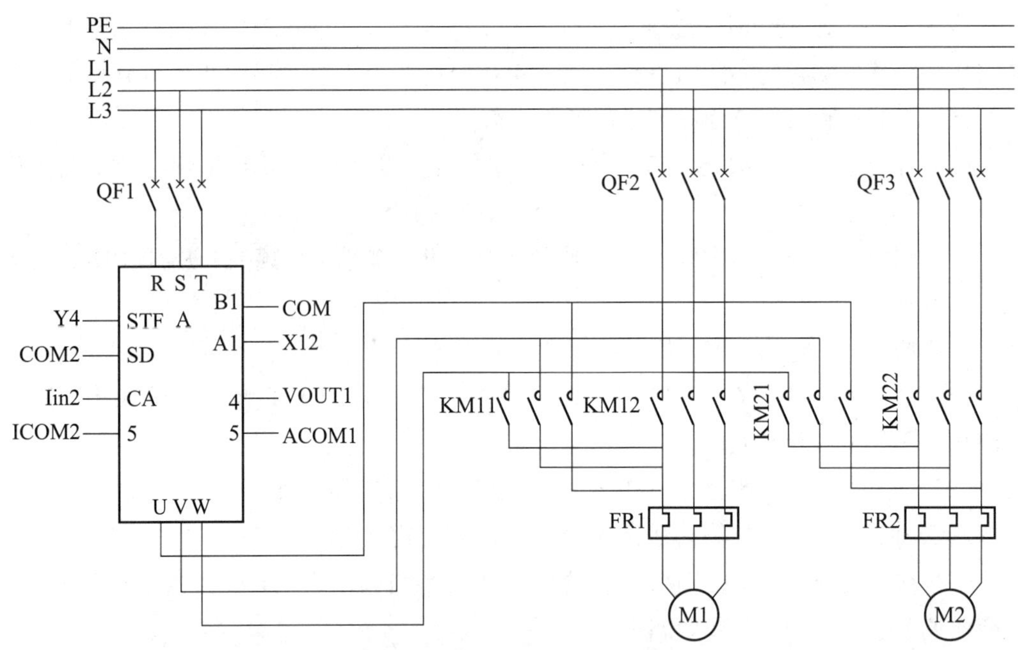


图 4-2-3 主电路原理图

## 2. 确定 I/O 点总数及地址分配

PLC 的 I/O 分配的地址如表 4-2-1 所示。开关量输入信号为 13 个；开关量输出信号为 5 个；模拟量输入信号为 2 个——压力信号和变频器的频率信号，两个模拟量输入信号选择的是 0~110V 信号类型；模拟量输出信号 1 个，选择 0~10V 输出类型。

表 4-2-1 地址分配表

| 开关量输入信号 | | | 开关量输出信号 | | |
|---|---|---|---|---|---|
| 1 | X0 | 手动/自动切换按钮 SA1 | 1 | Y0 | #1 泵变频输出 KM11 |
| 2 | X1 | #1 变频/#2 变频切换开关 SA2 | 2 | Y1 | #1 泵工频输出 KM12 |
| 3 | X2 | #1 启动按钮 SB1 | 3 | Y2 | #2 泵变频输出 KN21 |
| 4 | X3 | #1 停止按钮 SB2 | 4 | Y3 | #2 泵工频输出 KM22 |
| 5 | X4 | #2 启动按钮 SB3 | 5 | Y4 | 变频器启动、停止输出控制 |
| 6 | X5 | #2 停止按钮 SB4 | | | |
| 7 | X6 | #1 泵变频运行状态返回 | | | |

续表

| 开关量输入信号 | | | 开关量输出信号 | | |
|---|---|---|---|---|---|
| 8 | X7 | #1 泵工频运行状态返回 | | | |
| 9 | X10 | #2 泵变频运行状态返回 | | | |
| 10 | X11 | #2 泵变频运行状态返回 | | | |
| 11 | X12 | 变频器 50Hz 信号 | | | |
| 12 | X13 | 热继电器 FR1 | | | |
| 13 | X14 | 热继电器 FR2 | | | |
| 模拟量输入信号 | | | 模拟量输出信号 | | |
| 1 | AI0 | 管网压力 0～10V | 1 | AO0 | 管网压力设定值 0～10V |
| 2 | AI1 | 变频器输出频率 0～10V | | | |

## 3. 控制电路

PLC 控制电路原理图如图 4－2－4 所示。此处需要注意输出点的布置，因为交流接触器 KM11、KM12、KM21、KM22 均为 220V 的交流线圈，而控制变频器运行的 STF 信号是弱信号，不能与前面所述的交流接触器共用一个 COM 端，必须是分开的。图中进行了相应的处理。

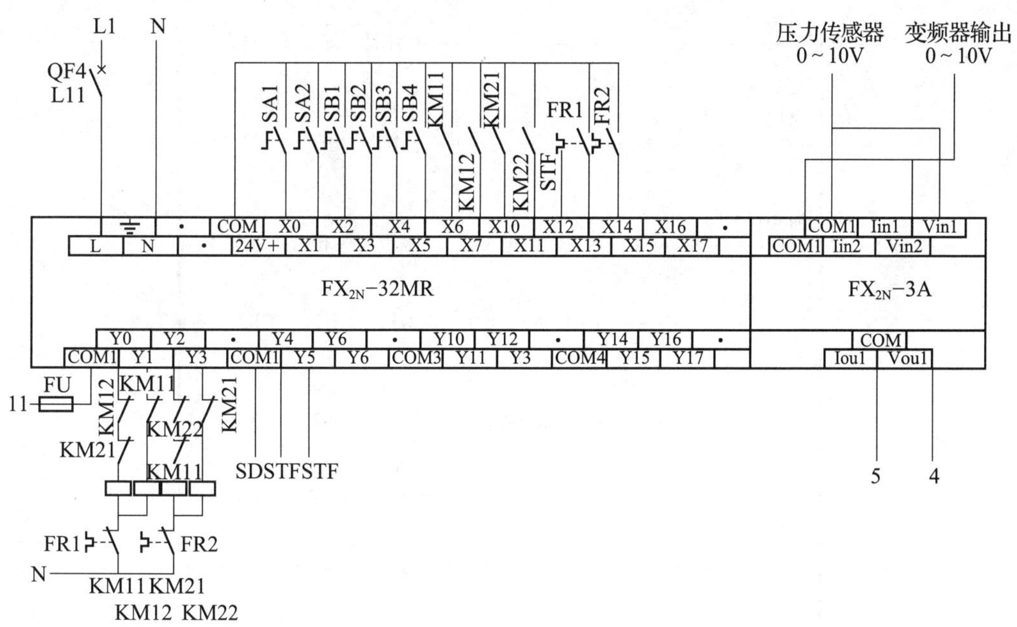


**图 4－2－4　恒压供水 PLC 控制电路原理图**

## 4. 设备材料表

本控制中输入点数应选 13×1.2≈16，输出点数应选 5×1.2≈6（继电器输出）。通过查找三菱 FX2N 系列选型表，选定三菱 FX2N－32MR－001（其中输入 16 点，输出 16 点，继电器输出）。通过查找电器元件选型表，选择的元器件如表 4－2－2 所示。

表 4－2－2　设备材料表

| 序号 | 符号 | 设备名称 | 型号、规格 | 单位 | 数量 | 备注 |
|---|---|---|---|---|---|---|
| 1 | PLC | 可编程控制器 | FX2N－32MR－001 | 台 | 1 | |
| 2 | A/D 和 D/A | 模拟量模块 | FX0N－3A | 个 | 1 | |
| 3 | QF1～3 | 空气断路器 | DZ47－D50/3P | 个 | 3 | |
| 4 | QF4 | 空气断路器 | DZ47－D10/1P | 个 | 1 | |
| 5 | KM | 交流接触器 | CJX2（LC1－D）－50 | 个 | 4 | |
| 6 | FR | 热继电器 | JRS1（LR1）－D63357 | 个 | 2 | |
| 7 | FU | 熔断器 | RT18－32/6A | 个 | 1 | |
| 8 | SA1～2 | 转换开关 | LAY7 | 个 | 2 | |
| 9 | SB | 按钮 | LA39－11 | 个 | 4 | |
| 10 | P | 压力传感器 | TRS2008 | 个 | 1 | 4～20mA |

## 5. 程序设计

### （1）压力转换程序设计（图 4－2－5）

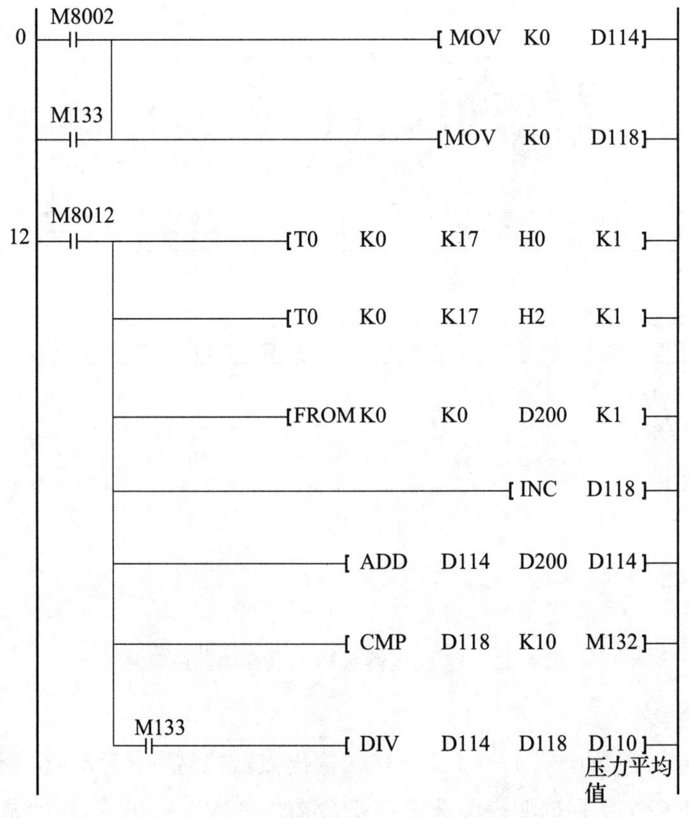


图 4－2－5　恒压供水压力转换装置

从模拟通道 1（8 位 A/D）转换来的压力实时值存放于寄存器 D200 单元中，转换 10 次后的平均值放于 D110 中。在这一程序中部分寄存器的分配如下：

D200 为压力的实时值；D114 为压力和；D118 为计数（M132、M133、M134）；D110 为压力平均值（D111）；M34、M35 为变频器启动和手动时的频率控制输出。

**(2) 变频器频率值转换程序设计（图 4-2-6）**

从模拟通道 2（8 位 A/D）转换来的压力实时值存放于寄存器 D202 单元中，转换 10 次后的平均值放于 D112 中。在这一程序中部分寄存器的分配如下：

D202 为实时频率值；D119 为计数（M135、M136、M137）；D116 为频率和；D112 为频率平均值（D113）。

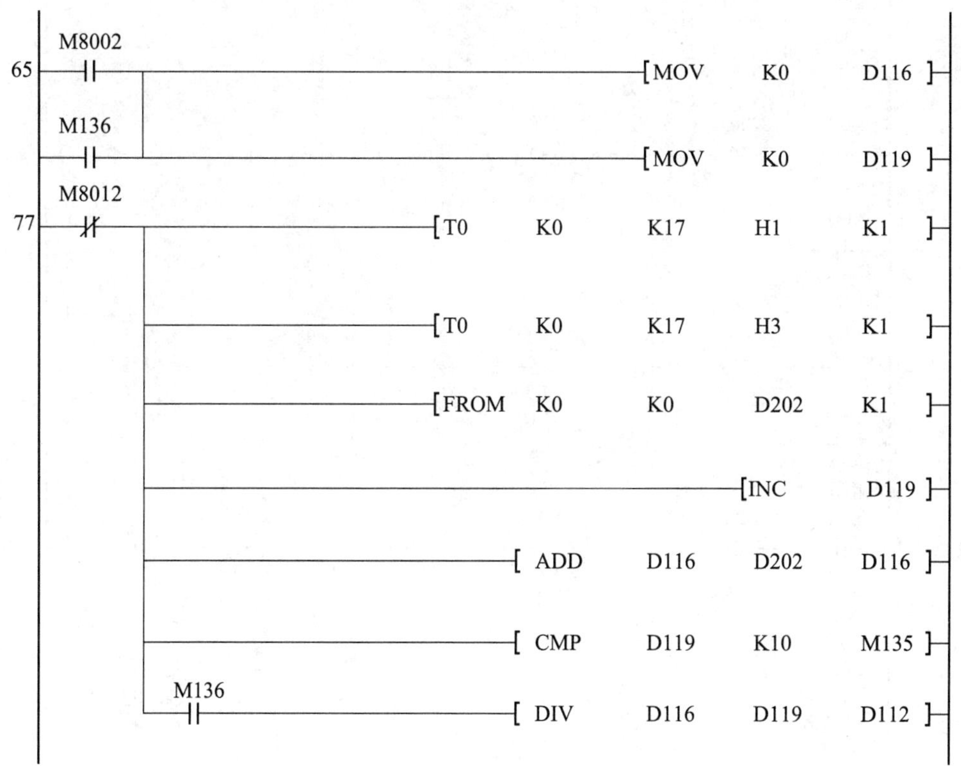


**图 4-2-6　恒压供水变频器频率值转换程序**

**(3) 手动操作运行控制程序设计（图 4-2-7）**

在程序中首先判断 SA1 和 SA2 的状态，当 SA1 断开时，为手动控制运行。内部继电器的分配及控制功能如下：

当 X0 = 0、X1 = 0 时，则 M1 = 1：表示#1 泵变频运行控制，输出为 M30；#2 泵工频运行，输出为 M33。

当 X0 = 0、X1 = 1 时，则 M2 = 1：表示#2 泵变频运行控制，输出为 M32；#1 泵工频运行，输出为 M32。

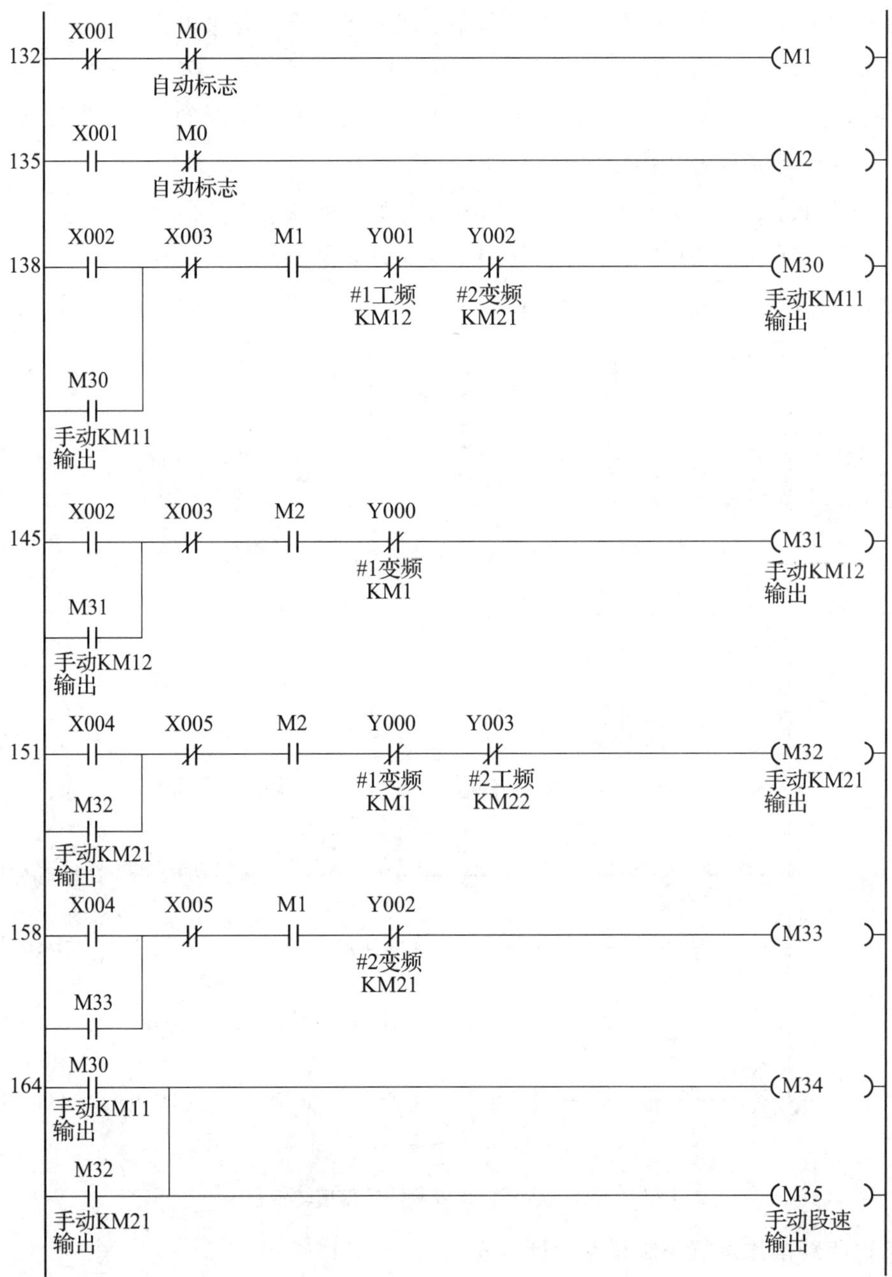


图 4-2-7　恒压供水手动操作运行控制程序

**(4) 数据比较处理程序设计（图 4-2-8)**

对所输入的压力设定值加、减一个一定范围的数，就获得了压力设定的上限值和下限值，分别与测量值比较，用相应的状态位控制水泵的运行，主要目的是减少水泵的启、停次数，提高水泵的使用寿命。同样变频器的输出频率也有一个上限 49Hz 和下限 10Hz 的比较程序。在这一程序中寄存器的功能分配如下：

D500 为断电保持型寄存器，存放压力设定值；D123 为压力下限工作寄存器；

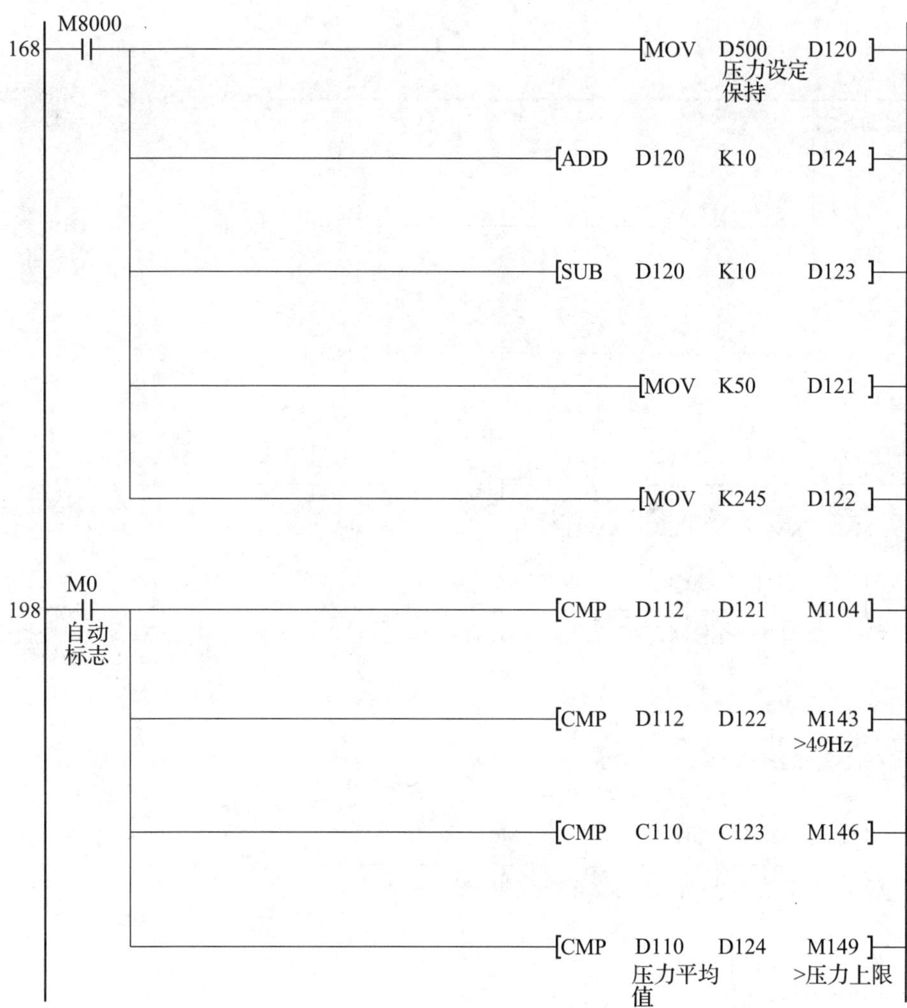


**图 4-2-8　恒压供水数据比较处理程序**

D124 为压力上限工作寄存器；D121 为变频器最低频率 10Hz 设定值；D122 为变频器 49Hz 设定值寄存器；M140、M141、M142 为变频器输出频率同 10Hz 数据进行比较的状态位，分别为表示大于、等于和小于；M143、M144、M145 为变频器输出频率与 49Hz 数据进行比较的状态位；M146、M147、M148 为压力测量值与设定的下限值之间的比较状态位；M149、M150、M151 为压力测量值与设定的上限值之间的比较状态位。

**（5）两台泵交替启动控制程序设计（图 4-2-9）**

第一次从#1 泵开始自动控制过程，第二次从#2 泵开始，交替启动。这里采用单、双日调节控制，将特殊功能寄存器 D8016 中所保存的天数除以 2，比较余数即获得单、双日信号。

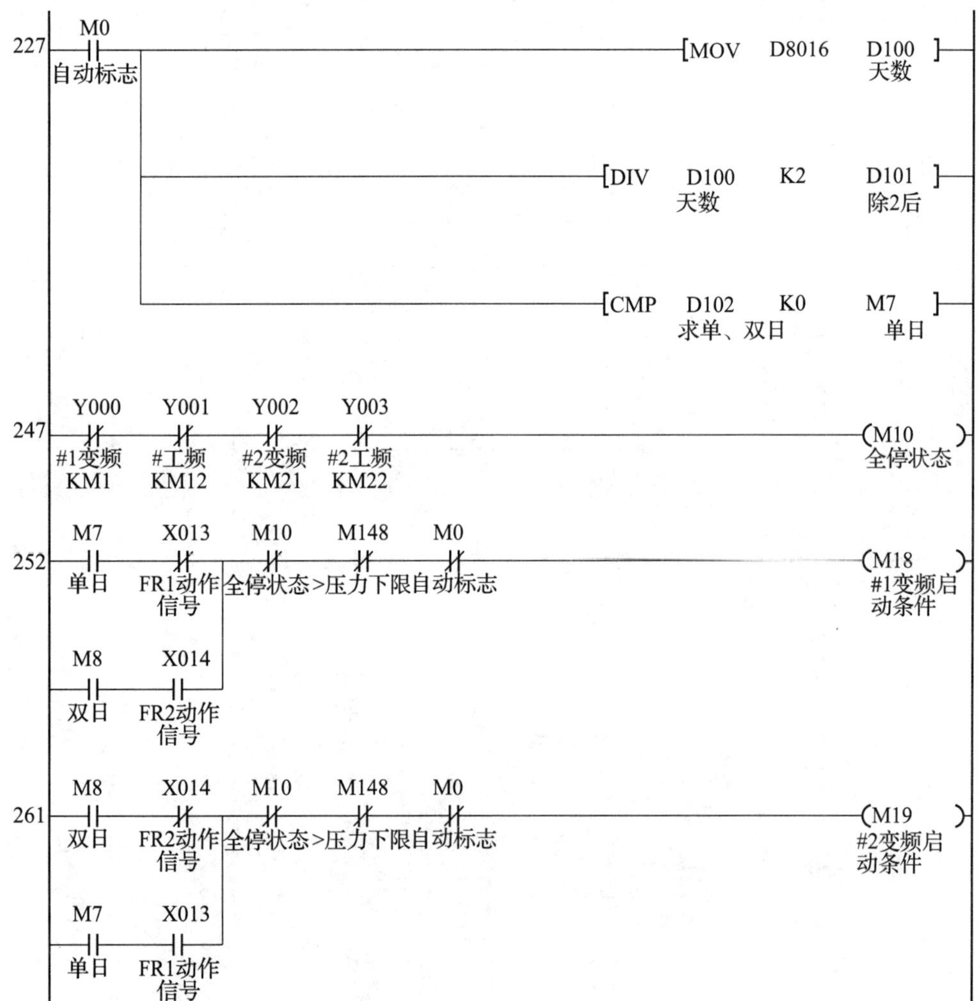


**图 4-2-9　恒压供水两台泵交替启动控制程序**

自动运行程序设计，如图 4-2-10 所示。

对所输入的压力设定值加、减一个一定范围的数，就获得了压力设定的上限值和下限值，分别与测量值比较，用相应的状态位控制水泵的运行，主要目的是减少水泵的启、停次数，提高水泵的使用寿命。同样变频器的输出频率也有一个上限 49Hz 和下限 10Hz 的比较程序。

开关量输出程序设计，如图 4-2-11 所示。

PID 运算程序设计，如图 4-2-12 所示。

根据压力设定值（D500）、实时值（D110）经 PID 指令运算后，获得输出控制变频工作频率的数据存放于 D126 中。

模拟量输出程序设计如图 4-2-13 所示。

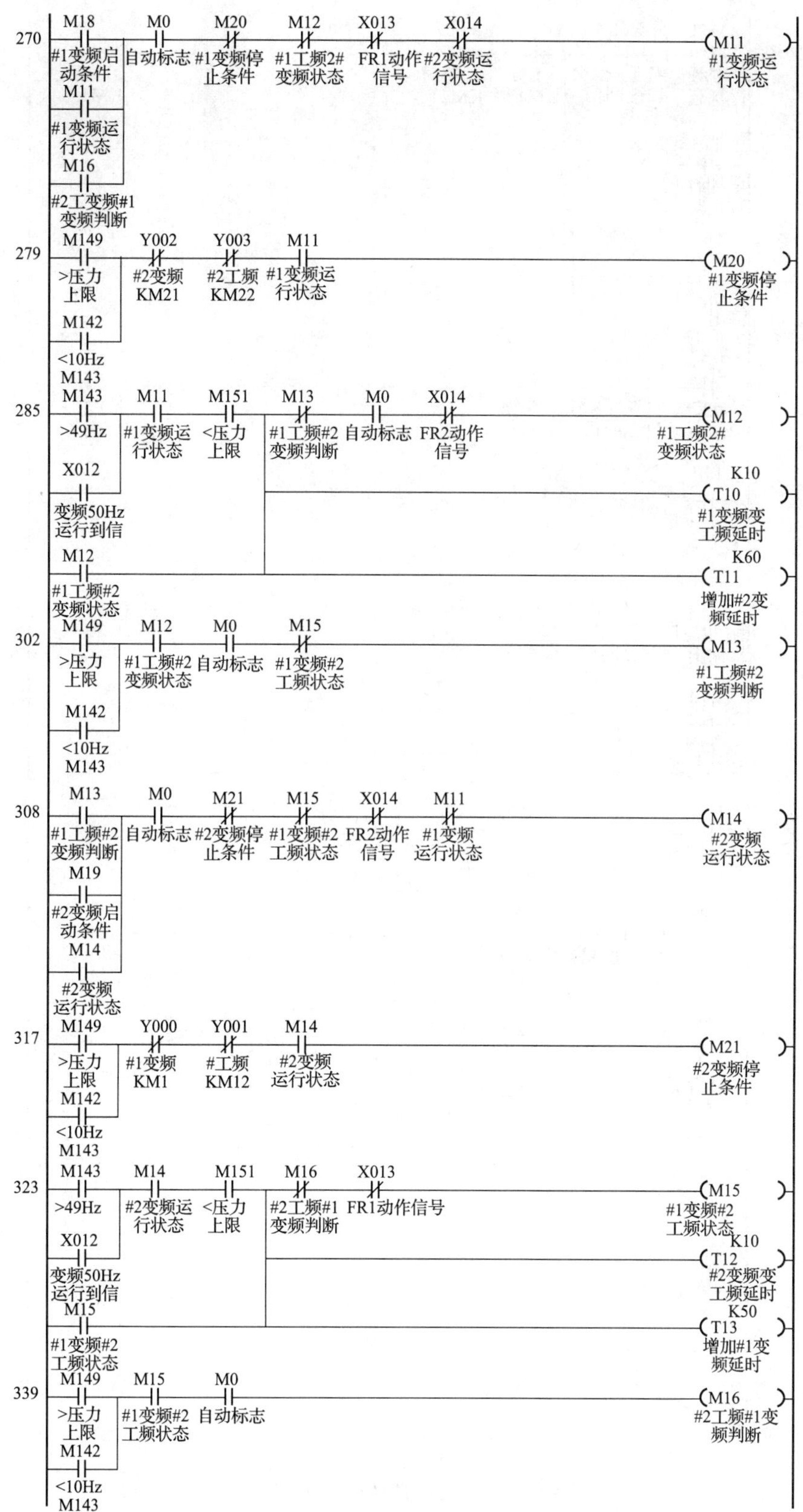


**图 4－2－10　恒压供水自动运行处理程序**

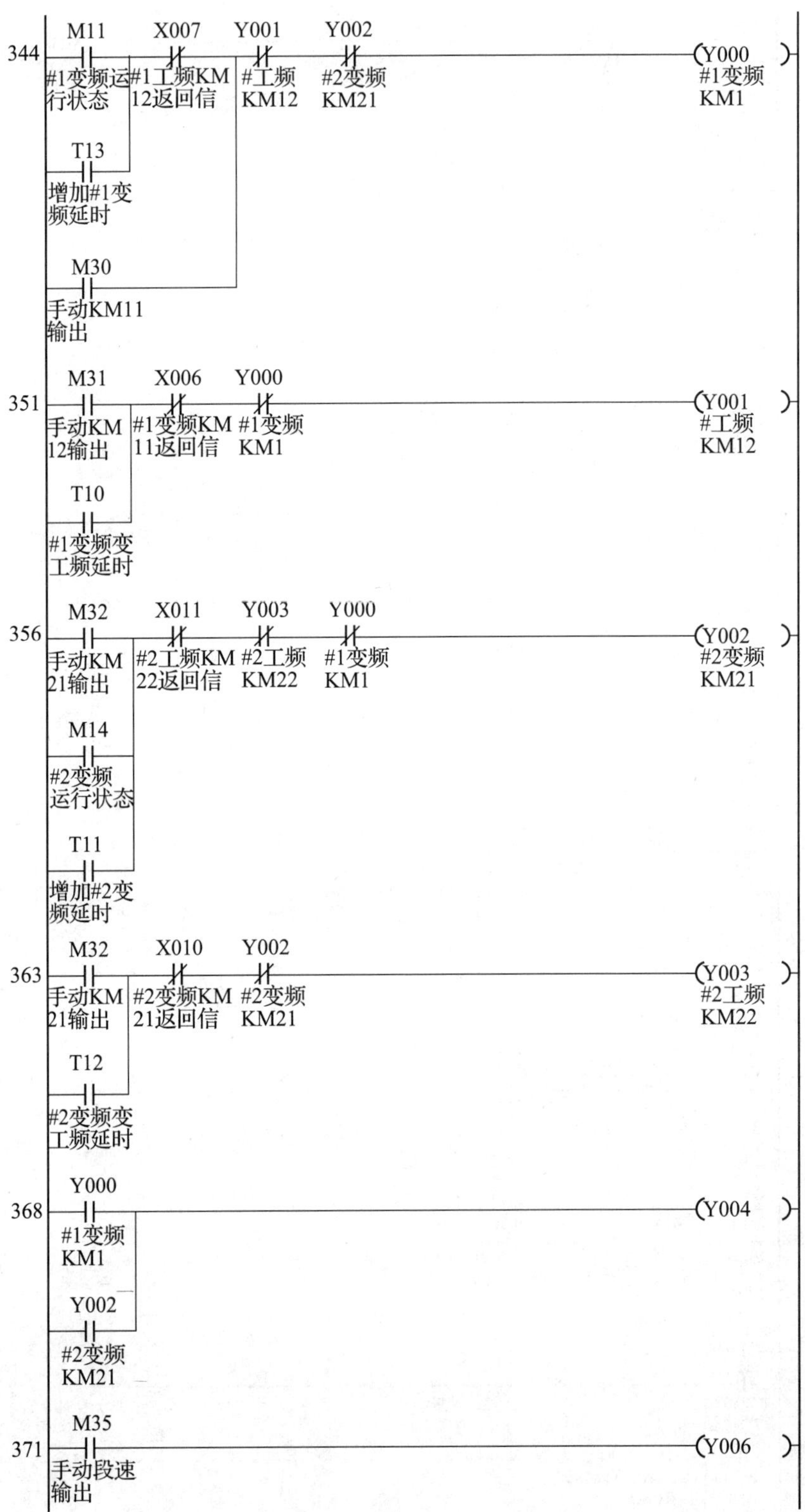


**图4-2-11 恒压供水开关量输出程序**

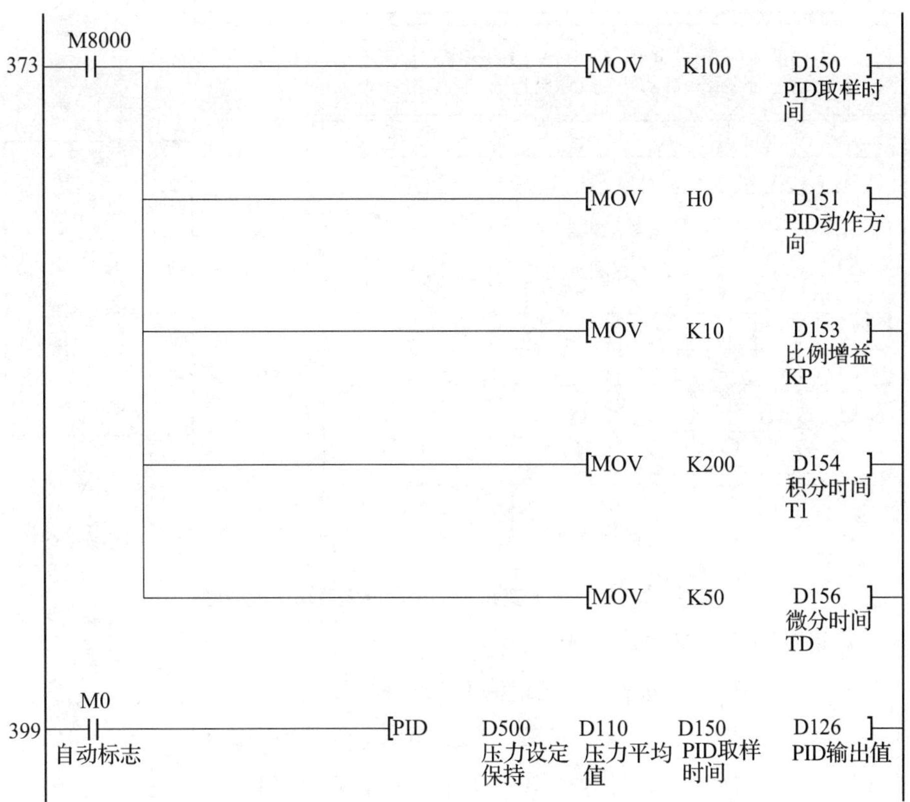


**图 4－2－12 恒压供水 PID 运算程序**

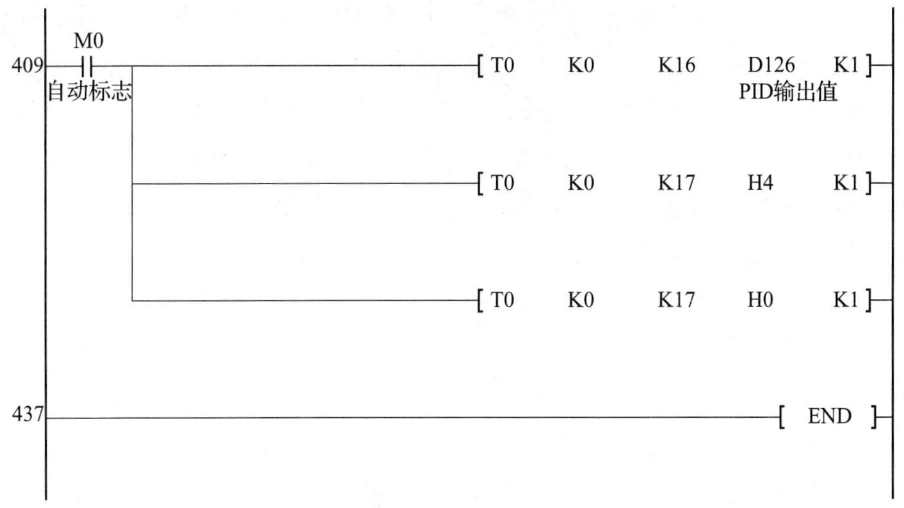


**图 4－2－13 恒压供水模拟量（D/A 转换）输出程序**

经过 PID 运算获得的变频器频率数据，送 8 位 D/A 转换器，转换成电压范围为 0～10V的电压信号。

## 6. 运行调试

根据原理图连接 PLC 线路，检查无误后，将程序下载到 PLC 中，运行程序，观察控制过程。恒压变频供水初衷上台模拟调试接线图如图 4－2－14 所示。

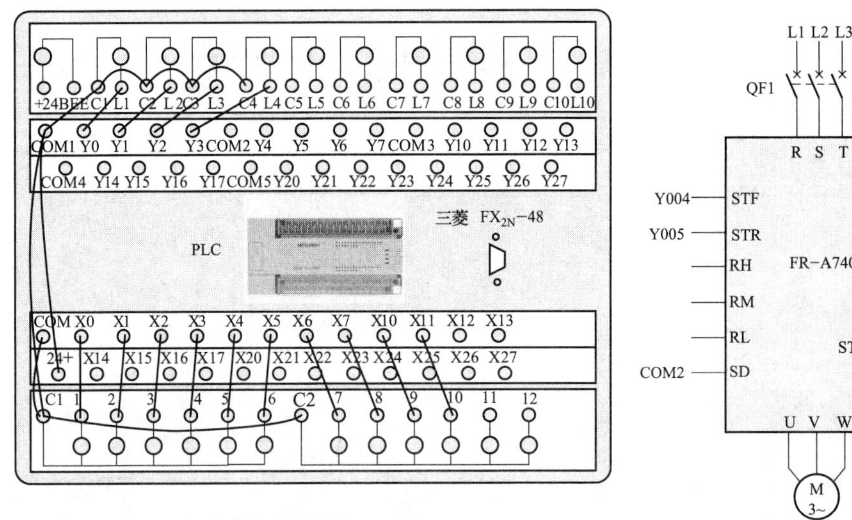


（a）输入接线图　　（b）输出接线图

**图 4-2-14　恒压变频供水实训台模拟调试接线图**

（1）设置变频器，参数设置如下：

Pr. 79——“操作模式选择”，设定值 1，PU 模式。

Pr. 1——“上限频率”，设定值 50，输出频率上限为 50Hz。

Pr. 2——“下限频率”，设定值 10，输出频率下限为 10Hz。

Pr. 128——“选择 PID 控制”，设定值 20，对于压力等的控制 PID 起副作用。

Pr. 38——“5V（10V）输入时频率”，设定值 50，最大频率 50Hz。

Pr. 73——“0 ~ 5V/0 ~ 10V 选择”，设定值 0，DC 0 ~ 5V 输入。

Pr. 902——“频率设定电压偏置”，设定值 0V，设定频率 0Hz。

Pr. 903——“频率设定电压增益”，设定值 5V，设定频率 50Hz。

Pr. 133——“PU 设定的 PID 控制设定值”，设定值 50%。

Pr. 79——“操作模式选择”，设定值 2（或者 3、4），外部信号输入。

（2）将 SA1 开关旋转到手动操作位置。

SA2 在#1 变频位置时，按下 SB1、SB3，观察#1 泵、#2 泵的动作情况。

SA2 在#2 变频位置时，按下 SB1、SB3，观察#1 泵、#2 泵的动作情况。

（3）将 SA1 开关旋转到自动操作位置。

打开所有出水阀门，观察#1 泵、#2 泵的动作及压力、变频器频率的变化情况。

关闭部分阀门，观察#1 泵、#2 泵的动作及压力、变频器频率的变化情况。

再打开所有阀门，观察#1 泵、#2 泵的动作及压力、变频器频率的变化情况。

关闭所有阀门，观察#1 泵、#2 泵的动作及压力、变频器频率的变化情况。

（4）改变 PID 中的 KP、TI、TD 参数值，观察#1 泵、#2 泵的动作及压力、变频器频率的变化情况。

（5）设置 KM11、KM12、KM21、KM22 的返回信号故障，观察控制现象。

**任务评价 > >**

| 评价项目 | 评价内容 | 分值 | 评价标准 | 得分 |
|---|---|---|---|---|
| 课堂学习能力 | 学习态度与能力 | 10 | 态度端正，学习积极 | |
| 思维拓展能力 | 拓展学习的表现与应用 | 10 | 积极拓展学习并能正确应用 | |
| 团结协作意识 | 分工协作，积极参与 | 5 | | |
| 语言表达能力 | 正确、清楚地表达观点 | 5 | | |
| 学习过程：程序编制、调试、运行、工艺 | 外部接线 | 5 | 按照接线图正确接线 | |
| | 布线工艺 | 5 | 符合布线工艺标准 | |
| | I/O 分配 | 5 | I/O 分配正确合理 | |
| | 程序设计 | 10 | 能完成控制要求 5 分<br>具有创新意识 5 分 | |
| | 程序调试与运行 | 15 | 程序正确调试 5 分<br>符合控制要求 5 分<br>能排除故障 5 分 | |
| 理论测试 | 任务内知识测评 | 10 | 正确完成测评内容 | |
| 应用拓展 | 任务内应用拓展测评 | 10 | 及时、正确地完成技术文件 | |
| 安全文明生产 | 正确使用设备和工具 | 10 | | |
| 教师签字 | | 总得分 | | |

**知识链接 > >**

PID 是比例、积分、微分的缩写。简单地说，PID 就是将控制指令信号通过比例（P）放大运算、积分（I）运算以及微分（D）运算，最后得到一个综合的控制信号，从而使系统有良好的响应性、稳定性和精确度。

### 1. PID 运算指令

指令格式：PID　S1　S2　S3　D

PID 运算指令：P

FNC88

PID

PID（P）

程序步：CMP

CMP（P）9 步

指令功能：主要用于进行 PID 控制的运算指令，达到取样时间的 PID 指令在其后面扫描时进行 PID 运算。

S1：设定目标值（SV）。PID 调节控制外部设备所要达到的目标，需要外部设定输入。

S2：测定值（PV）。通常是安装于控制设备中的传感器转换来的数据。

S3：设定控制参数。PID 内部工作及控制用寄存器，共占用 25 个数据寄存器。

D：输出值寄存器。PID 运算输出结果，一般使用非断电保持型。

如图 4-2-15 所示为压力调节 PID 运算指令的梯形图。

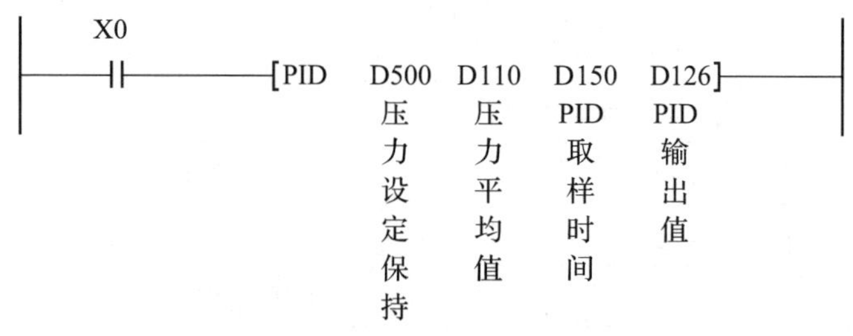


**图 4-2-15　压力调节 PID 指令梯形图**

程序说明：图中，当 X0 为 ON 时，执行 PID 指令；当 X0 为 OFF 时，不执行 PID 指令。在指令中共使用了 28 个数据寄存器，这是应该注意的地方。

注意：

（1）对于 D 请指定非断电保持的数据寄存器。若指定断电保持的数据寄存器时，在可编程控制器 RUN 时，务必清除保持的内容。

（2）需占用自 S3 起始的 25 个数据寄存器。本例中占用 D150 ~ D174。

（3）PID 指令可同时多次执行（环路数目无限制），但请注意运算使用的 S3 或 D 软元件号不要重复。

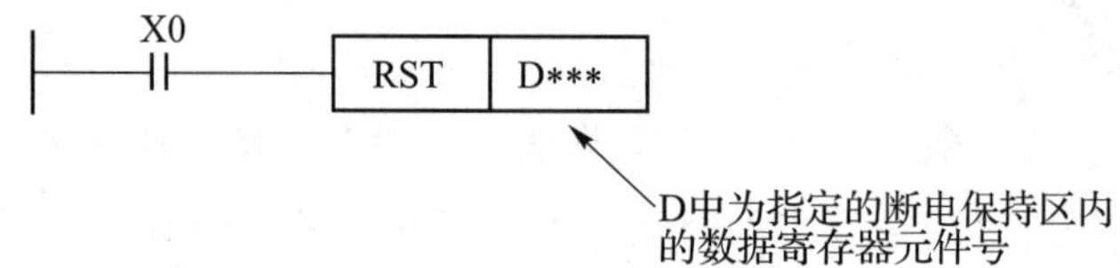


**图 4-2-16　D 软元件设置事项**

（4）PID 指令在定时器中断、子程序、步进梯形图、跳转指令中也可使用，在这种情况下，执行 PID 指令前，请先清除 S3 +7 后再使用，如图 4-2-17 所示。

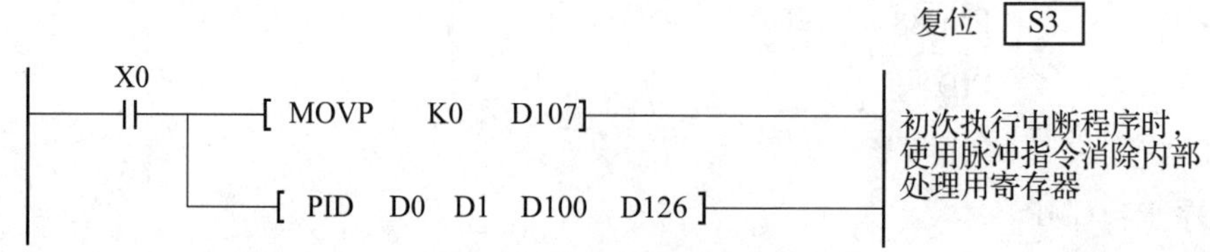


**图 4-2-17　PID 清除 S3 +7**

### 2. PID 内部参数设定意义

控制用参数的设定值在 PID 运算前必须预先通过 MOV 等指令写入。另外，指定断电保持区域的数据寄存器时，编程控制器的电源 OFF 之后，设定值仍保持，因此不需要进行再次写入。下面简要说明 PID 占用数据寄存器的功能：

S1：取样时间（Ts），1～32767（ms）（但比运算周期短的时间数值无法执行）

S1+1：动作方向（ACT）

bit0　0：正动作　　1：逆动作

bit1　0：输入变化量报警无　　1：输入变化量报警有效

bit2　0：输出变化量报警无　　1：输出变化量报警有效

bit3　不可使用

bit4　0：自动调谐不动作　　1：执行自动调谐

bit5　0：输出值上、下限设定无　　1：输出值上、下限设定有效

bit6～bit15　不可使用

另外，请不要使 bit5 和 bit2 同时处于 ON

S3+2：输入滤波常数（a），0～99（%），0 时没有输入滤波

S3+3：比例增益（KP），1～32767（%）

S3+4：积分时间（TI），0～32767（×100ms），0 时作为∞处理（无积分）

S3+5：微分增益（KD），0～100（%），0 时无积分增益

S3+6：微分时间（TD），0～32767（×100ms），0 时无微分处理

S3+7～S3+19：PID 运算的内部处理占用

S3+20：输入变化量（增侧）报警设定值，0～32767（S3+1〈ACT〉的 bit1=1 时有效）

S3+21：输入变化量（增侧）报警设定值，0～32767（S3+1〈ACT〉的 bit1=1 时有效）

S3+22：输出变化值（增侧）报警设定值，0～32767（S3+1〈ACT〉的 bit2=1，bit5=0 时有效），另外输出上限设定值 -32768～32767（S3+1〈ACT〉的 bit2=0，bit5=1 时有效）

S3+S2：输出变化量（增侧）报警设定值，0～32767（S3+1〈ACT〉的 bit2=1，bit5=0 时有效），另外输出下限设定值 -32768～32767（S3+1〈ACT〉的 bit2=0，bit5=1 时有效）

S3+S4：报警输出（S3+1〈ACT〉的 bit=0，bit2=1 时有效）

Bit0 输入变化量（增侧）溢出

Bit1 输入变化量（增侧）溢出

Bit2 输入变化量（增侧）溢出

Bit3 输入变化量（增侧）溢出

说明：S3+20～S3+24 在 S3+1〈ACT〉的 bit1=1、bit2=1 时将被占用，不能用作以上功能。

### 3. PID 的几个常用参数的输入

（1）使用自动调谐功能。此时将 S1+1 动作方向寄存器（ACT）的值设为 H10 即

可，其他参数不用设置。

（2）在不执行自动调谐功能时，要求求得适合于控制对象的各参数的最佳值。这里必须求得 PID 的 3 个常数［比例增益（KP）、积分时间（TI）、微分时间（TD）］的最佳值。但这一过程非常复杂，要若干次实验以后才能得到较好的效果。有关参数的计算方式请参阅相关 PID 参数整定技术。

（3）采用经验法进行参数输入。在 PID 要求不是很高的情况下，可以在运行过程中逐步修改，以提高控制效果。如上述项目中采用的就是经验值，比例增益（KP）设为 10、积分时间（TI）为 200、微分时间（TD）为 50，在运行过程中可以改变相应数据，以观察控制效果。

**任务拓展 > >**

利用 PLC 和变频器来实现恒压供水的自动控制，现场压力信号的采集由压力传感器完成。整个系统可由电脑利用工控组态软件进行实时监控。其组成如图 4-2-18所示。

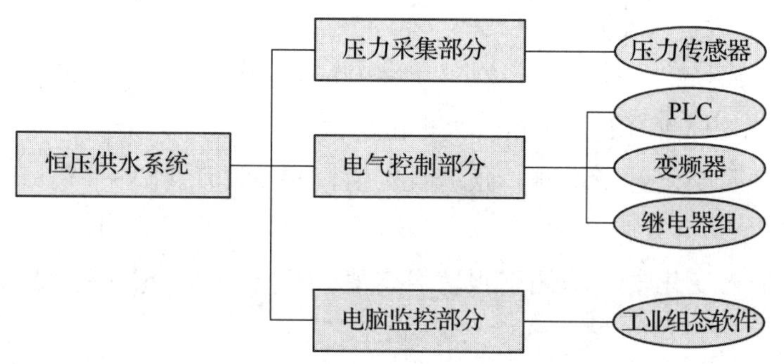


**图 4-2-18　组成框图**

在本项目要求的基础上，增加以下控制功能：

（1）故障检测与报警功能。在接触器动作故障、变频运行故障产生时，分别通过声光进行报警输出；产生故障后，按故障接触按钮 1 次，关闭声音报警；持续按故障接触按钮 10s 后，报警指示关闭。

（2）采用 F930GOT 触摸屏或组态设计上位界面，实现压力设定值参数的修改，PID 调节中所用 ACT、KP、TI、TD 等参数的修改。

请规范设计，完成主电路、控制电路、I/O 地址分配、PID 程序及元器件选择。

## 知识测评

**1. 填空题**

（1）PID 指令在定时器中断、子程序、步进梯形图、跳转指令中也可以使用，在这种情况下，执行 PID 指令前，请先____________再使用。

（2）PID 内部工作及控制用寄存器 S3，共占用________个数据寄存器。

（3）输出值寄存器，一般使用____________型。

（4）Pr. 79 参数值设为“3”时，是________模式。

（5）PID 运算指令格式是：____________。

**2. 选择题**

（1）PID 运算指令对应的高级指令序号是（　　）。

A. FNC86　　B. FNC87

C. FNC88　　D. FNC89

（2）输出值 D 可以使用的数据寄存器的范围是（　　）。

A. D1 ~ D7975　　B. D0 ~ D7975

C. D1 ~ D7976　　D. D0 ~ D7976

（3）PID 指令执行时，S3 自动占用的数据寄存器个数为（　　）。

A. 23　　B. 24

C. 25　　D. 26

（4）PID 指令执行的步骤是（　　）。

A. 8　　B. 9

C. 10　　D. 11

（5）PID 指令可同时执行的数目是（　　）。

A. 1　　B. 6

C. 10　　D. 不限

**3. 简答题**

（1）简述 PLC 与变频器连接时的注意事项。

（2）PLC 控制变频器时，变频器的操作模式该如何选择？

## 任务要点归纳

通过对两组水泵电动机的控制应用，初步将 PLC 技术与变频器技术进行了综合运用，重点学习了以下内容：

1. 学习了 PLC 中 PID 指令的功能和用法以及程序设计方法；

2. 变频器中 PID 参数的设置方法；

3. 压力传感器模拟量与 PLC 接口中数据输入、输出处理技术；

4. 设计外部电路实现恒压变频供水的两种模式：人工模式和自动运行模式；

5. 电动机频率参数设定。

# 附　录

## 附录一　FX2N系列基本指令一览表

| 序号 | 名称 | 功能 | 回路表示及对象软元件 |
|---|---|---|---|
| 1 | [LD] 取 | 运算开始a触点 | 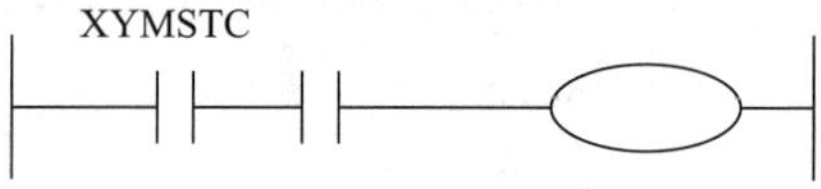 XYMSTC |
| 2 | [LDI] 取反 | 运算开始b触点 | 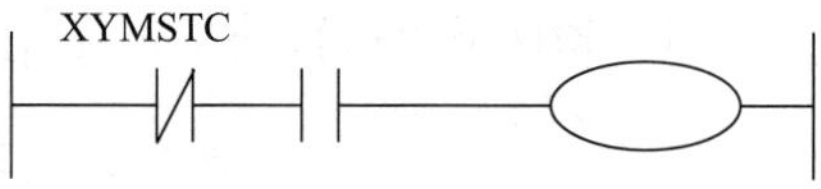 XYMSTC |
| 3 | [LDP] 取脉冲上升沿 | 上升沿检测运算开始 |  XYMSTC |
| 4 | [LDF] 取脉冲下降沿 | 下降沿检测运算开始 | 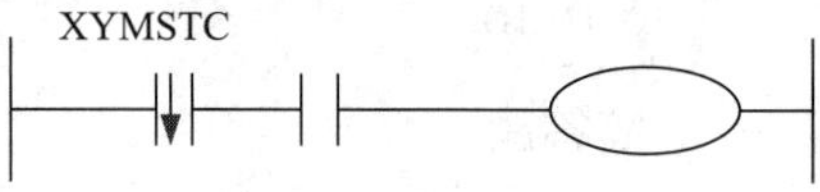 XYMSTC |
| 5 | [AND] 与 | 串联连接a触点 | 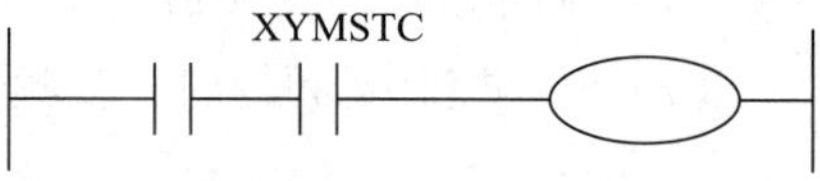 XYMSTC |
| 6 | [ANI] 与非 | 串联连接b触点 | 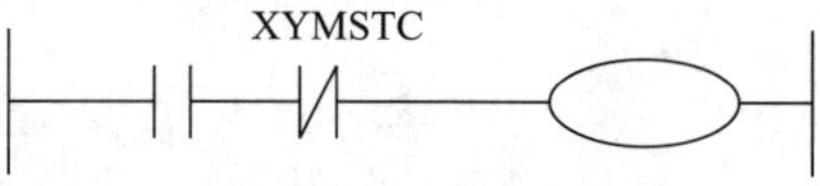 XYMSTC |
| 7 | [ANDP] 与脉冲上升沿 | 上升沿检测串联连接 | 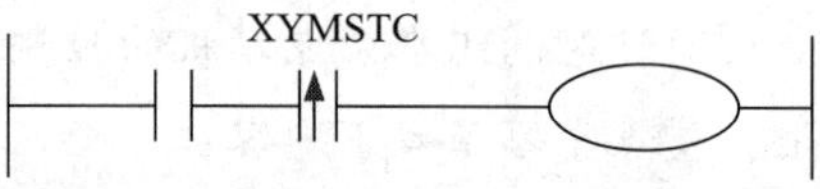 XYMSTC |
| 8 | [ANDF] 与脉冲下降沿 | 下降沿检测串联连接 |  XYMSTC |
| 9 | [OR] 或 | 并联连接a触点 | 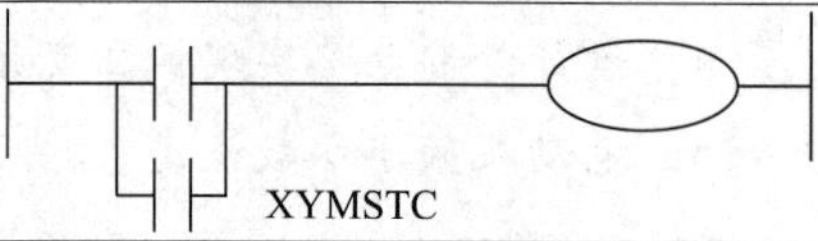 XYMSTC |

续表

| 序号 | 名称 | 功能 | 回路表示及对象软元件 |
|---|---|---|---|
| 10 | [ORI] 或非 | 并联连接 b 触点 | 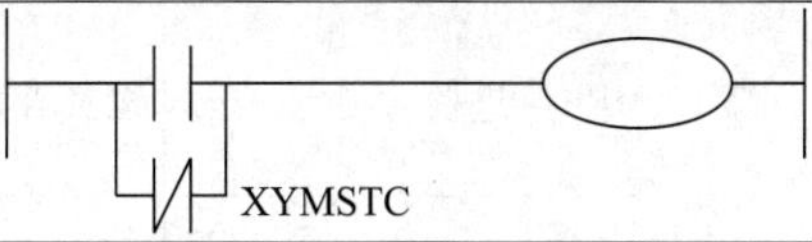 XYMSTC |
| 11 | [ORP] 或脉冲上升沿 | 上升沿检测并联连接 | 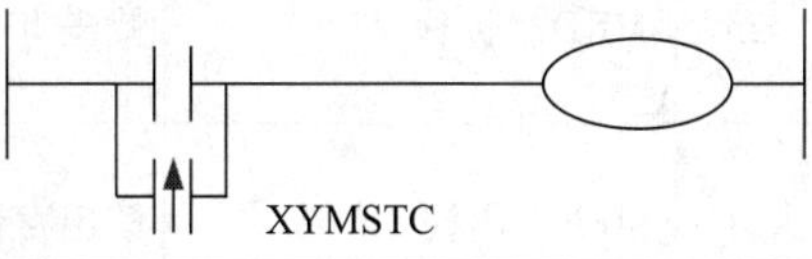 XYMSTC |
| 12 | [ORF] 或脉冲下降沿 | 下降沿检测并联连接 | 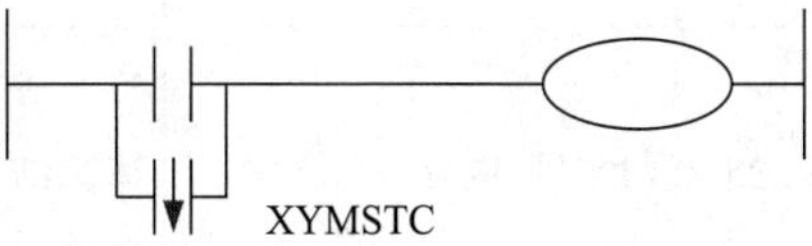 XYMSTC |
| 13 | [ANB] 回路块与 | 回路块间用串联连接 | 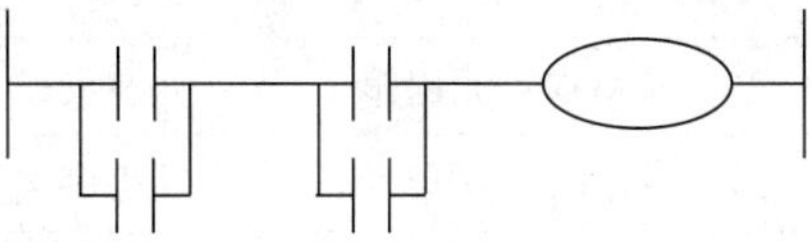 |
| 14 | [ORB] 回路块或 | 回路块用并联连接 | 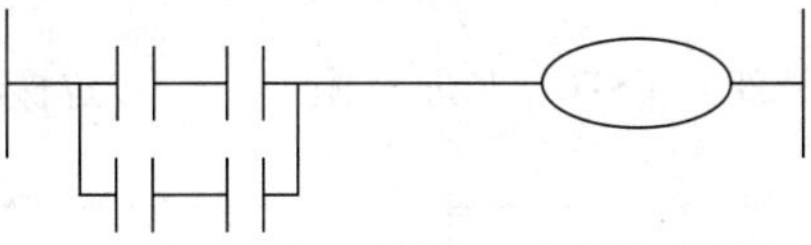 |
| 15 | [OUT] 输出 | 线圈驱动指令 | 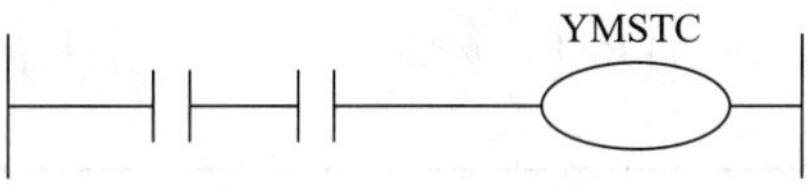 YMSTC |
| 16 | [SET] 置位 | 动作线圈保持指令 | 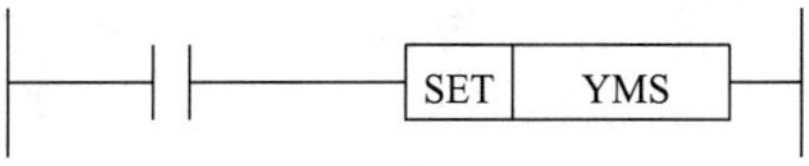 SET YMS |
| 17 | [RST] 复位 | 解除保持的线圈动作指令 | 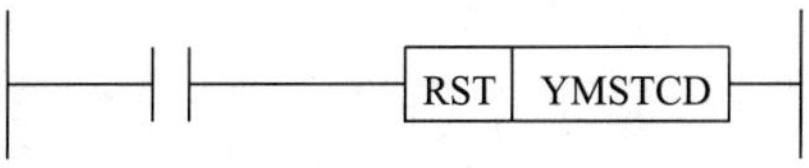 RST YMSTCD |
| 18 | [PLS] 上升沿脉冲 | 上升沿检测线圈指令 | 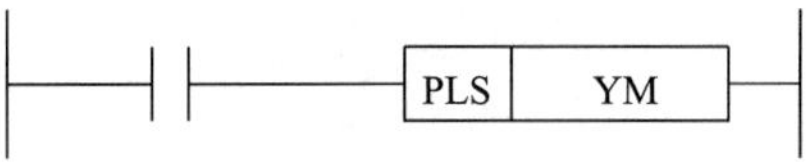 PLS YM |
| 19 | [PLF] 下降脉冲 | 下降沿检测线圈指令 | 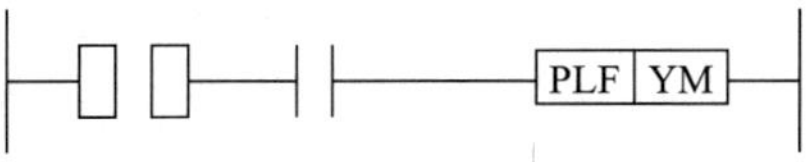 PLF YM |
| 20 | [MC] 主控 | 通用串联触点用线圈指令 | 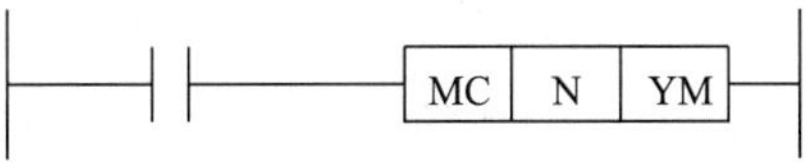 MC N YM |
| 21 | [MCR] 主控复位 | 通用串联触点解除指令 |  MCR N |

续表

| 序号 | 名称 | 功能 | 回路表示及对象软元件 |
|---|---|---|---|
| 22 | [MPS] 进栈 | 运算存储 | 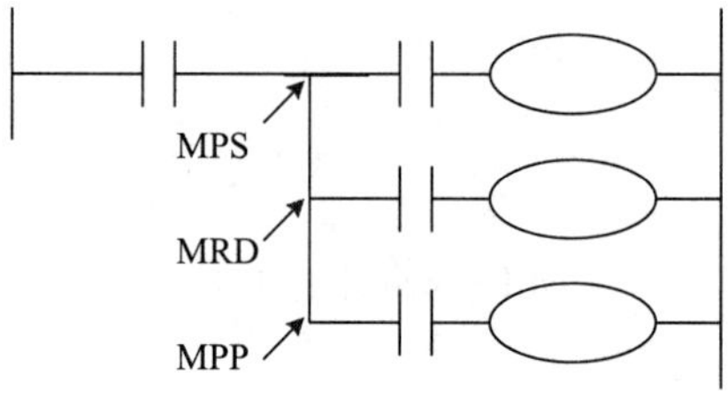 MPS |
| 23 | [MRD] 读栈 | 读出存储 | MRD |
| 24 | [MPP] 出栈 | 读出存储并复位 | MPP |
| 25 | [INV] 取反 | 运算结果的反转 | 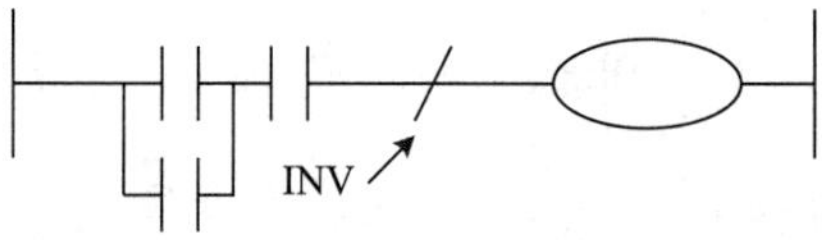 INV |
| 26 | [NOP] 无程序 | 空操作 | 用于删除程序或者留出程序空间 |
| 27 | [END] 结束 | 程序结束 | 程序结束，返回第 0 步 |
| 28 | [STL] 步进梯形图 | 步进梯形图的开始 | 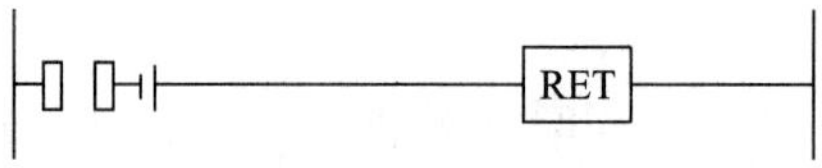 RET |
| 29 | [RET] 返回 | 步进梯形图的结束 | 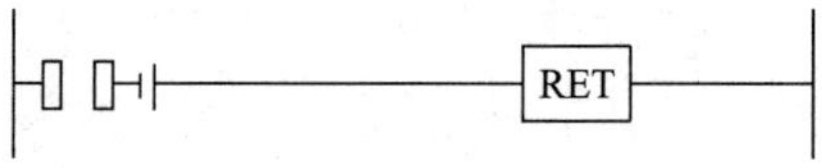 RET |

# 附录二　三菱 FX 系列 PLC 应用指令一览表

| 分类 | FNC No. | 指令助记符 | 功能说明 | 对应不同型号的 PLC | | | | |
|---|---|---|---|---|---|---|---|---|
| | | | | FX0S | FX0N | FX1S | FX1N | FX2N FX2NC |
| 程序流程 | 00 | CJ | 条件跳转 | √ | √ | √ | √ | √ |
| | 01 | CALL | 子程序调用 | × | × | √ | √ | √ |
| | 02 | SRET | 子程序返回 | × | × | √ | √ | √ |
| | 03 | IRET | 中断返回 | √ | √ | √ | √ | √ |
| | 04 | EI | 开中断 | √ | √ | √ | √ | √ |
| | 05 | DI | 关中断 | √ | √ | √ | √ | √ |
| | 06 | FEND | 主程序结束 | √ | √ | √ | √ | √ |
| | 07 | WDT | 监视定时器刷新 | √ | √ | √ | √ | √ |
| | 08 | FOR | 循环的起点与次数 | √ | √ | √ | √ | √ |
| | 09 | NEXT | 循环的终点 | √ | √ | √ | √ | √ |
| 传送与比较 | 10 | CMP | 比较 | √ | √ | √ | √ | √ |
| | 11 | ZCP | 区间比较 | √ | √ | √ | √ | √ |
| | 12 | MOV | 传送 | √ | √ | √ | √ | √ |
| | 13 | SMOV | 位传送 | × | × | × | × | √ |
| | 14 | CML | 取反传送 | × | × | × | × | √ |
| | 15 | BMOV | 成批传送 | × | √ | √ | √ | √ |
| | 16 | FMOV | 多点传送 | × | × | × | × | √ |
| | 17 | XCH | 交换 | × | × | × | × | √ |
| | 18 | BCD | 二进制转换成 BCD 码 | √ | √ | √ | √ | √ |
| | 19 | BIN | BCD 码转换成二进制 | √ | √ | √ | √ | √ |

续表

| 分类 | FNC No. | 指令助记符 | 功能说明 | 对应不同型号的 PLC | | | | |
|---|---|---|---|---|---|---|---|---|
| | | | | FX0S | FX0N | FX1S | FX1N | FX2N FX2NC |
| 算术与逻辑运算 | 20 | ADD | 二进制加法运算 | √ | √ | √ | √ | √ |
| | 21 | SUB | 二进制减法运算 | √ | √ | √ | √ | √ |
| | 22 | MUL | 二进制乘法运算 | √ | √ | √ | √ | √ |
| | 23 | DIV | 二进制除法运算 | √ | √ | √ | √ | √ |
| | 24 | INC | 二进制加 1 运算 | √ | √ | √ | √ | √ |
| | 25 | DEC | 二进制减 1 运算 | √ | √ | √ | √ | √ |
| | 26 | WAND | 字逻辑与 | √ | √ | √ | √ | √ |
| | 27 | WOR | 字逻辑或 | √ | √ | √ | √ | √ |
| | 28 | WXOR | 字逻辑异或 | √ | √ | √ | √ | √ |
| | 29 | NEG | 求二进制补码 | × | × | × | × | √ |
| 循环与移位 | 30 | ROR | 循环右移 | × | × | × | × | √ |
| | 31 | ROL | 循环左移 | × | × | × | × | √ |
| | 32 | RCR | 带进位右移 | × | × | × | × | √ |
| | 33 | RCL | 带进位左移 | × | × | × | × | √ |
| | 34 | SFTR | 位右移 | √ | √ | √ | √ | √ |
| | 35 | SFTL | 位左移 | √ | √ | √ | √ | √ |
| | 36 | WSFR | 字右移 | × | × | × | × | √ |
| | 37 | WSFL | 字左移 | × | × | × | × | √ |
| | 38 | SFWR | FIFO（先入先出）写入 | × | × | √ | √ | √ |
| | 39 | SFRD | FIFO（先入先出）读出 | × | × | √ | √ | √ |
| 数据处理 | 40 | ZRST | 区间复位 | √ | √ | √ | √ | √ |
| | 41 | DECO | 解码 | √ | √ | √ | √ | √ |
| | 42 | ENCO | 编码 | √ | √ | √ | √ | √ |
| | 43 | SUM | 统计 ON 位数 | × | × | × | × | √ |
| | 44 | BON | 查询位某状态 | × | × | × | × | √ |
| | 45 | MEAN | 求平均值 | × | × | × | × | √ |
| | 46 | ANS | 报警器置位 | × | × | × | × | √ |
| | 47 | ANR | 报警器复位 | × | × | × | × | √ |
| | 48 | SQR | 求平方根 | × | × | × | × | √ |
| | 49 | FLT | 整数与浮点数转换 | × | × | × | × | √ |

续表

| 分类 | FNC No. | 指令助记符 | 功能说明 | 对应不同型号的 PLC | | | | |
|---|---|---|---|---|---|---|---|---|
| | | | | FX0S | FX0N | FX1S | FX1N | FX2N FX2NC |
| 高速处理 | 50 | REF | 输入输出刷新 | √ | √ | √ | √ | √ |
| | 51 | REFF | 输入滤波时间调整 | × | × | × | × | √ |
| | 52 | MTR | 矩阵输入 | × | × | √ | √ | √ |
| | 53 | HSCS | 比较置位（高速计数用） | × | √ | √ | √ | √ |
| | 54 | HSCR | 比较复位（高速计数用） | × | √ | √ | √ | √ |
| | 55 | HSZ | 区间比较（高速计数用） | × | × | × | × | √ |
| | 56 | SPD | 脉冲密度 | × | × | √ | √ | √ |
| | 57 | PLSY | 指定频率脉冲输出 | √ | √ | √ | √ | √ |
| | 58 | PWM | 脉宽调制输出 | √ | √ | √ | √ | √ |
| | 59 | PLSR | 带加减速脉冲输出 | × | × | √ | √ | √ |
| 方便指令 | 60 | IST | 状态初始化 | √ | √ | √ | √ | √ |
| | 61 | SER | 数据查找 | × | × | × | × | √ |
| | 62 | ABSD | 凸轮控制（绝对式） | × | × | √ | √ | √ |
| | 63 | INCD | 凸轮控制（增量式） | × | × | √ | √ | √ |
| | 64 | TTMR | 示教定时器 | × | × | × | × | √ |
| | 65 | STMR | 特殊定时器 | × | × | × | × | √ |
| | 66 | ALT | 交替输出 | √ | √ | √ | √ | √ |
| | 67 | RAMP | 斜波信号 | √ | √ | √ | √ | √ |
| | 68 | ROTC | 旋转工作台控制 | × | × | × | × | √ |
| | 69 | SORT | 列表数据排序 | × | × | × | × | √ |
| 外部 I/O 设备 | 70 | TKY | 10 键输入 | × | × | × | × | √ |
| | 71 | HKY | 16 键输入 | × | × | × | × | √ |
| | 72 | DSW | BCD 数字开关输入 | × | × | √ | √ | √ |
| | 73 | SEGD | 七段码译码 | × | × | × | × | √ |
| | 74 | SEGL | 七段码分时显示 | × | × | √ | √ | √ |
| | 75 | ARWS | 方向开关 | × | × | × | × | √ |
| | 76 | ASC | ASCI 码转换 | × | × | × | × | √ |
| | 77 | PR | ASCI 码打印输出 | × | × | × | × | √ |
| | 78 | FROM | BFM 读出 | × | √ | × | √ | √ |
| | 79 | TO | BFM 写入 | × | √ | × | √ | √ |

续表

| 分类 | FNC No. | 指令助记符 | 功能说明 | 对应不同型号的 PLC | | | | |
|---|---|---|---|---|---|---|---|---|
| | | | | FX0S | FX0N | FX1S | FX1N | FX2N FX2NC |
| 外围设备 | 80 | RS | 串行数据传送 | × | √ | √ | √ | √ |
| | 81 | PRUN | 八进制位传送（#） | × | × | √ | √ | √ |
| | 82 | ASCI | 16 进制数转换成 ASCI 码 | × | √ | √ | √ | √ |
| | 83 | HEX | ASCI 码转换成 16 进制数 | × | √ | √ | √ | √ |
| | 84 | CCD | 校验 | × | √ | √ | √ | √ |
| | 85 | VRRD | 电位器变量输入 | × | × | √ | √ | √ |
| | 86 | VRSC | 电位器变量区间 | × | × | √ | √ | √ |
| | 87 | — | — | | | | | |
| | 88 | PID | PID 运算 | × | × | √ | √ | √ |
| | 89 | — | — | | | | | |
| 浮点数运算 | 110 | ECMP | 二进制浮点数比较 | × | × | × | × | √ |
| | 111 | EZCP | 二进制浮点数区间比较 | × | × | × | × | √ |
| | 118 | EBCD | 二进制浮点数→十进制浮点数 | × | × | × | × | √ |
| | 119 | EBIN | 十进制浮点数→二进制浮点数 | × | × | × | × | √ |
| | 120 | EADD | 二进制浮点数加法 | × | × | × | × | √ |
| | 121 | EUSB | 二进制浮点数减法 | × | × | × | × | √ |
| | 122 | EMUL | 二进制浮点数乘法 | × | × | × | × | √ |
| | 123 | EDIV | 二进制浮点数除法 | × | × | × | × | √ |
| | 127 | ESQR | 二进制浮点数开平方 | × | × | × | × | √ |
| | 129 | INT | 二进制浮点数→二进制整数 | × | × | × | × | √ |
| | 130 | SIN | 二进制浮点数 SIN 运算 | × | × | × | × | √ |
| | 131 | COS | 二进制浮点数 COS 运算 | × | × | × | × | √ |
| | 132 | TAN | 二进制浮点数 TAN 运算 | × | × | × | × | √ |
| | 147 | SWAP | 高、低字节交换 | × | × | × | × | √ |
| 定位 | 155 | ABS | ABS 当前值读取 | × | × | √ | √ | × |
| | 156 | ZRN | 原点回归 | × | × | √ | √ | × |
| | 157 | PLSY | 可变速的脉冲输出 | × | × | √ | √ | × |
| | 158 | DRVI | 相对位置控制 | × | × | √ | √ | × |
| | 159 | DRVA | 绝对位置控制 | × | × | √ | √ | × |

续表

| 分类 | FNC No. | 指令助记符 | 功能说明 | 对应不同型号的 PLC | | | | |
|---|---|---|---|---|---|---|---|---|
| | | | | FX0S | FX0N | FX1S | FX1N | FX2N FX2NC |
| 时钟运算 | 160 | TCMP | 时钟数据比较 | × | × | √ | √ | √ |
| | 161 | TZCP | 时钟数据区间比较 | × | × | √ | √ | √ |
| | 162 | TADD | 时钟数据加法 | × | × | √ | √ | √ |
| | 163 | TSUB | 时钟数据减法 | × | × | √ | √ | √ |
| | 166 | TRD | 时钟数据读出 | × | × | √ | √ | √ |
| | 167 | TWR | 时钟数据写入 | × | × | √ | √ | √ |
| | 169 | HOUR | 计时仪（长时间检测） | × | × | √ | √ | √ |
| 外围设备 | 170 | GRY | 二进制数→格雷码 | × | × | × | × | √ |
| | 171 | GBIN | 格雷码→二进制数 | × | × | × | × | √ |
| | 176 | RD3A | 模拟量模块（FX0N－3A）A/D 数据读出 | × | √ | × | √ | × |
| | 177 | WR3A | 模拟量模块（FX0N－3A）D/A 数据写入 | × | √ | × | √ | × |
| 触点比较 | 224 | LD = | S1 = S2 时起始触点接通 | × | × | √ | √ | √ |
| | 225 | LD > | S1 > S2 时起始触点接通 | × | × | √ | √ | √ |
| | 226 | LD < | S1 < S2 时起始触点接通 | × | × | √ | √ | √ |
| | 228 | LD < > | S1 < > S2 时起始触点接通 | × | × | √ | √ | √ |
| | 229 | LD≤ | S1≤S2 时起始触点接通 | × | × | √ | √ | √ |
| | 230 | LD≥ | S1≥S2 时起始触点接通 | × | × | √ | √ | √ |
| | 232 | AND = | S1 = S2 时串联触点接通 | × | × | √ | √ | √ |
| | 233 | AND > | S1 > S2 时串联触点接通 | × | × | √ | √ | √ |
| | 234 | AND < | S1 < S2 时串联触点接通 | × | × | √ | √ | √ |
| | 236 | AND < > | S1 < > S2 时串联触点接通 | × | × | √ | √ | √ |
| | 237 | AND≤ | S1≤S2 时串联触点接通 | × | × | √ | √ | √ |
| | 238 | AND≥ | S1≥S2 时串联触点接通 | × | × | √ | √ | √ |
| | 240 | OR = | S1 = S2 时并联触点接通 | × | × | √ | √ | √ |
| | 241 | OR > | S1 > S2 时并联触点接通 | × | × | √ | √ | √ |
| | 242 | OR < | S1 < S2 时并联触点接通 | × | × | √ | √ | √ |
| | 244 | OR < > | S1 < > S2 时并联触点接通 | × | × | √ | √ | √ |
| | 245 | OR≤ | S1≤S2 时并联触点接通 | × | × | √ | √ | √ |
| | 246 | OR≥ | S1≥S2 时并联触点接通 | × | × | √ | √ | √ |

# 附录三　三菱 FR－A740 变频器参数

变频器参数出厂设定值均被设置为完成简单的变速运行，如果要进行实际的项目操作，则应重新设定某些参数，可通过面板按键来实现参数的设定、修改和确定。设定参数之前，必须先选择参数号。设定参数分为两种情况：一种是在停机 STOP 方式下重新设定参数，这时可以设定所有参数；另一种是在运行时也可设定，这时只能设定一部分功能参数。FR－A740 变频器参数表见附表。

**附表：FR－A740 变频器参数表**

| 功能 | 参数号 | 名称 | 最小单位 | 初始值 | 范围 | 备注内容 |
|---|---|---|---|---|---|---|
| 基本功能 | 0 | 转矩提升 | 0.10% | 6/4/3/2/1/% | 0%～30% | 初始值根据变频器容量的不同而定 |
| | 1 | 上限频率 | 0.01Hz | 120/60Hz | 0～120Hz | 设定输出频率的上限 |
| | 2 | 下线频率 | 0.01Hz | 0Hz | 0～120Hz | 设定输出频率的下限 |
| | 3 | 基准频率 | 0.01Hz | 0Hz | 0～400Hz | 设定电动机的额定频率（50/60Hz） |
| | 4 | 多段速设定（高速） | 0.01Hz | 50Hz | 0～400Hz | 设定 RH－ON 时频率 |
| | 5 | 多段速设定（中速） | 0.01Hz | 30Hz | 0～400Hz | 设定 RM－ON 时频率 |
| | 6 | 多段速设定（低速） | 0.01Hz | 10Hz | 0～400Hz | 设定 RL－ON 时频率 |
| | 7 | 加速时间 | 0.1/0.01s | 5/15s | 0～3600/360s | 初始设定值根据变频器容量的不同而定（7.5kW 以下/11kW 以上） |
| | 8 | 减速时间 | 0.1/0.01s | 5/15s | 0～3600/360s | 初始设定值根据变频容量的不同而定（7.5kW 以下/11kW 以上） |
| | 9 | 电子过流保护 | 0.01/0.1A | 额定输出电流 | 0～500/3600A | 根据变频器容量的不同而定（7.5kW 以下/11kW 以上） |

续表

| 功能 | 参数号 | 名称 | 最小单位 | 初始值 | 范围 | 备注内容 |
|---|---|---|---|---|---|---|
| 直流制动 | 10 | 直流制动动作频率 | 0.01Hz | 3/0.5Hz | 0~120Hz | 从矢量控制以外的控制方式变为矢量控制时，初始值从 3Hz 变为 0.5Hz |
| | | | | | 9999 | 输出频率低于 Pr.13 启动频率时动作 |
| | 11 | 直流制动动作时间 | 0.1s | 0.5s | 0 | 无直流制动 |
| | | | | | 0.1~10s | 设定直流制动的动作时间 |
| | 12 | 直流制动动作电压 | 0.10% | 4/2/1% | 8888 | 在 X13 信号为 ON 期间动作 |
| | | | | | 0.1%~30% | 根据变频器容量的不同而定（7.5kW 以下/11~55kW/75kW 以上） |
| 标准运行功能 | 13 | 启动频率 | 0.01Hz | 0.5Hz | 0~60Hz | 可以设定启动时的频率 |
| | 14 | 适用负载选择 | 1 | 0 | 0 | 用于恒定转矩负荷 |
| | | | | | 1 | 用于低转矩负荷 |
| | | | | | 2 | 恒转矩升降用：反转时提升 0% |
| | | | | | 3 | 恒转矩升降用：正转时提升 0% |
| | | | | | 4 | RT 信号 ON，恒转矩负荷用（同 0）RT 信号 OFF，恒转矩升降用（同 2）反转时提升 0% |
| | | | | | 5 | RT 信号 ON，恒转矩负荷用（同 0）RT 信号 OFF，恒转矩升降用（同 3）正转时提升 0% |
| | 15 | 电动频率 | 0.01Hz | 5Hz | 0~400Hz | 设定电动时的频率 |
| | 16 | 点动加减速时间 | 0.1/0.01s | 0.5s | 0~3600/360s | 加减速时间设定为 Pr.20 中设定的加减速基准频率的时间 |
| | 17 | MRS 输入选择 | 1 | 0 | 0 | 动断输入 |
| | | | | | 2 | 动合输入 |
| | | | | | 4 | 外部端子：常闭输入，通信：常开输出 |
| | 18 | 高速上限频率 | 0.01Hz | 120/60Hz | 120~400Hz | 在 120Hz 以上运转时用，根据变频器容量而定（55kW 以下/75kW 以上） |

续表

| 功能 | 参数号 | 名称 | 最小单位 | 初始值 | 范围 | 备注内容 |
|---|---|---|---|---|---|---|
| 标准运行功能 | 19 | 基准频率电压 | 0.1V | 9999 | 0～1000V | 设定基准电压 |
| | | | | | 8888 | 电源电压的95% |
| | | | | | 9999 | 与电源电压一样 |
| | 20 | 加减速基准频率 | 0.01Hz | 50Hz | 1～400Hz | 设定加减速时间的基准频率 |
| | 21 | 加减速时间单位 | 1 | 0 | 0 | 单位：0.1s，范围：0～3600s |
| | | | | | 1 | 单位：0.01s，范围：0～360s |
| | 22 | 失速防止动作水平 | 0.1% | 150% | 0 | 失速防止动作无效 |
| | | | | | 0.1%～400% | 可设定失速防止动作开始的电流值 |
| | 23 | 倍速时失速防止动作水平补偿系数 | 0.1% | 9999 | 0～200% | 可降低额定频率以上的高速运行时的失速动作水平 |
| | | | | | 9999 | 一律Pr.22 |
| 多段速设定 | 24 | 多段速设定4 | 0.01Hz | 9999 | 0～400Hz/9999 | 用RH、RM、RL、REX的组合来设定4～5速的频率，设定为9999：不选择 |
| | 25 | 多段速设定5 | 0.01Hz | 9999 | | |
| | 26 | 多段速设定6 | 0.01Hz | 9999 | | |
| | 27 | 多段速设定7 | 0.01Hz | 9999 | | |
| | 28 | 多段速补偿选择 | 1 | 0 | 0 | 无补偿 |
| | | | | | 1 | 有补偿 |

续表

| 功能 | 参数号 | 名称 | 最小单位 | 初始值 | 范围 | 备注内容 |
|---|---|---|---|---|---|---|
| 避免机械共振 | 31 | 频率跳变 1A | 0.01Hz | 9999 | 0 ~ 400Hz/9999 | 1A、1B，2A、2B，3A、3B 为跳变的频率，9999 为功能无效 |
| | 32 | 频率跳变 1B | 0.01Hz | 9999 | | |
| | 33 | 频率跳变 2A | 0.01Hz | 9999 | | |
| | 34 | 频率跳变 2B | 0.01Hz | 9999 | | |
| | 35 | 频率跳变 3A | 0.01Hz | 9999 | | |
| | 36 | 频率跳变 3B | 0.01Hz | 9999 | | |
| 标准运行 | 42 | 频率检测 | 0.01Hz | 6Hz | 0 ~ 400Hz | 设定 FU（EB）置 ON 时的频率 |
| | 44 | 第二加减速时间 | 0.1/0.01s | 5s | 0 ~ 3600/360s | 设定 RT 信号为 ON 时的加减速时间 |
| | 45 | 第二减速时间 | 0.1/0.01s | 9999 | 0 ~ 3600/360s，9999 | 设定 RT 信号为 ON 时的减速时间，设定为 9999 时加速时间 = 减速时间 |
| | 50 | 地儿频率检测 | 0.01Hz | 30Hz | 0 ~ 400Hz | 设定 FU2（FB2）置 ON 时的频率 |
| | 71 | 适用电动机 | 1 | 0 | 0 ~ 8 | 根据电动机适配的特性进行选择 |
| | 73 | 模拟量输入选择 | 1 | 1 | 0 ~ 7，10 ~ 17 | 对端子 2 和端子 1 的选择 |
| | 76 | 报警代码输出选择 | 1 | 0 | 0 | 报警代码不输出 |
| | | | | | 1 | 报警代码输出 |
| | | | | | 2 | 仅在异常时输出报警代码 |
| | 77 | 参数写入选择 | 1 | 0 | 0 | 仅在停止时可以写入参数 |
| | | | | | 1 | 不可以写入参数 |
| | | | | | 2 | 可以不受运行限制写入参数 |

续表

| 功能 | 参数号 | 名称 | 最小单位 | 初始值 | 范围 | 备注内容 |
|---|---|---|---|---|---|---|
| 标准运行 | 78 | 反转防止选择 | 1 | 0 | 0 | 正转和反转均可 |
| | | | | | 1 | 不可翻转 |
| | | | | | 2 | 不可正转 |
| | 79 | 操作模式选择 | 1 | 0 | 0 | EXT/PU 切换模式 |
| | | | | | 1 | PU 运行模式固定 |
| | | | | | 2 | EXT 外部运行模式固定 |
| | | | | | 3 | EXT/PU 组合运行模式 1 |
| | | | | | 4 | EXT/PU 组合运行模式 2 |
| | | | | | 6 | 电源溢出模式 |
| | | | | | 7 | EXT 外部运行模式（PU 运行互锁） |
| 电动机额定参数选择 | 80 | 电动机的容量 | 0.01/0.1kW | 9999 | 0.4～55kW/0～3600kW | 根据变频器容量的不同而定 |
| | | | | | 9999 | 成为 V/F 控制 |
| | 81 | 电动机极数 | 1 | 9999 | 2,4,6,8,10,112 | 设定值为 112 时，是 12 极 |
| | | | | | 12,14,16,18,20,122 | X8 信号 ON：V/F 控制。10＋设定电动机极数，122 为 12 极 |
| | | | | | 9999 | 成为 V/F 控制 |
| | 82 | 电动机励磁电流 | 0.01/0.1A | 9999 | 0～500/3600A | 根据变频器容量的不同而定（5.5kW 以下/75kW 以上） |
| | | | | | 9999 | 使用三菱电动机 SF－JR，SF－HRCA 常数 |
| | 83 | 电动机额定电压 | 0.1V | 400V | 0～1000V | 设定电动机额定电压 |
| | 84 | 电动机额定频率 | 0.01Hz | 50Hz | 10～120Hz | 设定电动机额定频率 |

续表

| 功能 | 参数号 | 名称 | 最小单位 | 初始值 | 范围 | 备注内容 | |
|---|---|---|---|---|---|---|---|
| 第三加减速选择 | 110 | 第三减速时间 | 0. 1/0. 01s | 9999 | 0 ~ 3600/360s | 设定 X9 信号为 ON 时的加、减速时间 | |
| | | | | | 9999 | 功能无效 | |
| | 111 | 第三减速时间 | 0. 1/0. 01s | 9999 | 0 ~ 3600/360s | 设定 X9 信号为 ON 时的加、减速时间 | |
| | | | | | 9999 | 加速时间 = 减速时间 | |
| 模拟端子频率设定 | 125 | 端子 2 频率设定增益频率 | 0. 01Hz | 50Hz | 0 ~ 400Hz | 设定端子 2 输入增益（最大）频率 | |
| | 126 | 端子 4 频率设定增益频率 | 0. 01Hz | 50Hz | 0 ~ 400Hz | 设定端子 4 输入增益（最大）频率，Pr. 858 = 0（初始值）时有效 | |
| PID 控制 | 127 | PID 控制自动切换频率 | 0. 01Hz | 9999 | 10 | PID 负作用 | 偏差值信号输入（端子 1） |
| | | | | | 11 | PID 正作用 | |
| | 128 | PID 动作选择 | 1 | 10 | 20 | PID 负作用 | 测定值输入（端子 4），目标值输入（端子 2） |
| | | | | | 21 | PID 正作用 | |
| | | | | | 50 | PID 负作用 | 偏差值信号输入（LONWORKS 通信，CC – LINK 通信） |
| | | | | | 51 | PID 正作用 | |
| | | | | | 60 | PID 负作用 | 测定值目标值信号输入（LONWORKS 通信，CC – LINK 通信） |
| | | | | | 61 | PID 正作用 | |

续表

| 功能 | 参数号 | 名称 | 最小单位 | 初始值 | 范围 | 备注内容 |
|---|---|---|---|---|---|---|
| PID控制 | 129 | PID 比例带 | 0.10% | 100% | 0.1%~100%,9999 | 比例带小时，测定值的微小变化可得到大的输出变化。随比例带的变小，响应会更好，但会引起超调，降低稳定性。9999：为无比例控制 |
| | 130 | PID 积分时间 | 0.1s | 1s | 0.1~3600s,9999 | 仅用积分动作完成比例动作相同操作量所需要的时间。随着积分时间变小，完成速度快，但容易超调。9999：无积分控制 |
| | 131 | PID 上限 | 0.1% | 9999 | 0%~100%,9999 | 设定上限，超过反馈量设定值，输出 FUP 信号，测定值（端子4）的最大输入（20mA，5V，10V）相当于100%。9999：无功能 |
| | 132 | PID 下线 | 0.1% | 9999 | 0%~100%,9999 | 设定下限，测定值降到设定值，输出 FDN 信号，测定值（端子4）的最大输入（20mA，5V，10V）相当于100%。9999：无功能 |
| | 133 | PID 动作目标值 | 0.01% | 9999 | 0~100% | 设定 PID 控制时的目标值 |
| | | | | | 9999 | 端子2输入电压成为目标值 |
| | 134 | PID 微分时间 | 0.01s | 9999 | 0.01~10s,9999 | 只用微分动作完成比例动作相同操作量所需的时间，随微分时间增大，对偏差的反应越大。9999：无微分 |
| 变频与工频的切换 | 135 | 工频电源切换输出端子选择 | 1 | 0 | 0，1 | 0：无工频切换，1：有工频切换 |
| | 136 | MC 切换 | 0.1s | 1s | 0~100s | 设定 MC2 与 MC3 的动作互锁时间 |
| | 137 | 启动等待时间 | 0.1s | 0.5s | 0~100s | 在设定时间时，所设定的时间应比从 M3 中输入 ON 信号到实际吸引之间的时间稍长一些为0.3~0.5s |
| | 138 | 异常时工频切换选择 | 1 | 0 | 0，1 | 0：变频器异常输出停止，1：变频器异常时自动切换工频运行（过电流故障时不能切换） |

续表

| 功能 | 参数号 | 名称 | 最小单位 | 初始值 | 范围 | 备注内容 | |
|---|---|---|---|---|---|---|---|
| 变频与工频的切换 | 139 | 变频—工频自动切换频率 | 0.01Hz | 9999 | 0 ~ 60Hz | 变频器运转切换到工频运转的频率 | |
| | | | | | 9999 | 不能自动切换 | |
| | 161 | 频率设定/键盘锁定操作 | 1 | 0 | 0 | 旋钮频率设定模式 | 键盘锁定模式无效 |
| | | | | | 1 | 旋钮音量设定模式 | |
| | | | | | 10 | 旋钮频率设定模式 | 键盘锁定模式有效 |
| | | | | | 11 | 旋钮音量设定模式 | |
| 输入端子功能 | 178 | STF 端子功能选择 | 1 | 60 | 0 ~ 20, 22 ~ 28, 37, 42 ~ 44, 60, 62, 64 ~ 71, 9999 | 0：低速运行<br>1：中速运行<br>2：高速运行<br>3：第二功能选择<br>4：端子 4 的输入选择<br>5：点动运行选择<br>6：顺停再启动选择<br>7：外部热继电器输入<br>8：15 速选择<br>9：第三功能<br>10：变频器运行许可信号 11：FR - HC、MT - HC 连接（瞬时掉电检测）<br>12：PU 运行外部互锁<br>13：外部直流制动开始<br>14：PID 控制有效端子 | |
| | 179 | STR 端子功能选择 | 1 | 61 | 0 ~ 20, 22 ~ 28, 37, 42 ~ 44, 60, 62, 64 ~ 71, 9999 | | |
| | 180 | RL 端子功能选择 | 1 | 0 | 0 ~ 20, 22 ~ 28, 37, 42 ~ 44, 62, 64 ~ 71, 9999 | | |

续表

| 功能 | 参数号 | 名称 | 最小单位 | 初始值 | 范围 | 备注内容 |
|---|---|---|---|---|---|---|
| 输入端子功能 | 181 | RM 端子功能选择 | 1 | 1 | | 15：制动器开放完成信号<br>16：PU 运行，外部运行互换<br>17：适用负荷选择正反转提升<br>18：V/F 切换<br>19：负荷转矩高速频率<br>20：S 子加减速 C 切换端子<br>22：定向指令<br>23：预备励磁<br>24：输出停止<br>25：启动自我保持选择<br>26：控制模式切换<br>27：转矩限制选择<br>28：启动时调整<br>37：三角波功能选择<br>42：转矩偏置选择 1 *<br>43：转矩偏置选择 2 *<br>44：P/PI 控制切换<br>60：正转指令<br>61：反转指令<br>62：变频器复位<br>64：PID 正负作用切换<br>65：PU－NET 运行切换<br>66：外部－NET 运行切换<br>67：指令权切换<br>68：简易位置脉冲列符号 *<br>69：简易位置残留脉冲清除 *<br>70：直流供电解除<br>9999：无功能 * 仅在使用 FR－A740 时功能有效 |
| | 182 | RH 端子功能选择 | 1 | 2 | | |
| | 183 | RT 端子功能选择 | 1 | 3 | 0～22，22～28，37，42～44，60，62～71，9999 | |
| | 184 | AU 端子功能选择 | 1 | 4 | | |
| | 185 | 点动端子功能选择 | 1 | 5 | | |
| | 186 | CS 端子功能选择 | 1 | 6 | | |
| | 187 | MRS 端子功能选择 | 1 | 24 | | |
| | 188 | STOP 功能选择 | 1 | 25 | | |
| | 189 | RES 端子功能选择 | 1 | 62 | 0～20，22～28，37，42～44，62，64～71，9999 | |

续表

| 功能 | 参数号 | 名称 | 最小单位 | 初始值 | 范围 | 备注内容 |
|---|---|---|---|---|---|---|
| 输出端子功能 | 190 | RUN 端子功能选择 | 1 | 0 | 0~8，10~20，25~28，30~36，39，41~47，64，70，84，85，90~99，100~108，110~116，120，125~128，130~136，139，141~147，164，170，184，185，190~199，9999 | 0，100：变频器运行　1，101：频率到达　2，102：瞬时掉电/低电压　3，103：过负荷报警　4，104：输出频率检测　5，105：第二输出频率检测 6，106：第三输出频率检测　7，107：再生制动预报警　8，108：电子过流保护预报警<br>10，110：PU 运行模式<br>11，111：变频器运行准备就绪<br>12，112：输出电流检测<br>13，113：零电流检测<br>14，114：PID 下限　15，115：PID 上限　16，116：PID 正反动作输出<br>17：工频切换 MC1　18：工频切换 MC2<br>19：工频切换 MC3<br>20，120：制动器开放要求<br>25，125：风扇故障输出　26，126：散热片过热预报警　27，127：定向结束＊　28，128：定向错误＊　30，130：正转中输出＊　31，131：反转中输出＊<br>32，132：再生状态输出＊<br>33，133：运行准备完成　234，134：低速输出＊<br>35，135：转矩检测<br>36，136：定位结束＊<br>39，139：启动时调谐完成信号　41，141：速度检测<br>42，142：第二速度检测　43，143：第三速度检测　44，144：变频器运行中　45，145：变频器运行中和启动指令 ON　46，146：停电减速中（保持到解除）　47，147：PID 控制中<br>64，164：再试中<br>70，170：PID 输出中断中　84，184：位置控制准备完成＊<br>85，185：直流供电中<br>90，190：寿命报警<br>91，191：异常输出 3（电源切断信号）<br>92，192：省电平均值更新时间<br>93，193：电流平均值监视器信号<br>94，194：异常输出<br>295，195：维修时钟信号<br>96，196：远程输出<br>97，197：轻故障输出<br>298，198：轻故障输出<br>99，199：异常输出<br>9999：无功能<br>0~99：正逻辑<br>10~199：负逻辑＊仅在使用 FR－A740 时功能有效 |
| | 191 | SU 端子功能选择 | 1 | 1 | | |
| | 192 | IPF 端子功能选择 | 1 | 2 | | |
| | 193 | OL 端子功能选择 | 1 | 3 | | |
| | 194 | FU 端子功能选择 | 1 | 4 | | |
| | 195 | ABC1 端子功能选择 | 1 | 99 | 0~8，10~20，25~28，30~36，39，41~47，64，70，84，85，90，91，94~99，100~108，110~116，120，125~128，130~136，139，141~147，164，170，184，185，190，191，194~199，9999 | |
| | 196 | ABC2 端子功能选择 | 1 | 9999 | | |

续表

| 功能 | 参数号 | 名称 | 最小单位 | 初始值 | 范围 | 备注内容 |
|---|---|---|---|---|---|---|
| 多段速设定 | 232 | 多段速设定 8 | 0.01Hz | 9999 | 0～400Hz，9999 | 用 RH、RM、RL、REX 的组合来设定 4～15 段速的频率，设定为 9999：不选择 |
| | 233 | 多段速设定 9 | 0.01Hz | 9999 | | |
| | 234 | 多段速设定 10 | 0.01Hz | 9999 | | |
| | 235 | 多段速设定 11 | 0.01Hz | 9999 | | |
| | 236 | 多段速设定 12 | 0.01Hz | 9999 | | |
| | 237 | 多段速设定 13 | 0.01Hz | 9999 | | |
| | 238 | 多段速设定 14 | 0.01Hz | 9999 | | |
| | 239 | 多段速设定 15 | 0.01Hz | 9999 | | |
| 模拟输入端子功能分配 | 858 | 端子 4 功能分配 | 1 | 0 | 0 | 频率/速度指令 |
| | | | | | 1 | 磁通指令 |
| | | | | | 4 | 失速防止/转矩限制 |
| | | | | | 9999 | 无功能 |
| | 868 | 端子 1 功能分配 | 1 | 0 | 0 | 频率设定辅助 |
| | | | | | 1 | 磁通指令 |
| | | | | | 2 | 再生转矩指令 |
| | | | | | 3 | 转矩指令 |
| | | | | | 4 | 失速防止/转矩限制/转矩指令 |
| | | | | | 5 | 正转、反转速度限制 |
| | | | | | 6 | 转矩偏置 |
| | | | | | 9999 | 无功能 |

续表

| 功能 | 参数号 | 名称 | 最小单位 | 初始值 | 范围 | 备注内容 |
|---|---|---|---|---|---|---|
| 模拟输入电压电流频率调整校正参数 | C0900 | CA 端校正 | — | — | — | 校正接在端子 CA 上的模拟仪表的标度 |
| | C1901 | AM 端校正 | — | — | — | 校正接在端子 AM 上的模拟仪表的标度 |
| | C2902 | 端子 2 频率设定偏置频率 | 0.01Hz | 0Hz | 0 ~ 400Hz | 设定端子 2 输入的频率偏置 |
| | C3902 | 端子 2 频率设定偏置 | 0.1% | 0% | 0% ~ 300% | 设定端子 2 输入的电压（电流）偏置的% 换算值 |
| | C4903 | 端子 2 频率设定增益 | 0.1% | 100% | 0% ~ 300% | 设定端子 2 输入的电压（电流）增益的% 换算值 |
| | C5904 | 端子 4 频率设定偏置频率 | 0.01Hz | 0Hz | 0 ~ 400Hz | 设定端子 4 输入的频率偏置［Pr. 858 = 0（初始值）时有效］ |
| | C6904 | 端子 4 频率设定偏置 | 0.1% | 20% | 0% ~ 300% | 设定端子 4 输入的电压（电流）偏置的% 换算值［Pr. 858 = 0（初始值）时有效］ |
| | C7905 | 端子 4 频率设定增益 | 0.1% | 100% | 0% ~ 300% | 设定端子 4 输入的电压（电流）增益的% 换算值［Pr. 858 = 0（初始值）时有效］ |

# 附录四　三菱 FR – A740 变频器保护功能表

| 操作面板显示 | 名称 | 说明 |
| --- | --- | --- |
| E—— | 报警历史 | 可显示过去 8 次历史报警，用旋钮可以调出 |
| HOLD | 操作面板锁定 | 设定了操作锁定模式 |
| Er1 ~ 4 | 参数写入错误 | Er1：禁止写入错误；Er2：运行中写入错误；Er3：校正错误；Er4：模式指定错误 |
| rE1 ~ 4 | 拷贝操作错误 | rE1：参数读取错误；rE2：参数写入错误；rE3：参数对照错误；rE4：机种错误 |
| Err | 错误 | RES 信号处于 ON 时；PU 与变频器不能进行正常通信时；将控制回路电源作为主回路电源时均显示错误信息 |
| OL | 失速防止（过电流） | 变频器在加速、恒速、减速运行中，输出电流超出了失速防止动作水平时，将停止频率上升，从而可以避免因过流而切断输出 |
| oL | 失速防止（过电压） | 减速运行时，电动机的再生能量过大时，防止频率上升和过电压引起的电源切断 |
| RB | 再生制动预报警 | 再生制动使用率达到 100% 时，会引起再生过压。再生制动器使用率在 Pr. 70 设定值的 85% 以下时显示 |
| TH | 电子过流保护预报警 | 电子热继电器积分达到 Pr. 9 电子过流保护积分设定值的 85% 显示时，电动机过负荷断路 |
| PS | PU 停止 | 在 Pr. 75 的复位选择/面板操作脱出检测/操作面板停止状态下用 PU 的 STOP/RESET 键设定停止 |
| MT | 维护信号输出 | 提醒变频器的累计通电时间已经达到所设定值 |
| CP | 参数复制 | 55kW 以下容量的变频器和 75kW 以上容量的变频器之间进行复制操作时显示 |
| SL | 速度限位显示 | 在实施转矩控制时，如果超出了速度限制水平便输出该显示 |

续表

<table>
<tr><th>操作面板显示</th><th>名称</th><th colspan="2">说明</th></tr>
<tr><td>FN</td><td>风扇故障</td><td colspan="2">冷却风扇因故障而停止，或者转速下降时，进行了 Pr. 244 冷却风扇动作选择时，面板显示 FN</td></tr>
<tr><td>E. OC1</td><td>加速时</td><td rowspan="3">过电流断路</td><td rowspan="3">当变频器输出电流达到或超过大约额定电流的 220% 时，保护回路动作，停止变频器输出</td></tr>
<tr><td>E. OC2</td><td>定速时</td></tr>
<tr><td>E. OC3</td><td>减速停止时</td></tr>
<tr><td>E. OV1</td><td>加速时</td><td rowspan="3">再生过电压断路</td><td rowspan="3">如果来自运行电动机的再生能量使变频器内部直流回路电压上升达到或超过规定值，保护回路动作，停止变频输出，也可能是由电源系统的浪涌电压引起的</td></tr>
<tr><td>E. OV2</td><td>定速时</td></tr>
<tr><td>E. OV3</td><td>减速停止时</td></tr>
<tr><td>E. THM</td><td rowspan="2">过负荷断路（电子过流保护）</td><td>电动机</td><td>变频器的电子过电流保护功能检测到由于过负荷或定速运行时冷却能力降低引起的电动机过热。当达到预设值的 85% 时，预报警（TH 指示）发生。当达到规定值时，保护回路动作，停止变频器输出。当多极电动机类的特殊电动机或两台以上电动机运行时，不能用电子过流保护电动机，需在变频器输出回路安装热继电器</td></tr>
<tr><td>E. THT</td><td>变频器</td><td>如果电流超过额定输出电流的 150% 而未发生过流断路（OC）（220% 以下），反时限特性使电子过流保护动作，停止变频器的输出（过负荷延时：150%，60s）</td></tr>
<tr><td>E. IPF</td><td>瞬时停电保护</td><td colspan="2">停电超过 15ms 时，此功能动作，停止变频器输出，以防止控制回路误动作，同时报警输出触电，断开（B－C）和闭合（A－C）</td></tr>
<tr><td>E. UVT</td><td>欠电压保护</td><td colspan="2">如果变频器电源电压降低，控制回路将不能正常动作，导致电动机转矩降低或发热增加，因此，如果电源电压降至 300V 时，此功能停止变频器输出，当 P/＋，P1 间无短路片时，欠压保护功能也动作</td></tr>
<tr><td>E. FIN</td><td>散热片过热</td><td colspan="2">如果散热片过热，温度传感器动作时变频器停止输出</td></tr>
<tr><td>E. BE</td><td>制动晶体管报警</td><td colspan="2">由于制动晶体管损坏使制动回路发生故障，此功能停止变频器输出。在此情况下，变频器电源必须立刻关断</td></tr>
<tr><td>E. GF</td><td>输出侧接地故障过电流保护</td><td colspan="2">变频器启动时，变频器的输出侧（负荷）发生接地故障和对地有漏电电流时，变频器的输出停止</td></tr>
</table>

续表

| 操作面板显示 | 名称 | 说明 |
| --- | --- | --- |
| E. OHT | 外部热继电器动作 | 为防止电动机过热安装外部继电器或电动机内部安装的温度继电器断开，这类触电信号进入变频器使变频器输出停止，如果继电器接点自动复位，变频器只有在复位后才能重新启动 |
| E. OLT | 失速防止 | 当失速防止动作使得输出频率降低到 0.5Hz 时，失速防止动作出现 E. OLT，并停止变频器输出。在实时无传感器矢量控制方式下进行速度控制时，由于转矩限制动作使得频率降低到 Pr. 865 低速检测中的设定值，且输出转矩超出了 Pr. 874/PLT 水平设定中的设定值状态，经过 3s 后将显示报警 E. OLT，停止输出 |
| E. OPT | 选件报警 | 如果变频器内置专用选件由于设定值错误或连接故障将停止变频器输出。当选择了提高功率因数变流器时，如果将交流电源连接到 R、S、T 端，此报警也会显示 |
| E. PE | 参数存储器原件错误 | 如果存储参数设定时发生 EEPROM 故障，变频器将停止输出 |
| E. PUE | PU 脱离 | 当在 Pr. 75 复位选择/PU 脱出检测/PU 停止选择中设定 2，3，16，17。如果变频器和 PU 之间的通信发生中断，此功能将停止变频器输出 |
| E. RET | 再试次数超出 | 如果在再试设定次数内运行没有恢复，此功能将停止变频器的输出 |
| E. LE | 输出缺项保护 | 当变频器输出侧（负荷侧）三项（U、V、W）中有一相断开时，此功能停止输出 |
| E. 6/E. 7/E. CPU | CPU 错误 | 如果内置 CPU 的通信异常发生时，变频器停止输出 |
| E. P24 | 直流 24V 电源输出短路 | 当从 PC 端子输出的直流 24V 电源被短路，此功能切断电源输出，同时，所有外部触电输入关断。通过输入 RES 信号不能复位变频器，需要复位时，用操作面板复位或关断电源重启 |
| E. CTE | 操作面板电源短路，RS-485 端子电源短路 | 当操作面板的电源（PU 接口的 P5S），此功能切断电源输出，同时，不能用操作面板进行复位。若需复位输入 RES 信号或关断电源再重启 |
| E. ECT | 断线检测 | 在定向控制、PLG 反馈控制、矢量控制方式下切断 PLG 信号，停止变频器输出 |
| E. PTC * | PTC 热敏电阻动作 | 连接在端子 AU 上检测从外部 PTC 热敏电阻输入 10s 以上的电动机过热状态的情况下显示 |

续表

| 操作面板显示 | 名称 | 说明 |
| --- | --- | --- |
| E. ILF * | 输入缺项 | 在 Pr. 872 输入缺项保护设定为 1 时，且三相电源输入中缺一相时启动 |
| E. CDO * | 输出电流超过检测值 | 输出电流超过了 Pr. 150 输出电流检测水平中设定的值时启动 |
| E. IOH * | 浪涌电流抑制电路电阻过热 | 浪涌电流抑制电流的电阻过热时启动。侵入电流抑制回路的故障 |
| E. OS | 发生过速度 | 在 PLG 反馈控制、矢量控制下，表示当前电动机速度超过了过速度设定水平 |
| E. OD * | 位置偏差过大 | 表示在位置控制时位置指令和位置反馈的差超过了基准值 |
| E. EP | 编码器相位错误 | 离线自动调谐时，变频器的运转指令与从 PLG 检测的电动机实际转向不一致 |
| E. SER * | 通信异常（主机） | 通信中在 Pr. 335、RS－485 通信重试次数不等于 9999 的情况下，超过了重试次数，引发了通信错误，此时变频器将停止输出。通信切断时间超过在 Pr. 336 设定的 RS－485（通信检测时间间隔）时变频器也将停止输出 |
| E. AIE * | 模拟量输入异常 | 端子 2/4 输入电流的设定，在输入 30mA 以上时，或有输入电压（7. 5kW 以上）时显示 |
| E. MB1 ~ E. MB7 | 制动器顺控程序错误 | 如果在使用顺序制动功能（Pr. 278 ~ Pr. 285）时发生顺控程序错误，此功能将停止变频器输出 |
| E. USB * | USB 通信异常 | 在 Pr. 548 USB 通信检查时间间隔中所设定时间内通信中断时，将停止变频器的输出 |
| E. 11 | 反转减速错误 | 在实时无传感器矢量控制时，正、反转切换时如果发生速度指令与速度方向不同的状态时，低速下速度不减速且无法切换到相反方向运转，从而引起过负荷时，将停止变频器的输出 |
| E. 13 | 内部电路异常 | 内部电路异常时显示 |

注 * 表示使用 FR－PU04－CH 时，参数如果发生了动作，将显示“Fault 14”。另外，对于 FR－PU04－CH 在确认报警履历记录时的显示为“E. 14”。

# 附录五　CJX1（3TB/3TF）系列交流接触器

## 1. 适用范围

CJX1 系列交流接触器主要用于交流 50Hz 或 60Hz、额定绝缘电压为 660～1000V，在 AC－3使用类别下额定工作电压为 380V 时、额定工作电流为 9～475A 的电力线路中。作为供远距离接通和分断电路之用，并适用于控制交流电动机的启动、停止及反转。

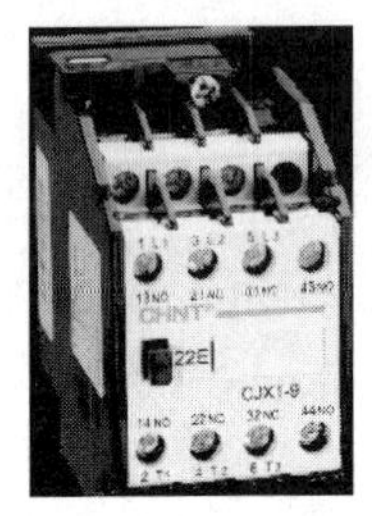

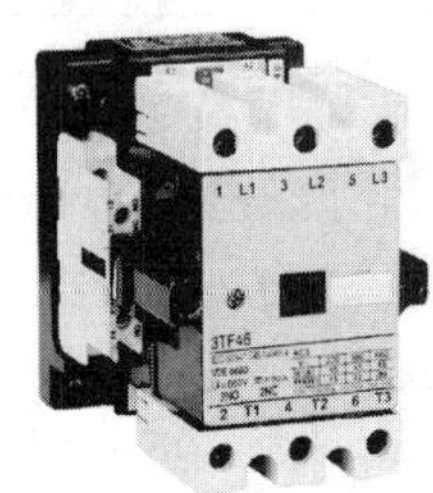

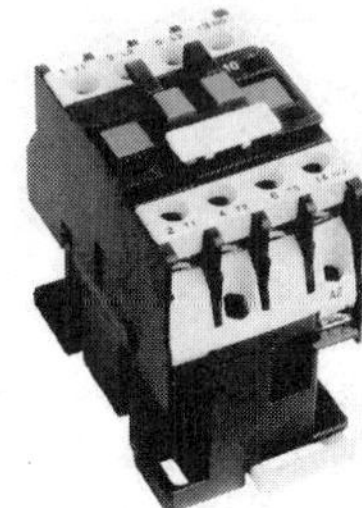

## 2. 型号及其含义

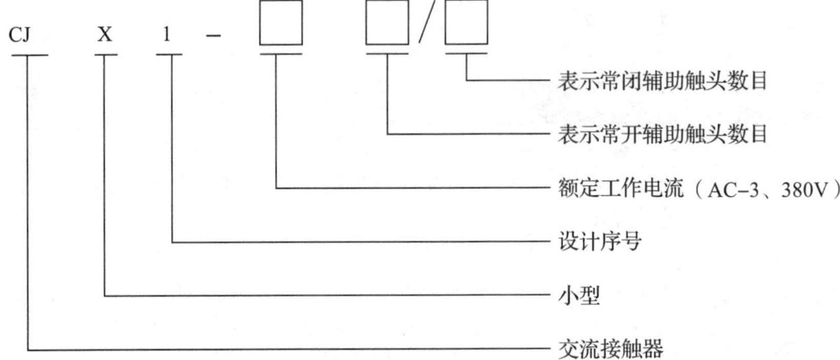


## 3. 结构特点

接触器为双断点触头的直动式运动机构，具有三对常开主触头，辅助触头最多为 2 个常开、2 个常闭。接触器触头支持件与衔铁采用弹性锁联结，消除了薄弱环节。动作机构灵活，手动检查方便，结构设计紧凑，可防止外界杂物及灰尘落入活动部位，接线端都有防盖，人手不能直接接触带电部位。接触器外形尺寸小巧，安装面积小。安装方式可用导轨安装，也可用螺钉紧固，与其他同类产品相比，操作频率和控制容量更高。

主、辅助触头材料由电性能优越的银合金组成，具有使用寿命长及良好的接触可靠性。灭弧室呈封闭型，并有阻燃型材料阻挡电弧向外喷溅，Ie≤22A 无灭弧隔弧板，Ie≥32A 装有金属隔弧板，保证人身及临近电器的安全。接线螺钉采用新型自升螺钉，瓦形垫与螺钉不分离可节省接线用时。

## 4. 主要技术参数

### （1）CJX1 - □交流接触器

| 型号 | 额定绝缘电压（V） | 机械寿命 $10^6$ | 额定工作电流（A）380V | | 电寿命 $10^6$ | | 可控电机功率（kW） | | | | | | 吸引线圈功率消耗 | | 线圈工作电压范围 | 额定操作频率 $h^{-1}$ | | 约定自由空气发热电流（A） | 辅助触头电流 Ie（A） | | 辅助触头约定自由空气发热电流（A） |
|---|---|---|---|---|---|---|---|---|---|---|---|---|---|---|---|---|---|---|---|---|---|
| | | | | | | | AC－3 | | | | AC－4 | | 交流（VA） | | 交流（AC） | | | | AC－15 | DC－13 | |
| | | | AC-3 | AC-4 | AC-3 | AC-4 | 230/220V | 400/380V | 500V | 690/660V | 400/380V | 690/660V | 保持 | 吸合 | | AC－3 | AC－4 | | 380/220V | 110/220V | |
| CJX1－9 | 660 | 10 | 9 | 3. 3 | 1. 2 | 0. 2 | 2. 4 | 4 | 5. 5 | 5. 5 | 1. 4 | 2. 4 | 10 | 66 | （0. 8～1. 1）Us | 1200 | 300 | 20 | 0. 95 | 0. 15 | 10 |
| CJX1－12 | 660 | 10 | 12 | 4. 3 | 1. 2 | 0. 2 | 3. 3 | 5. 5 | 7. 5 | 7. 5 | 1. 9 | 3. 3 | 10 | 68 | （0. 8～1. 1）Us | 1200 | 300 | 20 | 0. 95 | 0. 15 | 10 |
| CJX1－16 | 660 | 10 | 16 | 7. 7 | 1. 2 | 0. 2 | 4 | 7. 5 | 10 | 11 | 3. 5 | 6 | 10 | 68 | （0. 8～1. 1）Us | 1200 | 300 | 31. 5 | 0. 95 | 0. 15 | 10 |
| CJX1－22 | 660 | 10 | 22 | 8. 5 | 1. 0 | 0. 2 | 6. 1 | 11 | 11 | 11 | 4 | 6. 6 | 10 | 68 | （0. 8～1. 1）Us | 1200 | 300 | 31. 5 | 0. 95 | 0. 15 | 10 |
| CJX1－32 | 660 | 10 | 32 | 15. 6 | 1. 0 | 0. 2 | 8. 5 | 15 | 21 | 23 | 7. 5 | 13 | 10 | 69 | （0. 8～1. 1）Us | 600 | 300 | 40 | 0. 95 | 0. 15 | 10 |
| CJX1－45 | 1000 | 10 | 45 | 24 | 1. 0 | 0. 2 | 15 | 22 | 30 | 39 | 12. 6/12 | 21. 8/20. 8 | 17 | 183 | （0. 8～1. 1）Us | 600 | 300 | 63 | 0. 95 | 0. 15 | 10 |
| CJX1－63 | 1000 | 10 | 63 | 28 | 1. 0 | 0. 2 | 18. 5 | 30 | 41 | 55 | 14. 7/14 | 25. 4/24. 3 | 17 | 183 | （0. 8～1. 1）Us | 600 | 300 | 80 | 0. 95 | 0. 15 | 10 |
| CJX1－75 | 1000 | 10 | 75 | 34 | 1. 0 | 0. 2 | 22 | 37 | 50 | 67 | 17. 9/17 | 30. 9/29. 5 | 32 | 330 | （0. 8～1. 1）Us | 600 | 300 | 100 | 0. 95 | 0. 15 | 10 |
| CJX1－85 | 1000 | 10 | 85 | 42 | 1. 0 | 0. 2 | 26 | 45 | 59 | 67 | 22/21 | 38/36 | 32 | 330 | （0. 8～1. 1）Us | 600 | 300 | 100 | 0. 95 | 0. 15 | 10 |
| CJX1－110 | 1000 | 10 | 110 | 54 | 1. 0 | 0. 2 | 37 | 55 | 76 | 100 | 28. 4/27 | 49/46. 9 | 39 | 550 | （0. 8～1. 1）Us | 600 | 300 | 160 | 0. 95 | 0. 15 | 10 |
| CJX1－140 | 1000 | 10 | 140 | 58 | 1. 0 | 0. 2 | 43 | 75 | 98 | 100 | 36/35 | 63/60 | 39 | 550 | （0. 8～1. 1）Us | 600 | 300 | 160 | 0. 95 | 0. 15 | 10 |
| CJX1－170 | 1000 | 10 | 170 | 75 | 1. 0 | 0. 2 | 55 | 90 | 118 | 156 | 40/38 | 69/66 | 58 | 910 | （0. 8～1. 1）Us | 300 | 300 | 210 | 0. 95 | 0. 15 | 10 |
| CJX1－205 | 1000 | 10 | 205 | 96 | 1. 0 | 0. 2 | 64 | 110 | 145 | 156 | 52/50 | 90/88 | 58 | 910 | （0. 8～1. 1）Us | 300 | 300 | 210 | 0. 95 | 9. 15 | 10 |
| CJX1－250 | 1000 | 10 | 250 | 110 | 1. 0 | 0. 2 | 78 | 132 | 178 | 235 | 61/58 | 105/100 | 84 | 1430 | （0. 8～1. 1）Us | 300 | 300 | 300 | 0. 95 | 0. 15 | 10 |
| CJX1－300 | 1000 | 10 | 300 | 125 | 1. 0 | 0. 2 | 93 | 160 | 210 | 235 | 59 * 66 | 119/114 | 84 | 1430 | （0. 8～1. 1）Us | 300 | 300 | 300 | 0. 95 | 0. 15 | 10 |
| CJX1－400 | 100 | 10 | 400 | 150 | 1. 0 | 0. 2 | 125 | 200 | 284 | 375 | 85/81 | 147/140 | 115 | 2450 | （0. 8～1. 1）Us | 300 | 300 | 400 | 0. 95 | 0. 15 | 10 |
| CJX1－475 | 1000 | 10 | 475 | 150 | 1. 0 | 0. 2 | 144 | 250 | 329 | 375 | 85/81 | 147/140 | 115 | 2450 | （0. 8～1. 1）Us | 300 | 300 | 475 | 0. 95 | 0. 15 | 10 |

（2）CJX1F-□交流接触器

| 型号 | 额定绝缘电压（V） | 机械寿命 $10^6$ | 额定工作电流（A）380V | | 电寿命 $10^6$ | | 可控电机功率（kW） | | | | | | 吸引线圈功率消耗 | | 线圈工作电压范围 | 额定操作频率 $h^{-1}$ | | 约定自由空气发热电流（A） | 辅助触头电流Ie（A） | | 辅助触头约定自由空气发热电流（A） |
|---|---|---|---|---|---|---|---|---|---|---|---|---|---|---|---|---|---|---|---|---|---|
| | | | | | | | AC-3 | | | | AC-4 | | 交流（VA） | | 交流（AC） | | | | AC-15 | DC-13 | |
| | | | AC-3 | AC-4 | AC-3 | AC-4 | 230/220V | 400/380V | 500V | 690/660V | 400/380V | 690/660V | 保持 | 吸合 | | AC-3 | AC-4 | | 380/220V | 110/220V | |
| CJX1F-9 | 660 | 10 | 9 | 3.3 | 1.1 | 0.2 | 2.4 | 4 | 5.5 | 5.5 | 1.48/1.4 | 2.54/2.4 | 10 | 68 | （0.8～1.1）Us | 1200 | 300 | 20 | 0.95 | 0.15 | 10 |
| CJX1F-12 | 660 | 10 | 12 | 4.3 | 1.2 | 0.2 | 3.3 | 5.5 | 7.5 | 7.5 | 2/1.9 | 3.45/3.3 | 10 | 68 | （0.8～1.1）Us | 1200 | 300 | 20 | 0.95 | 0.15 | 10 |
| CJX1F-16 | 660 | 100 | 16 | 7.7 | 1.2 | 0.2 | 4 | 7.5 | 10 | 11 | 3.5 | 6 | 10 | 68 | （0.8～1.1）Us | 1200 | 300 | 31.5 | 0.95 | 0.15 | 10 |
| CJX1F-22 | 660 | 10 | 22 | 8.5 | 1.0 | 0.2 | 5.1 | 11 | 11 | 11 | 4 | 5.6 | 10 | 68 | （0.8～1.1）Us | 1200 | 300 | 31.5 | 0.95 | 0.15 | 10 |
| CJX1F-32 | 660 | 10 | 32 | 15.6 | 1.0 | 0.2 | 8.5 | 15 | 21 | 23 | 7.5 | 13 | 12.1 | 101 | （0.8～1.1）Us | 600 | 300 | 40 | 0.95 | 0.15 | 10 |
| CJX1F-38 | 660 | 10 | 38 | 18.5 | 1.0 | 0.2 | 11 | 18.5 | 25 | 23 | 9 | 15.5 | 12.1 | 101 | （0.8～1.1）Us | 600 | 300 | 55 | 0.95 | 0.15 | 10 |

（3）CJX1-□/Z直流操作交流接触器

| 型号 | 额定绝缘电压（V） | 机械寿命 $10^6$ | 额定工作电流（A）380V | | 电寿命 $10^6$ | | 可控电机功率（kW） | | | | | | 吸引线圈功率消耗 | | 线圈工作电压范围 | 额定操作频率 $h^{-1}$ | | 约定自由空气发热电流（A） | 辅助触头电流Ie（A） | | 辅助触头约定自由空气发热电流（A） |
|---|---|---|---|---|---|---|---|---|---|---|---|---|---|---|---|---|---|---|---|---|---|
| | | | | | | | AC-3 | | | | AC-4 | | 直流（W） | | 直流（DC） | | | | AC-15 | DC-13 | |
| | | | AC-3 | AC-4 | AC-3 | AC-4 | 230/220V | 400/380V | 500V | 690/660V | 400/380V | 690/660V | 保持 | 吸合 | | AC-3 | AC-4 | | 380/220V | 110/220V | |
| CJX1-9/Z | 660 | 10 | 9 | 3.3 | 1.2 | 0.2 | 2.4 | 4 | 5.5 | 5.6 | 1.4 | 2.4 | 6.5 | 6.5 | （0.8～1.1）Us | 1200 | 300 | 20 | 0.95 | 0.15 | 10 |
| CJX1-12/Z | 660 | 10 | 12 | 4.3 | 1.2 | 0.2 | 3.3 | 5.5 | 7.5 | 7.5 | 1.9 | 3.3 | 6.5 | 6.5 | （0.8～1.1）Us | 1200 | 300 | 20 | 0.95 | 0.15 | 10 |
| CJX1-16/Z | 660 | 10 | 16 | 7.7 | 1.2 | 0.2 | 4 | 7.5 | 10 | 11 | 3.5 | 6 | 6.5 | 8.5 | （0.8～1.1）Us | 1200 | 300 | 31.5 | 0.95 | 0.15 | 10 |
| CJX1-22Z | 660 | 10 | 22 | 8.5 | 1.0 | 0.2 | 6.1 | 11 | 11 | 11 | 4 | 6.6 | 6.5 | 6.5 | （0.8～1.1）Us | 1200 | 300 | 31.5 | 0.96 | 0.15 | 10 |

（4）CJX1F－□/Z 直流操作交流接触器

| 型号 | 额定绝缘电压（V） | 机械寿命 $10^6$ | 额定工作电流（A）380V | | 电寿命 $10^6$ | | 可控电机功率（kW） | | | | | | 吸引线圈功率消耗 | | 线圈工作电压范围 | 额定操作频率 $h^{-1}$ | | 约定自由空气发热电流（A） | 辅助触头电流 Ie（A） | | 辅助触头约定自由空气发热电流（A） |
|---|---|---|---|---|---|---|---|---|---|---|---|---|---|---|---|---|---|---|---|---|---|
| | | | | | | | AC－3 | | | | AC－4 | | 交流（VA） | | 交流（AC） | | | | AC－15 | DC－13 | |
| | | | AC-3 | AC-4 | AC-3 | AC-4 | 230/220V | 400/380V | 500V | 690/660V | 400/380V | 690/660V | 保持 | 吸合 | | AC－3 | AC－4 | | 380/220V | 110/220V | |
| CJX1F－9/Z | 660 | 10 | 9 | 3.3 | 1.2 | 0.2 | 2.4 | 4 | 5.5 | 5.6 | 1.48/1.14 | 2.54/2.4 | 6.5 | 6.5 | （0.8～1.1）Us | 1200 | 300 | 20 | 0.95 | 0.15 | 10 |
| CJX1F－12/Z | 660 | 10 | 12 | 4.3 | 1.2 | 0.2 | 3.3 | 5.5 | 7.5 | 7.5 | 2/1.9 | 3.45/3.3 | 6.5 | 6.5 | （0.8～1.1）Us | 1200 | 300 | 20 | 0.95 | 0.15 | 10 |
| CJX1F－16/Z | 660 | 10 | 16 | 7.7 | 1.2 | 0.2 | 4 | 7.5 | 10 | 11 | 3.5 | 6 | 6.5 | 6.5 | （0.8～1.1）Us | 1200 | 300 | 31.5 | 0.95 | 0.15 | 10 |
| CJX1F－22/Z | 660 | 10 | 22 | 8.5 | 1.0 | 0.1 | 6.1 | 11 | 11 | 11 | 4 | 5.6 | 6.5 | 6.5 | （0.8～1.1）Us | 1200 | 300 | 31.5 | 0.95 | 0.15 | 10 |

# 附录六　CJX2(LC1 - D)系列交流接触器

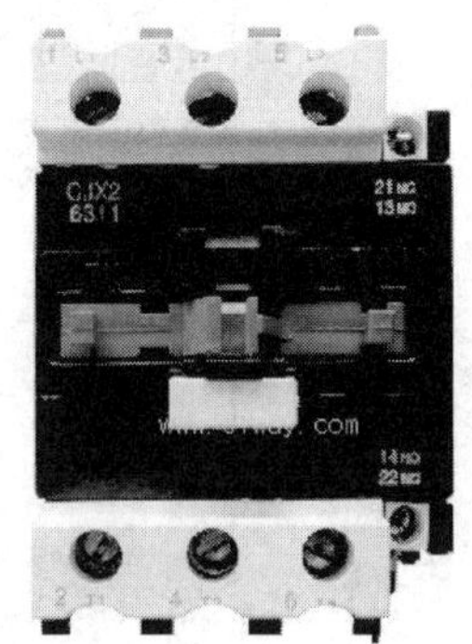

## 1. 适用范围

CJX2 系列交流接触器（以下简称接触器），主要用于交流 50Hz 或 60Hz、电压至 690V、电流至 95A 的电路中，供远距离接通和分断电路、频繁地启动和控制交流电动机之用，并可与适当的热继电器组成电磁启动器，以保护可能发生操作过负荷的电路。符合 IEC60947 - 4 - 1，GB14048. 4 标准。

## 2. 型号及其含义

CJX2-□□ □□

- □□：触头数量，用数字表示
  - 10表示三常开主触头、一常开辅助触头（32A及以下）
  - 01表示三常开主触头、一常闭辅助触头（32A及以下）
  - 11表示三常开主触头、一常开一常闭辅助触头（40A及以下）
  - 04表示四常开主触头
  - 08表示两常开、两常闭主触头（除18A、32A以外）
- □□：基本规格代号，用380V、AC-3额定工作电流数值表示
- 2：设计序号
- X：小型
- CJ：交流接触器

F4-□ □

- □：常闭辅助触头数量
- □：常开辅助触头数量
- F4：辅助触头组

F5-□ □

- □：0表示延时范围0.1 ~ 3s；2表示延时范围0.1 ~ 30s；4表示延时范围10 ~ 180s
- □：T表示通电延时，D表示断电延时
- F5：空气延时头

NC F 1 - 1 1C

- C：侧挂式
- 1：1常闭辅助触头
- 1：1常开辅助触头
- 1：设计序号
- F：辅助触头组
- C：交流接触器
- N：企业特征代号

SR 2 - □ / □

- □：工作电压
- □：工作电流类别（A型适用于电流9 ~ 32A接触器，B型适用于电流为40~95A接触器）
- 2：设计序号
- SR：浪涌抑制器

## 3. 结构特点

（1）在通电、吸合、断电释放过程中，动作可靠，能耗低，寿命长。

（2）接线端子配有互置，可防止意外触及带电部件。

（3）器件除用螺钉紧固外，更适合安装于国际通用的35mm及75mm标准卡轨上。

（4）接触器在选用时，额定工作电压不得高于额定绝缘电压，额定工作电流（或额定控制功率）也不得高于相应工作制下的额定工作电流（或额定控制功率）。

（5）可以采用积木式安装方式加装辅助触头组、空气延时头、热继电器等附件，组合成多种派生产品（见下图组合）。

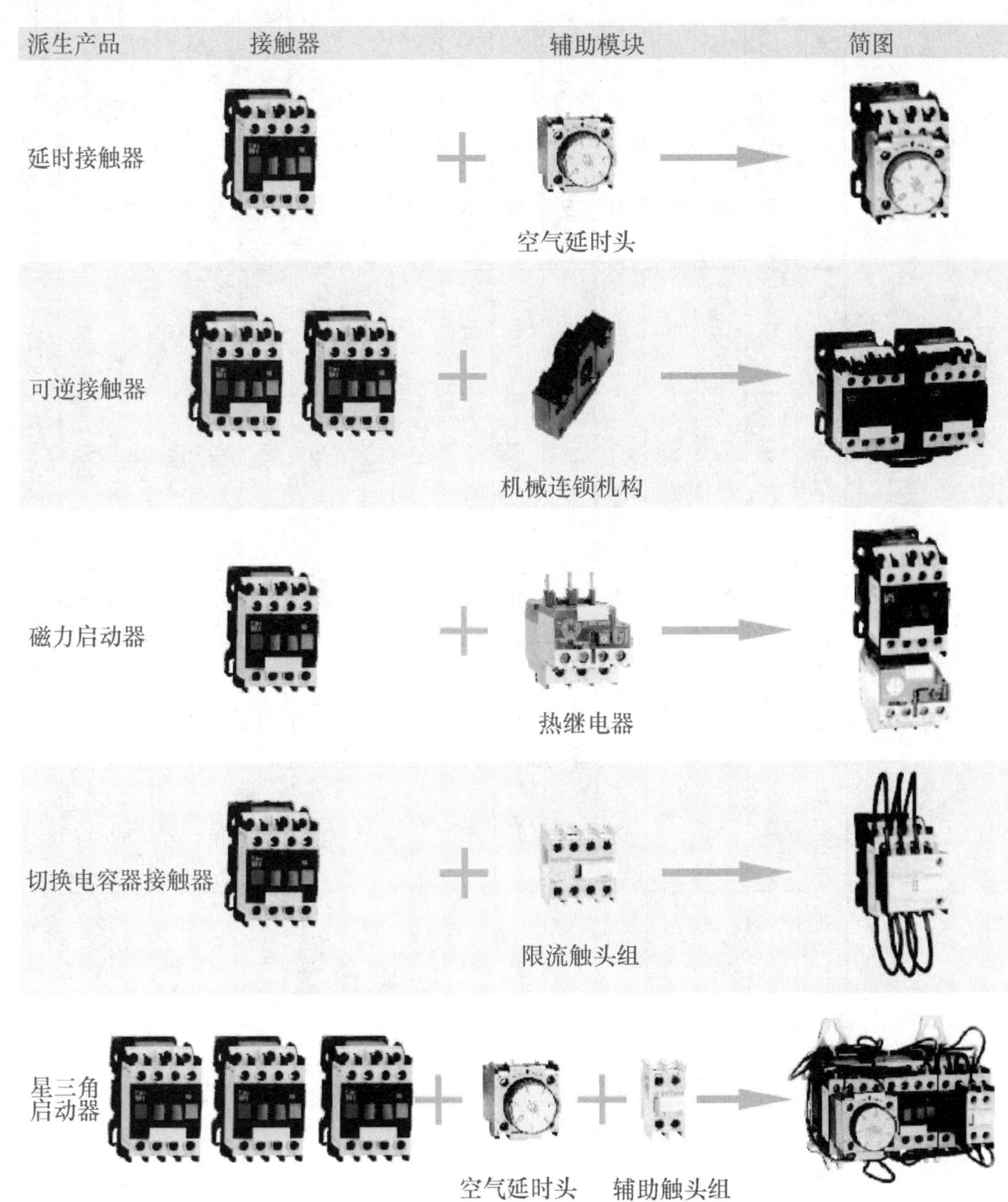

## 4. 主要技术参数

| 型号 | | | CJX2 - 09 | CJX2 - 12 | CJX2 - 18 | CJX2 - 25 | CJX2 - 32 | CJX2 - 40 | CJX2 - 50 | CJX2 - 65 | CJX2 - 60 | CJX2 - 95 |
|---|---|---|---|---|---|---|---|---|---|---|---|---|
| 额定工作电流（A） | 380V | AC - 3 | 9 | 12 | 18 | 25 | 32 | 40 | 50 | 65 | 80 | 95 |
| | | AC - 4 | 3.5 | 5 | 7.7 | 8.5 | 12 | 18.5 | 24 | 28 | 37 | 44 |
| | 660V | AC - 3 | 6.6 | 8.9 | 12 | 18 | 21 | 34 | 39 | 42 | 49 | 49 |
| | | AC - 4 | 1.5 | 2 | 3.8 | 4.4 | 7.5 | 9 | 12 | 14 | 17.3 | 21.3 |
| 约定自由空气发热电流（A） | | | 20 | 20 | 32 | 40 | 50 | 60 | 80 | 80 | 95 | 95 |
| 额定绝缘电压（V） | | | 690 | 690 | 690 | 690 | 690 | 690 | 690 | 690 | 690 | 690 |
| 可控三相鼠笼电动机功率（AC - 3）kW | | 220V | 2.2 | 3 | 4 | 5.5 | 7.5 | 11 | 15 | 18.8 | 22 | 25 |
| | | 380V | 4 | 5.5 | 7.5 | 11 | 15 | 18.5 | 22 | 30 | 37 | 45 |
| | | 660V | 5.5 | 7.5 | 10 | 15 | 18.5 | 30 | 37 | 37 | 45 | 45 |
| 操作频率（次/h） | 电寿命 | AC - 3 | 1200 | 1200 | 1200 | 1200 | 600 | 600 | 600 | 600 | 600 | 600 |
| | | AC - 4 | 300 | 300 | 300 | 300 | 300 | 300 | 300 | 300 | 300 | 300 |
| | 机械寿命 | | 3600 | 3600 | 3600 | 3600 | 3600 | 3600 | 3600 | 3600 | 3600 | 3600 |
| 电寿命（万次） | AC - 3 | | 100 | 100 | 100 | 100 | 80 | 80 | 60 | 60 | 60 | 60 |
| | AC - 4 | | 20 | 20 | 20 | 20 | 20 | 15 | 15 | 15 | 10 | 10 |
| 机械寿命（万次） | | | 1000 | 1000 | 1000 | 1000 | 800 | 800 | 800 | 800 | 600 | 600 |
| 配用熔断器型号 | | | RT16 - 20 | | RT16 - 32 | RT16 - 40 | RT16 - 50 | RT16 - 63 | RT16 - 80 | | RT16 - 100 | RT16 - 125 |

续表

| 型号 | | | CJX2－09 | | CJX2－12 | | CJX2－18 | | CJX2－25 | | CJX2－32 | | CJX2－40 | | CJX2－50 | | CJX2－65 | | CJX2－60 | | CJX2－95 | |
|---|---|---|---|---|---|---|---|---|---|---|---|---|---|---|---|---|---|---|---|---|---|---|
| 冷压端头 | | 根 | 1 | 2 | 1 | 2 | 1 | 2 | 1 | 2 | 1 | 2 | 1 | 2 | 1 | 2 | 1 | 2 | 1 | 2 | 1 | 2 |
| | 非预制端头软线 | $mm^2$ | 1/25 | 1/2.5 | 1/2.5 | 1/2.5 | 1.5/4 | 1.5/4 | 1.5/4 | 1.5/4 | 2.56 | 2.5/6 | 6/25 | 4/10 | 6/25 | 4/10 | 6/25 | 4/10 | 10/35 | 6/16 | 10/35 | 6/16 |
| | 有预制端头软线 | | 1/4 | 1/2.5 | 1/4 | 1/2.5 | 1.56 | 1.5/4 | 1.5/10 | 1.5/6 | 2.5/10 | 2.5/6 | 6/25 | 4/10 | 6/25 | 4/10 | 6/25 | 4/10 | 10/35 | 6/16 | 10/35 | 6/16 |
| | 非预制端头硬线 | | 1/4 | 1/4 | 1/4 | 1/4 | 1.5/6 | 1.5/6 | 1.5/6 | 1.5/6 | 2.5/10 | 2.5/10 | 6/25 | 4/10 | 6/25 | 4/10 | 6/25 | 4/10 | 10/35 | 6/16 | 10/35 | 6/16 |
| 交流线圈功率 | 50Hz | 吸合（VA） | 70 | | 70 | | 70 | | 110 | | 110 | | 200 | | 200 | | 200 | | 200 | | 200 | |
| | | 保持（VA） | 8 | | 8 | | 8 | | 11 | | 11 | | 20 | | 20 | | 20 | | 20 | | 20 | |
| | 功率（W） | | 1.8～2.7 | | 1.8～2.7 | | 3～4 | | 3～4 | | 3～4 | | 6～10 | | 6～10 | | 6～10 | | 6～10 | | 6～10 | |
| 动作范围 | | | 吸合电压为：85%～110%Us；释放电压为：20%～75%Us | | | | | | | | | | | | | | | | | | | |
| 辅助触头基本参数 | | | AC－15：360VA　DC－13：33W　Ith：10A | | | | | | | | | | | | | | | | | | | |

# 附录七　JRS1（LR1－D）系列热过载继电器

## 1. 适用范围

JRS1（LR1－D）系列热过载继电器适用于交流50Hz、电压至660V、电流0.1A至80A的电路中，用作交流电动机的过载保护。带有断相保护装置的热继电器，还能在三相电动机一相断线的情况下起保护作用，且适用于长期或间断长期工作制，其外观见下图。

## 2. 型号及其含义

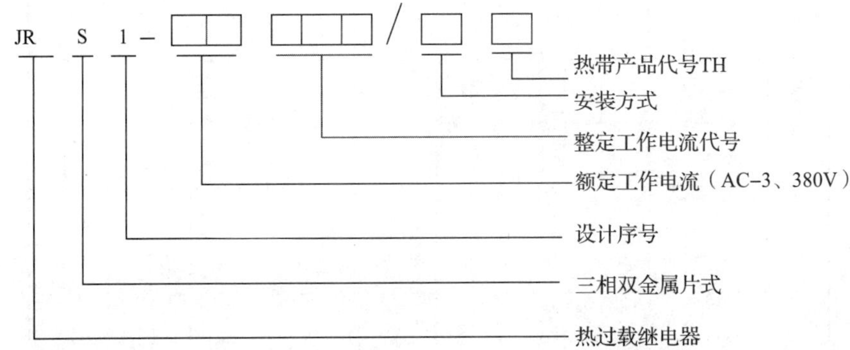


## 3. 结构特点

JRS1系列热过载继电器分为Z型和F型。Z型为组合安装方式，可直接与CJX2系列接触器插接安装；F型为分立式，需要独立安装。

## 4. 主要技术参数

<table>
<tr><th rowspan="2">型号</th><th rowspan="2">电流范围（A）</th><th colspan="5">控制电动机功率（AC－3）</th><th rowspan="2">可插接安装的接触器</th></tr>
<tr><th>220V</th><th>380V</th><th>415V</th><th>440V</th><th>660V</th></tr>
<tr><td>JRS1－09</td><td>0.11～0.15</td><td>—</td><td>—</td><td>—</td><td>—</td><td>—</td><td rowspan="14">CJX2－09－25</td></tr>
<tr><td>JRS1－09</td><td>0.15～0.22</td><td>—</td><td>—</td><td>—</td><td>—</td><td>—</td></tr>
<tr><td>JRS1－09</td><td>0.22～0.32</td><td>—</td><td>—</td><td>—</td><td>—</td><td>—</td></tr>
<tr><td>JRS1－09</td><td>0.32～0.47</td><td>—</td><td>—</td><td>—</td><td>—</td><td>—</td></tr>
<tr><td>JRS1－09</td><td>0.47～0.72</td><td>—</td><td>—</td><td>—</td><td>—</td><td>0.55</td></tr>
<tr><td>JRS1－09</td><td>0.72～1.1</td><td>—</td><td>0.37</td><td>—</td><td>0.55</td><td>1.1</td></tr>
<tr><td>JRS1－09</td><td>1.1～1.6</td><td>0.37</td><td>0.75</td><td>1.1</td><td>1.1</td><td>1.5</td></tr>
<tr><td>JRS1－09</td><td>1.6～2.4</td><td>0.75</td><td>1.5</td><td>1.5</td><td>1.5</td><td>3</td></tr>
<tr><td>JRS1－09</td><td>2.4～3.5</td><td>1.1</td><td>2.2</td><td>2.2</td><td>2.2</td><td>4</td></tr>
<tr><td>JRS1－09</td><td>3.5～5.0</td><td>1.5</td><td>3</td><td>3.7</td><td>3.7</td><td>5.5</td></tr>
<tr><td>JRS1－09</td><td>5.0～7.2</td><td>2.2</td><td>4</td><td>4</td><td>4</td><td>7.5</td></tr>
<tr><td>JRS1－12</td><td>6.8～9.4</td><td>3</td><td>5.5</td><td>5.5</td><td>5.5</td><td>10</td></tr>
<tr><td>JRS1－16</td><td>9.0～12.5</td><td>4</td><td>7.5</td><td>9</td><td>9</td><td>15</td></tr>
<tr><td>JRS1－25</td><td>9.0～25</td><td>5.5</td><td>11</td><td>11</td><td>11</td><td>18.5</td></tr>
<tr><td>JRX2－40</td><td>18～25</td><td>7.5</td><td>15</td><td>15</td><td>15</td><td>22</td><td rowspan="5">JRX2－40<br>CJX2－50<br>CJX2－63</td></tr>
<tr><td>CJX2－40</td><td>24～32</td><td>10</td><td>18.5</td><td>22</td><td>22</td><td>30</td></tr>
<tr><td>JRS1－63</td><td>30～40</td><td>11</td><td>22</td><td>25</td><td>25</td><td>37</td></tr>
<tr><td>JRS1－63</td><td>38～50</td><td>15</td><td>25</td><td>30</td><td>30</td><td>45</td></tr>
<tr><td>JRS1－63</td><td>48～63</td><td>18.5</td><td>30</td><td>37</td><td>37</td><td>55</td></tr>
<tr><td>JRS1－80</td><td>63～80</td><td>22</td><td>37</td><td>45</td><td>45</td><td>63</td><td>CJX2－80.95</td></tr>
</table>

<table>
<tr><td>-</td><td>JRS1－09－25</td><td>JRS1－40</td><td>JRS1－63－80</td></tr>
<tr><td>工作环境温度（℃）</td><td colspan="3">－25～40</td></tr>
<tr><td>贮存温度（℃）</td><td colspan="3">－60～70</td></tr>
<tr><td>符合标准</td><td colspan="3">GB/T14048.1，GB14048.4<br>NFC63－650，VDE0660</td></tr>
<tr><td>额定绝缘电压（V）</td><td colspan="3">660</td></tr>
<tr><td>触头约定发热电流（A）</td><td colspan="3">10</td></tr>
<tr><td>主回路接线端可接一般导线（$mm^2$）</td><td>4</td><td>10</td><td>16</td></tr>
</table>

# 附录八　JRS2 系列热过载继电器

## 1. 适用范围

JRS2 系列热过载继电器（以下简称热继电器）适用于交流 50Hz/60Hz、电压至 660V、电流 0.1 ~630A 的电力系统中作交流电动机或线路的过载及断相保护。热继电器具有断路保护、温度补偿、手动复位和自动复位任意选择、动作灵活性检查、手动断开常闭触头及常开触头闭合的功能。热继电器可与 CJX1 接触器插接安装，也可以单独安装。

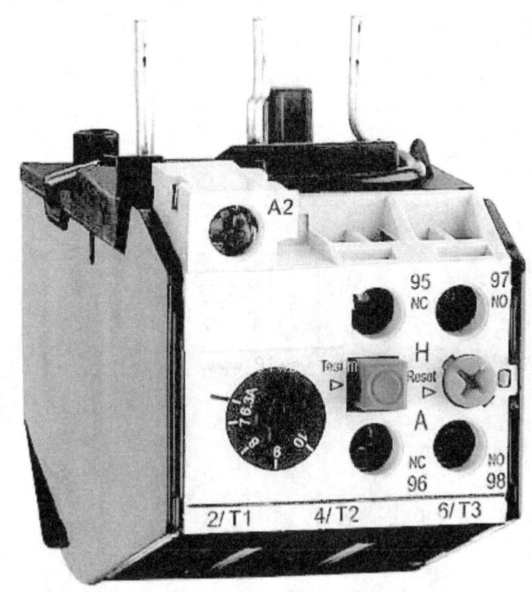


## 2. 型号及其含义

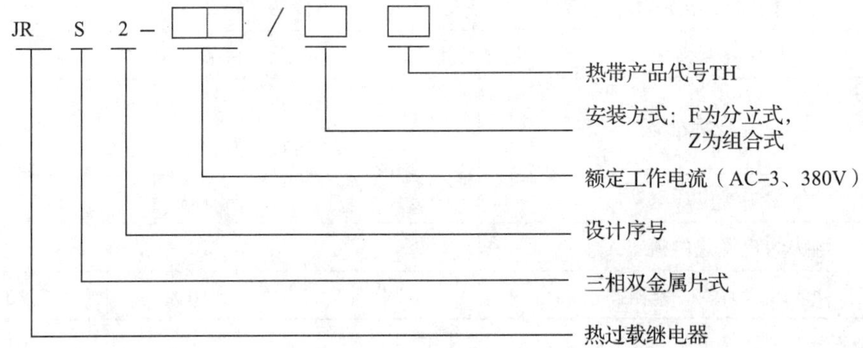

3. 结构特点

热继电器主要由绝缘外壳双金属热元件、触头动作机构、差动机构、整定电流调节机构、复位机构等组成。热继电器是三相双金属片式，有独立安装和接插式两种。具有温度补偿装置，在周围环境温度 -5℃ ~40℃范围内变化时，热继电器动作特性不受影响；具有差动或动作机构，对电动机断相过载能可靠保护；具有整定电流连续可调的装置；具有脱扣指示；具有测试按钮；具有手动复位和自动复位；具有电气上相互绝缘的常闭和常开触头。

4. 主要技术参数

| 型　号 | 额定工作电流/A | 额定绝缘电压/V | 额定电流调节范围/A |
|---|---|---|---|
| JRS2 -12.5 | 14.5 | 660 | 0.1 ~0.16，0.16 ~0.25，0.25 ~0.4，0.32 ~0.63，0.4 ~0.63，0.63 ~1.0，0.8 ~1.25，1 ~1.6，1.25 ~2，1.6 ~2.5，2 ~3.2，2.5 ~4，3.2 ~5，4 ~6.3，5 ~8，6.3 ~10，8 ~12.5，10 ~14.5 |
| JRS2 -25 | 25 | 660 | 0.1 ~0.16，0.16 ~0.25，0.25 ~0.4，0.4 ~0.63，0.63 ~1，0.8 ~1.25，1 ~1.6，1.25 ~2，1.6 ~2.5，2 ~3.2，2.5 ~4，3.2 ~5，4 ~6.3，5 ~8，6.3 ~10，8 ~12.5，10 ~16，12.5 ~20，16 ~25 |
| JRS2 -32 | 32 | 660 | 4 ~6.3，6.3 ~10，10 ~16，12.5 ~20，16 ~25，20 ~32，25 ~36 |
| JRS2 -63 | 63 | 660 | 0.1 ~0.16，0.16 ~0.25，0.25 ~0.4，0.4 ~0.63，0.63 ~1.0，0.8 ~1.25，1 ~1.6，1.25 ~2，1.6 ~2.5，2 ~3.2，2.5 ~4，3.2 ~5，4 ~6.3，5 ~8，6.3 ~10，8 ~12.5，10 ~16，12.5 ~20，16 ~20，20 ~32，25 ~40，32 ~45，40 ~57，50 ~63 |
| JRS2 -88 | 88 | 660 | 12.5 ~20，16 ~25，20 ~32，25 ~40，32 ~45，40 ~57，50 ~63，57 ~70，63 ~80，70 ~88 |
| JRS2 -180 | 180 | 660 | 55 ~80，63 ~90，80 ~110，90 ~120，110 ~135，120 ~150，135 ~160，150 ~180 |
| JRS2 -400 | 400 | 660 | 80 ~125，125 ~200，180 ~250，220 ~320，250 ~400 |
| JRS2 -630 | 630 | 660 | 320 ~500，400 ~630 |

# 参考答案

## 单元一 PLC 基础

### 学习任务 1

1. 填空题

(1) 美国　(2) 可编程控制器　(3) 梯形图　语句表　高级语言

(4) 整体式　模块式　(5) 输入、输出点数

2. 选择题

(1) C　(2) A　(3) B　(4) D　(5) B

3. 简答题

略。

### 学习任务 2

1. 填空题

(1) 中央处理器　存储器　输入/输出接口　电源　其他接口电路

(2) 系统存储器　用户存储器

(3) 循环扫描　输入处理　自诊断　通信服务　程序执行　输出处理

(4) 光电耦合　继电器输出　晶体管输出　晶闸管输出　晶闸管

(5) 扫描周期

2. 选择题

(1) A　(2) C　(3) A　(4) B　(5) A

3. 简答题

略。

### 学习任务 3

1. 填空题

(1) 梯形图编程　指令表编程　顺序功能图编程

(2) 步号　操作码　操作数

(3) 软元件

(4) 通用辅助继电器　断电保持辅助继电器　特殊用途辅助继电器

(5) 通电延时型时间继电器

2. 选择题

(1) B　(2) A　(3) C　(4) C　(5) B

3. 简答题

略。

## 学习任务4

1. 填空题

（1）写入模式　　（2）变换　　（3）梯形图逻辑测试启动

（4）梯形图/列表显示切换　　（5）蓝色

2. 选择题

（1）A　　（2）C　　（3）B　　（4）D　　（5）B

3. 简答题

略。

# 单元二　FX系列指令应用

## 工作任务1

1. 填空题

（1）X　Y　　（2）自锁　　（3）过载保护　短路保护　　（4）SET　RST

（5）八

2. 选择题

（1）B　　（2）A　　（3）D　　（4）A　　（5）C

3. 应用题

（1）

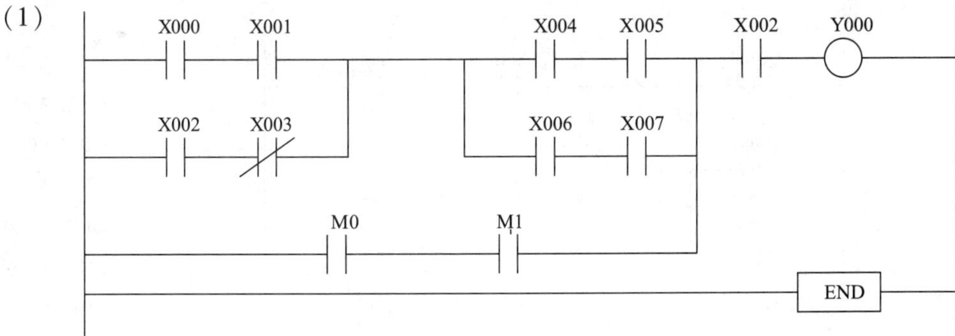


（2）

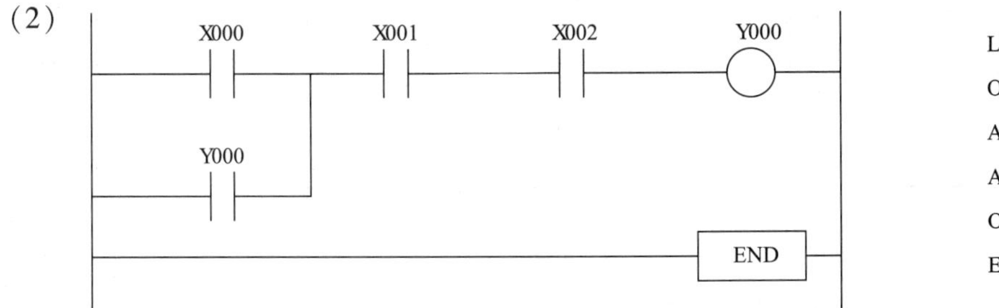


LD　X000

OR　Y000

AND　X001

AND　X002

OUT　Y000

END

## 工作任务 2

1. 填空题

（1）上升沿　下降沿　　（2）互锁　　（3）PLS　PLF

（4）将外部用户设备发出的输入信号传至 PLC

（5）将 PLC 程序执行的信号传至外部负载

2. 选择题

（1）D　　（2）D　　（3）A　　（4）B　　（5）C

3. 应用题

（1）

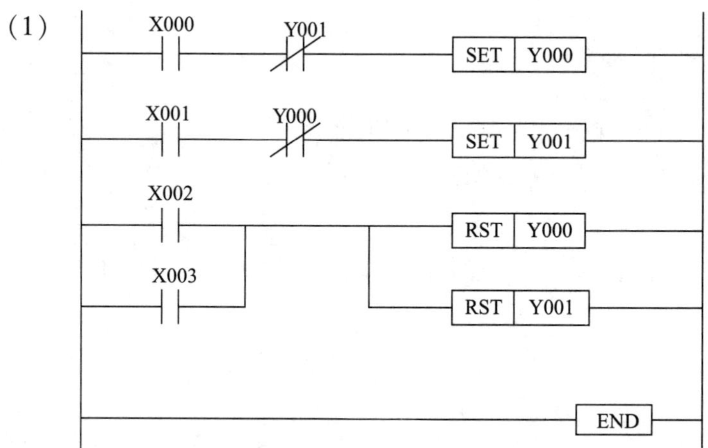


```
LD   X000
ANI  Y001
SET  Y000
LD   X001
ANI  Y000
SET  Y001
LD   X002
OR   X003
RST  Y000
RST  Y001
END
```

（2）

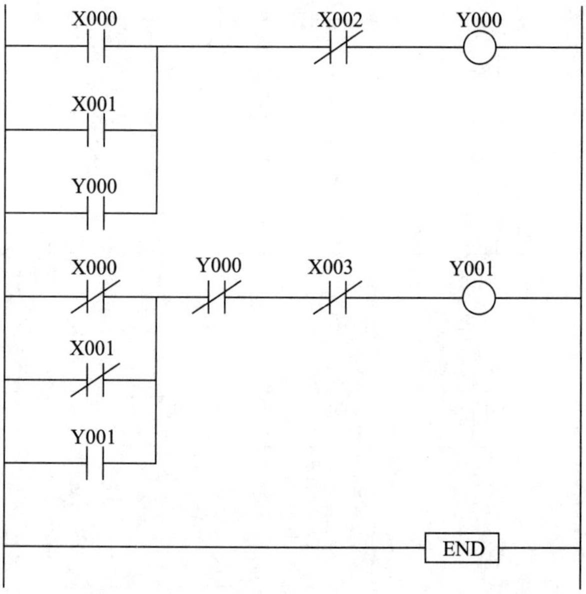

```
LD   X000
OR   X001
OR   Y000
ANI  X002
OUT  Y000
LDI  X000
LDI  X001
OR   Y001
ANI  Y000
ANI  X003
OUT  Y001
END
```

## 工作任务3

1. 填空题

(1) 24　　(2) 1ms　10ms　100ms　　(3) 第一层　下移一层

(4) 0.1 ~3276.7s　　(5) 100ms 积算型

2. 选择题

(1) A　　(2) C　　(3) B　　(4) C　　(5) C

3. 简答题

(1) 3276.7s

(2) 参考程序梯形图如下。

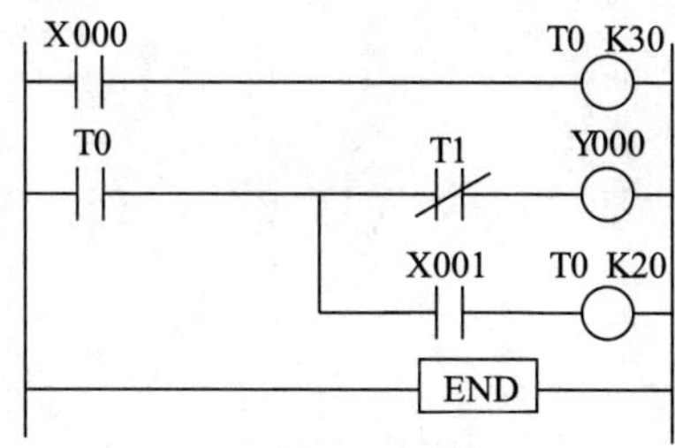


## 工作任务4

1. 填空题

(1) RET

(2) 跳转

(3) LD/LDI

(4) 状态转移条件　执行对象　状态寄存器

(5) 1000

2. 选择题

(1) D　　(2) C　　(3) A　　(4) A　　(5) A

3. 简答题

略。

## 工作任务5

1. 填空题

(1) 电压类型　等级

(2) 续流二极管

(3) 动合触点　动断触点

(4) 特殊功能模块

(5) 输入和输出接口电路

2. 选择题

(1) D　　(2) C　　(3) A　　(4) A　　(5) A

3. 简答题

略。

## 工作任务6

1. 填空题

（1）外接DC 24V电源

（2）［CPU. E］LED

（3）运算周期

（4）输入端子

（5）“ON”

2. 选择题

（1）A　（2）D　（3）A　（4）D　（5）B

3. 简答题

略。

## 工作任务7

1. 填空题

（1）C235 ~ C255

（2）X0 ~ X5

（3）+2147483647　-2147483648

（4）32767

（5）16位　32位

2. 选择题

（1）B　（2）D　（3）A　（4）A

3. 应用题

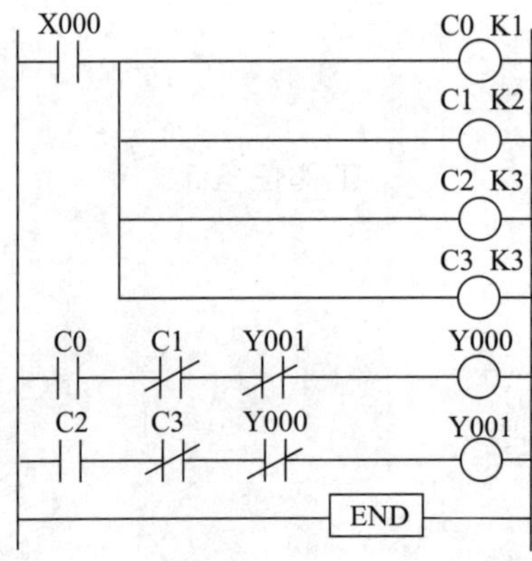

## 工作任务 8

1. 填空题

（1）指令助记符　功能号　操作数

（2）Y4 ~ Y1 的 4 位组合，Y1 为最低　M25 ~ M10 的 16 位组合，M10 为最低

（3）循环左移指令　带进位循环左移指令　字右移指令　先入先出读出指令

（4）目标数 D0 中的数向左移动 3 位，采用脉冲执行型指令

目标数 D0 中的数向右移动 5 位，采用连续执行型指令

（5）脉冲执行型　连续执行型

2. 选择题

（1）B　（2）A　（3）C　（4）D　（5）B

3. 应用题

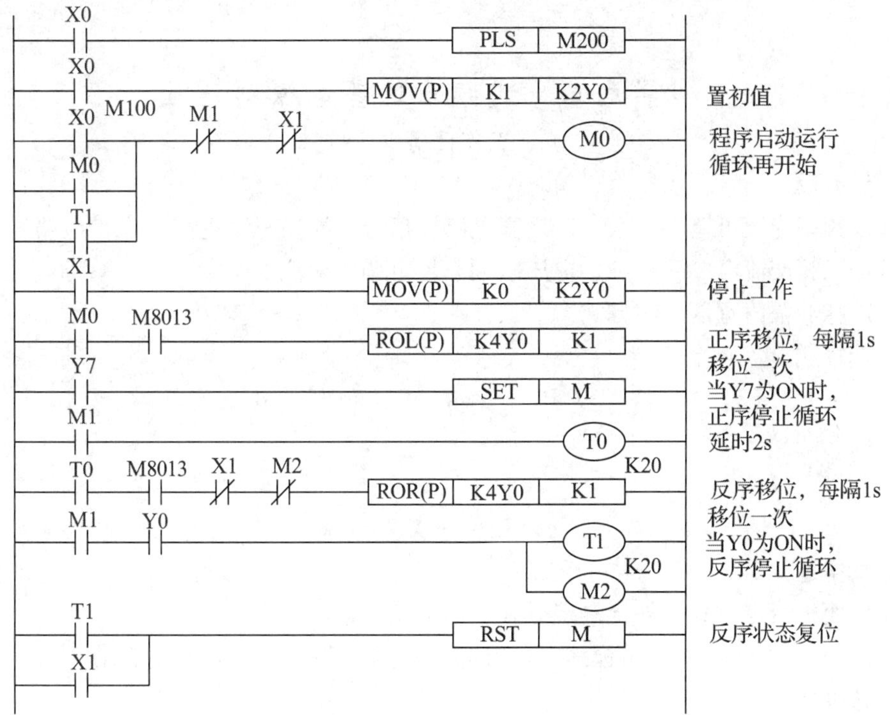


## 工作任务 9

1. 填空题

（1）比较指令　区间比较指令　（2）复位指令　（3）二进制数

（4）3　4　（5）FNC10　FNC11

2. 选择题

（1）D　（2）C　（3）C　（4）B　（5）B

3. 应用题

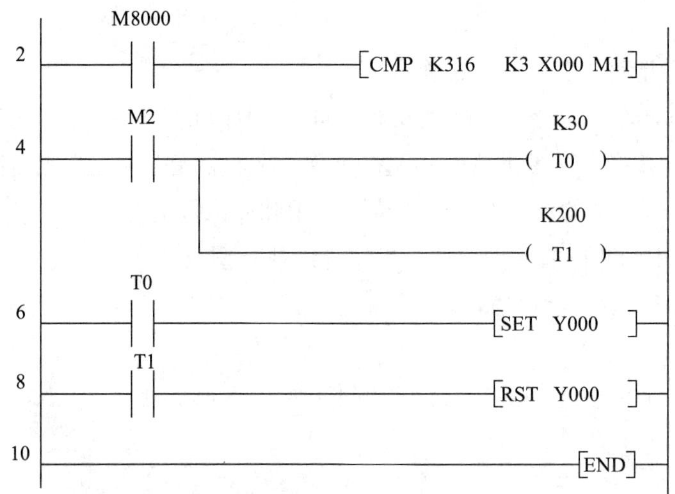


## 单元三 变频器的基本控制

### 工作任务1

1. 填空题

（1）频率连续可调　（2）运算电路　信号检测　驱动电路　保护电路

（3）三相交流电　（4）电压、频率均可调的交流电

（5）脉冲幅值宽度调制方式

2. 选择题

（1）A　（2）A　（3）B　（4）C　（5）B

3. 简答题

略。

### 工作任务2

1. 填空题

（1）面板给定方式　外接给定方式　通信接口给定

（2）Pr. 0　（3）简单模式　（4）额定频率　（5）开始启动

2. 选择题

（1）C　（2）B　（3）A　（4）A　（5）D

3. 简答题

略。

### 工作任务3

1. 填空题

（1）停止　（2）外部端子信号　（3）SET　（4）断开　（5）恢复出厂设置

2. 选择题

（1）B　（2）A　（3）B　（4）D　（5）C

3. 简答题

略。

# 单元四　PLC 与变频器综合应用

## 工作任务 1

1. 填空题

（1）STF　STR　　（2）L1、L2、L3　U、V、W

（3）PU 操作模式　外部操作模式　PU 启、停外部调频　PU 调频外部启、停

（4）输出继电器端子　　（5）15

2. 选择题

（1）A　　（2）B　　（3）C　　（4）C　　（5）A

3. 应用题

参数设置：Pr79 = 2、Pr4 = 25Hz、Pr5 = 15Hz、Pr6 = 10Hz、Pr24 = 20Hz、Pr25 = 30Hz

程序：如图所示

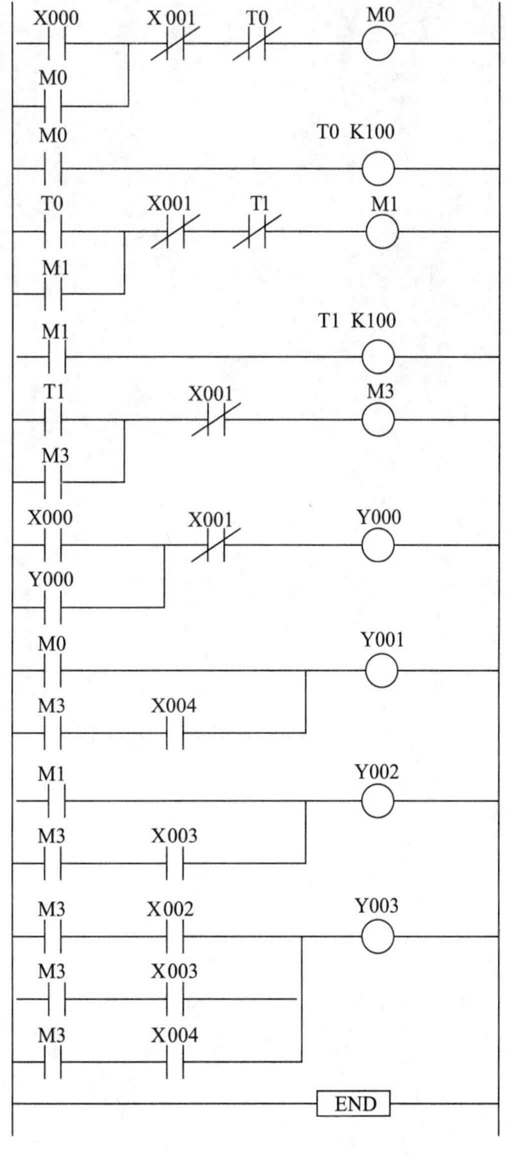

## 工作任务2

1. 填空题

（1）清除S3+7后　　（2）25　　（3）非断电保持

（4）组合　　（5）PID S1 S2 S3 D

2. 选择题

（1）C　（2）B　（3）C　（4）B　（5）D

3. 简答题

略。

# 参考文献

[1] 姜治臻．PLC 项目实训——FX2N 系列 [M]．北京：高等教育出版社，2008.

[2] 姜治臻．PLC 项目实训——TWIDO 系列 [M]．北京：高等教育出版社，2009.

[3] 廖常初．PLC 应用技术问答 [M]．北京：机械工业出版社，2006.

[4] 廖常初．PLC 基础应用 [M]．北京：机械工业出版社，2003.

[5] 赵永洁．PLC 可编程控制器 [M]．云南：昆明铁路机械学校校本教材，2012.

[6] 三菱微型可编程控制器 FX 系列综合样本．上海：三菱电机自动化（上海）有限公司.

[7] 三菱微型可编程控制器 FX2N 使用手册．上海：三菱电机自动化（上海）有限公司.

[8] 三菱通用变频器 FR－A7NC 使用手册．上海：三菱电机自动化（上海）有限公司.